KB253684

曆과 占의 과학

永田 久 지음
沈 雨 晟 옮김

東文選

暦と 占いの 科學

〈新潮選書〉

Hisashi Nagata. Printed in Japan

1982

1991年 7月 25日 20刷發行

역曆이 존재하는 곳에는 반드시 점이 있습니다.

이번에 나의 소저小著 《曆과 占의 과학》의 한국어판이 출간됨에 있어 기쁜 마음으로 인사를 보냅니다.

우리들은 〈때〉의 흐름 속에 살고 있습니다. 때란 무엇인가 하면, 연年과 월月·일日로 표시되고 있는 태양과 달과 지구와 서로 관계하여 얽어짐, 즉 낮과 밤, 달의 참[滿]과 기울음, 계절의 바뀜 등의 자연현상이 한 틀로써 포착되어진 것이라 할 수 있을 것입니다.

그의 틀, 그러니까 모형을 얻어내기 위해서 우리의 조상들은 기나긴 노력을 계속해 왔습니다.

자연의 법칙을 추구하는 과학科學하는 마음을 가지고 때를 이해하기 위한 노력은, 인류의 역사와 함께 오늘에 이르고 있습니다.

이렇게 해서 천문天文, 신화神話, 민속民俗, 종교宗教 등이 혼재混在되어 있는 인류의 지혜의 결정체로서 역曆이 만들어졌음을 알 수가 있습니다.

역曆은 수數로써 연결되어 있습니다. 수와 수가 결합된 것을 논리論理라 하고, 이 논리를 천문이나 민속 쪽에서 정리한 것이 역曆입니다.

이 수와 논리가 과학의 세계로부터 인간의 마음[心情]의 세계로 이어지면서 때의 흐름에 생명을 부여할 때, 역은 점占으로의 가교역이 되는 것이라 생각됩니다. 그러니까 역의 수리數理에 접착시킨 꿈과 상념想念이 우리들 앞에 나타나는 것입니다.

역이 존재하고 있는 곳에는 반드시 점이 있습니다. 과학으로서의 역으로부터 비과학으로서의 점이 생겨납니다.

바로 이것이 인류가 살아온 실제의 모습이었는지도 모르겠습니다. 우리들이 사용하고 있는 오늘날의 역에 대해서 〈왜?〉〈무엇 때문에〉라는 물음에 답하려 한 것이 바로 이 책입니다.

문화나 풍습이 서로 다른 이웃나라의 여러분께도 같은 테마로서 전하여지게 된 것을 마음 속으로 기쁘게 생각합니다. 끝으로 한국어판의 번역을 맡아주신 민속학자 심우성 선생과, 어려운 여건 속에도 같은 동양문화권 사이에서의 문화교류의 차원에서 출판을 담당하신 도서출판 東文選의 신성대 사장님께 같은 감사를 드립니다.

1991년 4월 나가다 히사시 永田 久

【옮긴이의 말】

수학數學의 추상성推象性과의 만남

음양陰陽과 오행五行의 조합調合으로 풀이하는 동양적 세계관 내지는 인생관은 우리에게도 역시 보편적 사유思惟의 바탕이 되고 있다.

낮과 밤의 바뀜, 춘하추동의 변전變轉, 하늘과 땅과 사내[男]와 계집[女]의 대우對偶 등 우주만반의 사상事象을 음양의 이원二元으로 설명하는 음양설과 우주를 구성·지배하는 자연의 힘을 금목수화토金木水火土의 5기五氣로 분류하는 오행설이 결합하여, 우주간의 만물은 음양의 소장消長과 오행의 상생상극相生相剋에 의하여 생존하며, 서로가 서로에게 제재制裁를 하면서 인류사회는 향상·발전하는 것이라 생각한 것이 바로 동양인의 세계관인가 한다.

이처럼 심오한 인간의 판별력判別力은 그 연원이 아득한 옛날로 거슬러 올라가는 것인데, 특히 고대중국에서 기틀을 잡게 되었으리라는 것이 이 방면 전문가들의 의견이다.

《曆과 占의 과학》을 쓴 나가다 히사시 교수는 일본 수학계數學界에서 대단히 주목을 받고 있는 학자 중 한 사람이다.

그의 저서 《數理와 論理》는 논리論理·집합集合·위상位相 등을 통하여 전공인 〈수학 기초 이론〉을 착실히 다지면서, 수학사상數學思

想이란 철학적 영역으로 인식체계를 넓혀가고 있기 때문이다.

뿐만 아니라 《曆과 占의 과학》은, 수학자로서 동서양의 역학曆學을 샅샅이 섭렵하여 비교·분석하며 조리있게 설명하고 있어 출간된 지 10년이 미처 안 되었는데 벌써 20판을 넘어서고 있다.

옮긴이는 민속학 전공자로서 수학적 두뇌가 너무도 모자라다 보니 무릇 학문의 기초라 해도 과언이 아닌 역曆의 짜여짐과 그의 운행運行에 대하여 풀 길이 없어 고심하던 중에 이 책을 만나게 되었던 것이다.

……〈역〉이 존재하고 있는 곳에는 〈점〉이 있었으며, 그것은 또한 과학으로서의 〈역〉으로부터 비과학으로서의 〈점〉이 생겨났다는 논리가 되어 반갑기만 했다.

평소에 가까이 지내는 수학자에게 언젠가 『수학도 재미가 있느냐?』고 물은 적이 있었다. 그는 서슴없이 『그럼은요! 그 추상성에 반할 수밖에 없습니다!』 이렇게 대답한다.

수학의 추상성이라…… 더욱 어려워지는가 싶으면서도 뜬구름처럼 보이는 듯도 싶어서 『그래요!?』 하고 맞장구를 친 적이 있었다.

거두절미去頭截尾하고 ─. 한 번은 꼭 딛고 넘어야 할 분야라는 생각으로 열심히 옮겨는 보았는데, 역시 그 고매한 수학의 추상성 앞에는 수없이 멈칫거리지 않을 수가 없었다.

끝으로 〈한국어판〉 출간을 쾌히 응락한 나가다 교수와, 동문선 편집실 한인숙 편집장의 꼼꼼한 솜씨에 고마운 뜻을 보낸다.

1991년 4월 우리문화연구소 심우성

曆과 占의 과학

서 장

시간을 나누다

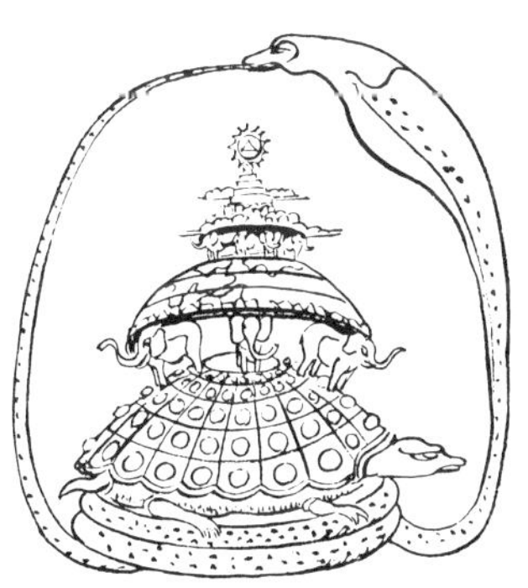

【〈달력〉이란 대체 무엇일까】

　우리들 주변에는 아름다운 컬러 캘린더와 기업의 이미지 캘린더가 범람하고 있다. 그리고 그러한 달력들은 모두 디자인이 뛰어나며 감각이 현대적이다. 그러나 그곳에 기입되어 있는 구체적인 달력의 날짜와 연월일을 살펴보면, 우리들은 불가사의한 일이지만 완전히 옛날에 쓰던 그대로의 〈수數〉적 사고방식에 얽매여 있는 것에 놀라지 않을 수 없다.

　최근에도 하와이와 유럽으로 신혼여행을 떠나는 커플은 많지만, 일부러 결혼식을 불멸일佛滅日(부처의 입멸일. 음양도에서 만사에 흉하다고 하는 날)과 적구일赤口日(음양도에서 만사에 흉하다고 하는 날)을 선택하는 사람은 없으며, 일본뿐만 아니라 외국의 호텔에서도 방 번호로 사용하지 않는 숫자가 있다는 것은 잘 알려져 있는 사실이다. 사업과 여행에서도

【세기世紀에 관하여】

　구분지어서 말하면 1세기世紀란, 서력西曆을 100년씩 묶은 시대구분을 말하며, 예를 들어 《20세기》는 1901년부터 2000년까지가 된다.

　그러면 서력 2000년 1월 1일은 20세기일까. 세기의 정의로 보면 서력 2000년까지로 되어 있으므로 2000년을 포함하는 것이 되고, 1월 1일은 당연히 20세기에 포함된다.

　즉 1세기는 서력 1년부터 100년까지이지만, 서력 100년은 한순간(점点)이 아니라 1월 1일 오전 0시부터 12월 31일 오후 11시 59분 59초…까지의 폭이 있게 되어 시점始点(최초의 시각)은 있고, 종점終点(끝시각)이 없는 〈폐개구간閉開區間〉이 된다.

　숫자에서는 어떤 구간의 끝이 그 구간에 속해 있지 않을 때『그 점点이 열려 있다』라고 말하며, 속해 있을 때『그 점은 닫혀 있다』라고 한다. 구간의 양끝이 열려 있는 경우에는 그 구간을 〈개구간開區間〉이라 하고, 양끝이 닫혀 있는 경우에는 〈폐구간閉區間〉, 한쪽이 닫히고 한쪽

간지(육십갑자)와 호로스코프horoscope(천궁도)를 보고 해와 별의 순환
이 좋지 않다고 하는 현대인도 적지 않을 것이다. 사실 그 이면에는 우리
들의 조상인 인류가 갖고 있었던 〈수數〉에 관한 사고방식이 가로놓여 있
는데, 그와 같은 역曆을 둘러싼 사고방식에 관해서 왜 그것이 그렇게 되
었는지도 모르고 지나쳐 온 경우가 많은 것은 아닌가 하는 생각이 든다.

　세계의 역사를 살펴보면 1년이 271일인 짧은 해가 있거나, 445일인 해
도 있었다. 그러면 왜 1주일이 10일이 아니고 7일인가. 2월은 왜 날짜수
가 가장 적은가. 영어의 〈September〉는 왜 〈일곱번째의 달〉(고대 로마
달력에서는 7월이었다)이라는 의미로 쓰였을까. 혹은 성모 마리아가 수
태고지受胎告知를 받고 나서 몇 개월 만에 그리스도가 태어났는가. 또 건
국기념일은 어떠한 연수年數 계산으로 결정되었을까. 또한 팔괘八卦에
서 호로스코프horoscope에 이르기까지 다양한 점占이 유행하고 있는데,
거기에는 어떤 〈수의 논리〉가 적용되고 있는 것일까.

　이 책에서는 인류가 생각해 온 수의 논리를 설명하면서 역曆과 점占에

이 열려 있는 경우는 〈폐개구간〉〈개폐구간〉이라 한다.

　그러면 서력 전 1세기는 어떠한가. 서력에는 0년이 없고 서력 1년의
1년 전은 서력 전 1년이 되므로 전 1세기는 전 100년부터 전 1년까지가
된다.

　그런데 그리스도교 백과사전에 의하면, 그리스도는 전前 7년 12월 25
일에 탄생하여 서력 30년 4월 7일에 십자가에 못박혔다고 실려 있다.
그러면 그리스도는 몇 살에 승천한 것일까.

　서력에는 0년이 없으므로 서력 1년부터 거꾸로 거슬러 올라갈 때에
는 전 1년부터 시작된다. 즉 서력에서는 플러스(＋) 1과 마이너스(－)
1이 서로 이웃되어 있다. 그런 까닭에 서력 전부터 서력 후까지의 연수
계산을 할 경우, 단순한 계산으로는 바르게 이해할 수가 없다.

　그리스도는 서력 전에는 6년간이라는 날짜와 서력 후에는 29년 4개
월 남짓 세상에 생존해 있었으므로, 결국 35년 4개월 남짓한 생애가 되
며, 현대의 흐름으로 말하면, 35세의 생애를 마쳤다는 것이 된다.

관한 것들을 생각해 보고자 한다.

우리들이 사용하는 달력에는 〈날짜 읽기〉(日讀, 일 년 동안의 달·날짜·요일·축제일·일출·일몰·월령月齡·조수간만의 차 등을 날짜에 따라 기재해 놓은 것)라는 의미가 있는데, 이것은 염주처럼 쭉 엮어져 있는 방대한 시간을 하루씩 나누어 놓은 것이다.

이렇게 하루씩 나누어 놓은 이유는, 고대에 역협曆莢(명협蓂莢)이라는 풀이 있었는데 이 풀은 매월 1일부터 15일까지 매일 콩알을 싸고 있는 콩깍지가 하나씩 벌어졌다가, 16일부터 그믐에 걸쳐서 매일 한 콩깍지씩 떨어짐을 일컬으며, 이 풀을 발견한 고대 중국의 요제堯帝가 이로써 역曆을 생각해냈다고 한다.(蓂莢瑞草堯時生于庭月一日一莢生十六日一莢落俗謂曆日蓂莢.) 또한 〈상세하게 읽기〉(細讀), 즉 날짜를 세세하게 헤아린다고 하는 설도 있다.

어떤 학설이든지 달력으로 정해진 날이 차례차례로 이동해 가는 본연의 모습을, 상세하게 기록한 시간이 지나는 일각일각을 시간의 흐름으로 나누어 놓은 것에 역曆의 본래 의미가 있다고 말할 수 있다.

시간의 흐름은 영원하기도 하며 무한하기도 한 것처럼 보여서 인류와는 관계가 없이 흘러가는 것처럼 생각되지만, 인류는 자신들이 살아가는 세계를 시간을 통해서 어떻게 나눌 수 있는 것일까.

그것을 조망해 보기 전에 우리들이 살고 있는 세계가 어떤 세계인지를 먼저 살펴보기로 하자.

【〈끝이 있는〉 우주】

언뜻 보면 우리들을 에워싸고 있는 우주 공간은 끝없이 먼 곳에서 끝없이 먼 곳으로까지 연결되어 있는 것처럼 보인다. 또한 시간도 한없이 먼 과거로부터 끝이 없는 미래를 향해 유구한 흐름에 매달려 있는 것처럼 생각된다. 우주의 광대함은 대체 어디까지 계속되어 있는 것일까.

우주의 저편으로 간다면 어떻게 될까. 그 끝은 〈어둠 속에서, 무턱대고〉 나아간다면 어떻게 되어 있을까 하는 논의를 거듭하다 보면, 분명히 무한으로 확산되는 시간의 흐름을 느낄 수 있을지도 모른다. 그러나 우리들이 살고 있는 공간과 시간이 없어져 버린다는 상상은 도저히 불가능하다.

그런데 예를 들어 〈저쪽〉을 가리켰다고 하자. 그러면 그 손가락의 방향은 지구를 넘어서 훨씬 앞쪽으로 일직선으로 향하고 있는 것일까. 그렇지 않으면 지면과 수면에 인접한 지표를 둘러싸고 있는 곡선 방향으로 진행되고 있는 것일까. 우리 인간의 두뇌는 관념상으로는 〈저쪽〉 방향이라는 곳을 정말로 직선적으로 받아들이고, 육체로는 구체적으로 곡선 방향을 의식하고 있다고 말해도 좋을 것이다.

국소적으로는 어느쪽이든 변화가 없다고 말하면 그만이겠지만, 아무리 작게 나누어 생각해 보아도 그것은 완전히 다른 것이라고 하지 않으면 안 된다. 실제로 아무런 영향이 없다고 말한다 해도 이론을 정당화시킬 만한 이유는 되지 못한다. 정말로 〈그렇게 되는〉 것과 생각만으로, 다시 말해 〈이념적으로 그렇게 되는〉 것에는 차이가 있다. 사실을 논할 때는 먼저 존재를 증명하고 난 후에 논의하지 않으면, 논의 그 자체가 무의미해지는 것은 당연하다.

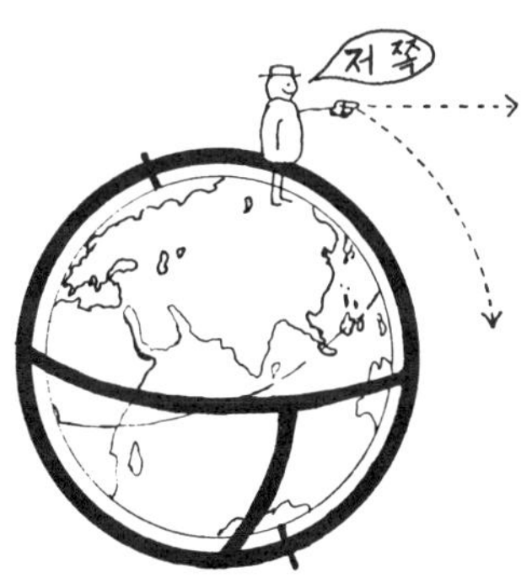

〈저쪽〉이란 어느곳을 가리키는 것일까?

　그렇다면 무한으로 펼쳐진 우주 공간이라는 곳은 정말로 실재한다고 말할 수 있는 것일까.

　현대 천문학과 우주 물리학에 의하면, 우주는 지금으로부터 약 2백억 년 전에는 물질이 밀집되어 초고온·초고압으로 된 하나의 불덩어리였다고 말하고 있다. 그것이 어느 순간 〈빅뱅 Big Bang〉이라는 초대형 폭발을 일으켰는데 그때 그 덩어리가 주위로 떨어져나가 맹렬한 속도로 사방으로 산산이 흩어졌다. 그 흩어짐에 따라서 온도와 압력도 급속도로 차가워지고 떨어졌으며, 물체는 그대로 따로따로 떨어져서 점차 먼 곳으로 서로의 위치를 떼어놓으면서 팽창되었던 것이다. 이렇게 해서 수많은 별이 생겨났고, 지금으로부터 50억 년 전에는 태양이 생겨났으며, 45억 년 전에는 지구가 만들어졌다고 한다.

　이윽고 태양의 광합성작용으로 인해 지표의 물 속에 생명체가 살 수 있게 되었고, 나중에 인류가 생겨나서 〈생각하는〉 기능을 갖고 활동하기 시작하였다.

　1929년 미국의 천문학자 핫블이, 먼 별일수록 그 거리에 비례하여 급속하게 멀어져 간다는 사실을 발견했다. 1백만 광년의 거리에 있는 별은

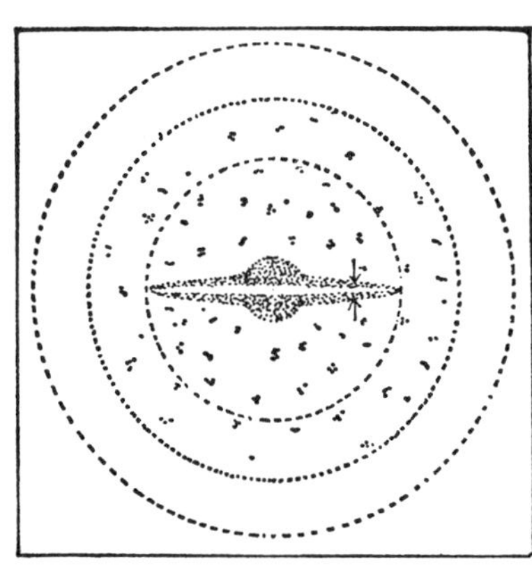

은하계우주(점원点円은 5, 7.5, 10만 광년을 나타낸다)

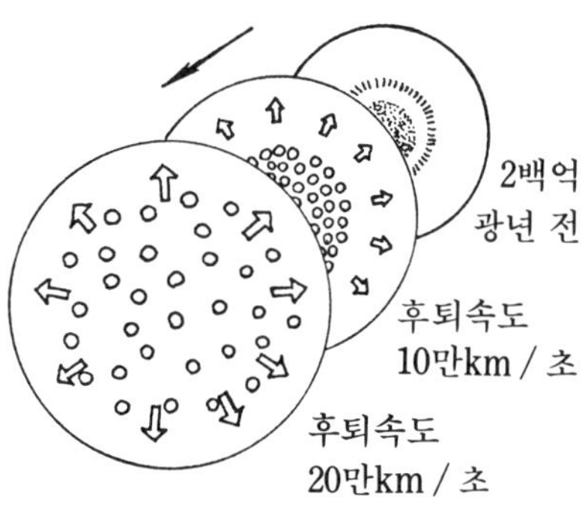

Big Bang

매초 15km의 속도로 멀어져 간다고 한다. 1광년이란 빛이 1년간 달리는 거리 9조4천6백억 킬로미터(9.46×10^{15}m)이므로, 이 비율로 가면 2백억 광년의 거리에 있는 별은 초속 30만 킬로미터로 멀어지게 된다.

매초 30만 킬로미터라면 빛의 속도와 같은 빠르기이다. 『빛의 속도를 척도로 하여 공간을 측량한다』는 것은, 바꾸어 말하면 『빛보다 빠른 것은 없다』는 아인슈타인의 물리학 기본법칙에 맞춰 보면, 2백억 광년에 있는 별이 우리들의 공간 한계로는 그것보다 앞의 것을 생각할 수 없다는 이론이 성립된다. 2백억 광년보다 먼 별은 빛보다 빠른 속도로 멀어지지 않으면 안 되고, 빛보다 빠른 것이 이 세계에 있다는 말이 되며 이는 물리학의 법칙과 모순되기 때문이다.

1965년 벤쟈스와 윌슨이라는 두 명의 천문학자가 절대온도 3°의 방사 전파와 같은 전파가 우주의 모든 방향에서 나오고 있음을 증명했다. 절대온도라는 것은 물리학에서 생각할 수 있는 최저온도로 섭씨 영하 273.16℃를 0°로 하지만, 이것은 무엇을 의미하는 것일까. 그것은 2백억 년 전에 대폭발(Big Bang)이 있었다고 한다면, 그때 이래로 우주는 팽창하기 시작했고 점차로 냉각되어 천게 정확히 절대온도 3°가 된다는 가설을

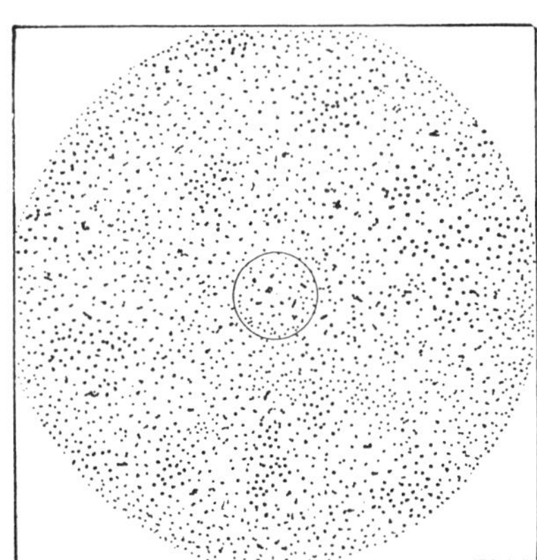

작은 원은 직경 20억 광년, 큰 원은 4백억 광년

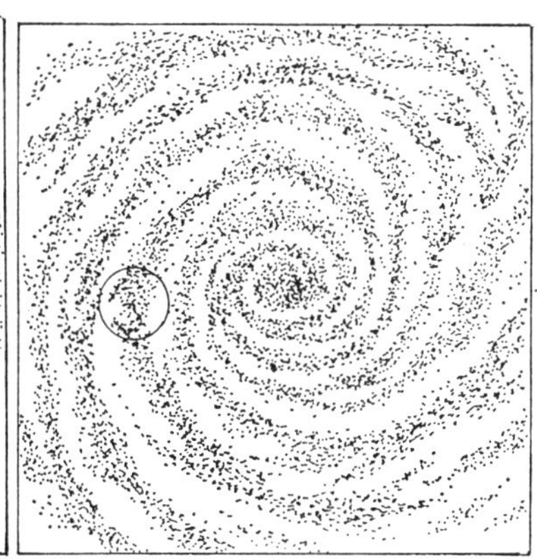

작은 원의 직경은 2천만 광년, 원 안의 한 점이 태양계

증명했다는 것에 지나지 않는다.

이렇게 해서 2백억 년 전에 최초의 시간이 시작되어 2백억 광년이라는 실재 공간이 있었던 것이 되고, 비로소 그 속에서 공간과 시간을 생각할 수 있게 되었다.

우주는 지금 팽창하고 있다. 우주의 임계밀도臨界密度는, 즉 팽창과 수축의 경계밀도는 $5 \times 10^{-30} g / cm^3$로, 바꾸어 말하면 $1cm^3$의 공간에 수소 원자가 세 개 정도의 희박한 공간으로, 우주의 밀도가 이것보다 작으면 우주는 팽창하고 크면 수축함을 알 수 있다. 이와 관련하여 지구상의 공기에는 $1cm^3$당 1천조兆의 3만 배, 즉 3×10^{19}개나 있다. 현재 우주의 밀도는 $10^{-30} g / cm^3$이므로 지금 팽창을 계속하고 있다고 말할 수 있지만, 앞으로 팽창을 계속할지 수축으로 바뀔지는 알 수 없다.

어쨌든 공간이나 시간도 단지 무한으로 흐르고 있는 것이라고 간단하게 생각하는 것은 자연법칙에 위반된다고 할 수 있다. 생각하는 것은 자유지만, 생각하기 전에 어떠한 것인가 분명하게 그 존재를 확인한 후에 생각하는 것이 중요하다. 그렇다면 빛을 척도로 하여 공간과 시간을 생각하고 있는 우주는, 공간적으로나 시간적으로 유한하다고 말할 수 있는

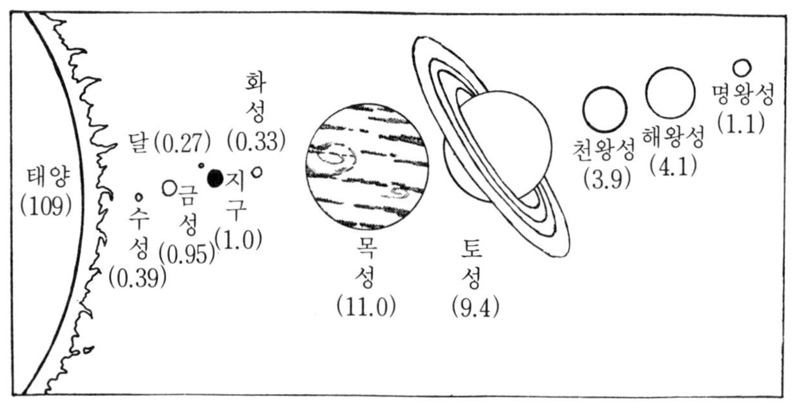

태양계의 혹성의 크기를 비교하였다.

것이다.

　여기서 잠깐 우주 전체의 모델을 생각해 보자. 가령 우주의 크기를 1광년이라고 한다면 어떻게 될까. 태양은 직경 14cm로 멜론 크기 정도의 볼(ball)이 되며, 15m 떨어진 곳에 직경 1.3mm 되는 장식용 구슬 크기 정도의 지구가 있고, 지구에서 3.8cm 떨어진 곳에 직경 0.35mm의 달이 있게 된다. 태양계는 태양을 중심으로 직경 1200m이며, 가장 먼 혹성인 명왕성이 태양에서 590m 떨어져 있다. [1979년 1월부터 1999년 3월까지는 해왕성이 가장 먼 별이 된다.] 1μ(미크론)이란 1mm의 1000분의 1의 길이로, 인간의 크기로 말하면 2만분의 3미크론이라는 전자현미경으로도 볼 수 없는 존재가 되어 버린다. 그런데 지구에서 가장 가까운 별은 켄타우로스Kentauros(그리스 신화에서 상반신은 인간, 하반신은 말인 괴물. 초여름에 남쪽 하늘에서 볼 수 있는 별자리로 α성은 지구에서 4.3광년, 태양 다음으로 지구와 가장 가까운 항성)좌와 α성으로, 1.3mm의 지구에서 4000km 떨어진 곳에 위치해 있다. 이 모델로 우주의 크기를 알 수 있을 것이다. 일반적으로 별이 어느 정도 먼 곳에 있는가, 공간이 어떤 모습으로 이루어져 있는가 하는 등등의 공간을 생각할 때는, 지금 서술한 것 속에서 넓

태양계의 혹성의 움직임

이와 수량을 생각할 수 있고 그밖에는 달리 생각할 수 없는 것이다.

　이제까지 우리들이 살고 있는 공간을 수량에 따라 생각해 보았지만, 우리들이 살아온 시간을 구분한다고 하더라도 수의 사고방식에서 그렇게 간단히 분리할 수는 없다.

　그러면 인류는 수를 어떻게 다루어 왔는가. 역曆으로 들어가기 전에 잠깐 수의 세계를 살펴보도록 하자.

【〈바라문의 탑〉이 알리는 세계의 종말】

　그 옛날 갠지즈 강가에 〈바라문의 탑〉이라는 탑이 있었는데, 한 장의 판 위에 세 개의 막대기가 세워져 있었다고 한다. 그리고 그 중 한 개에는 밑에서부터 큰 순서대로 64개의 크기가 다른 황금의 구멍 뚫린 메달이 꽂혀 있었다.

　그런데 바라문의 탑에는 한 가지 전설이 전해지고 있었는 바, 이 황금 메달을 한 개씩 다른 막대기에 바꾸어 끼워 넣어서 메달이 전부 다른 한 개의 막대기에 완전히 옮겨졌을 때, 이 세계는 종말을 맞게 된다는 것이었다.

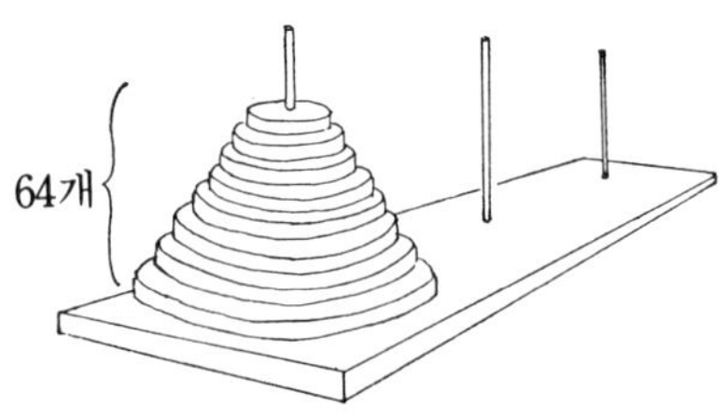

《바라문의 탑》

단 이것을 시험하고자 할 때는 다음의 규칙을 지키지 않으면 안 된다.

(1) 한 개의 막대기에서 빼낸 메달은 다른 두 개의 막대기 중 어느것인가에 꽂지 않으면 안 된다.

(2) 커다란 메달을 작은 메달 위에 겹쳐두어서는 안 된다.

그러면 바라문교에서 말하는 세계 종말의 도래 시기는 언제쯤이 될까.

가령 세 개의 막대기를 각각 Ⅰ·Ⅱ·Ⅲ 막대기라 하자. 메달이 64개가 아니라 1개뿐이라면 메달을 Ⅱ나 Ⅲ으로 한 번 옮기면 되므로 1회로 끝난다.

메달이 AB 두 개가 되면, 먼저 작은 메달 A를 Ⅱ(또는 Ⅲ)로 옮기고 메달 B를 Ⅲ(또는 Ⅱ)으로 옮긴 다음, Ⅱ의 A를 Ⅲ의 B 위에 얹으면 합계 3회가 된다.

메달이 ABC의 세 개가 되면, 먼저 Ⅱ(또는 Ⅲ)로 A를, Ⅲ(또는 Ⅱ)으로 B를 옮기고, 그 다음에 Ⅱ의 A를 Ⅲ의 B 위에 얹고 C를 Ⅱ로, 그리고 Ⅲ의 A를 Ⅰ로 되돌려 놓고, Ⅲ의 B를 Ⅱ의 C 위에, 마지막으로 Ⅱ의 BC 위에 Ⅰ의 A를 올려 놓으면 합계 7회가 된다.

메달의 수가 늘어남에 따라서 횟수도 1·3·7·15·31·63·127회로 늘어난다. 이것은 1·2·4·8·16·32·64·128이라고 하는 수열數列과 비슷하다고 할 수 있겠다. 이 문제는 n개의 메달로 일반화하여 수학으로 간단하게 풀 수 있지만, 수학을 골치아프게 생각하는 이들을 위해서 계산의 중간을 빼고 결과만 보도록 하자. 증명하는 방식은 〈n개의 메달의 경우 횟수〉에 있다.(본서 64쪽 참조)

결과는 (2^n-1)회이다.

바라문의 탑은 $n=64$의 경우이므로 2의 64승 마이너스 1, 즉

$$(2^{64}-1)=18{,}446{,}744{,}073{,}709{,}551{,}615$$

가 된다. 이것은 1초에 1회씩 메달을 옮겨놓는다고 해도, 약 6천억 년이 걸리므로 세계의 종말은 천문학상의 최초의 추정보다 훨씬 먼 미래의 일이 된다.

비슷한 이야기로 유명한 것은 증여리신좌위문曾呂利新左衛門의 에피소드이다.

도요토미 히데요시(豊臣秀吉)로부터 무엇이든지 원하는 것을 말하라는 명령을 받은 신좌위문新左衛門이 옆에 있던 장기판을 가리키며『쌀알을 갖고 싶습니다. 그런데 쌀을 오늘은 한 톨, 내일은 두 톨, 모레는 네 톨…… 그렇게 하기를 이 장기판의 눈금수만큼인 81일간이면 족하겠습니다』라고 대답하자, 도요토미 히데요시는 대수롭지 않게 여기고『지극히 간단한 일이다』라고 대답했다. 하지만, 이것을 수학으로 계산해 보면 1을 초항初項으로 하여 항수項數가 81, 공비公比가 2인 등비급수의 합을 구하면 된다. 즉

$$1+2+2^2+2^3+\cdots\cdots+2^{80}$$

$$=\frac{2^{81}-1}{2-1}=2^{81}-1=2,417,851,439,229,258,349,412,351$$

이 된다.

밥 한 그릇이 약 3천 톨의 쌀알 정도라고 계산해서 몇 그릇분이 될까를 계산해 보자. 인구가 변하지 않는다면 일본인 전부가 1억 년은 충분히 먹고도 남을 만하다. 도요토미 히데요시의 기절할 듯 놀라는 표정이 눈에 선하다.

【고대 중국의 수數 표현】

고대 중국에서는 황제가 수數를 10등급으로 만들었는데, 그것은 억億·조兆·경京·해垓·자秭·양穰·구溝·간澗·정正·재載라고 하는 10개의 수사數詞였다. 이 중에서 〈재載〉가 가장 큰 수이며, 이 〈재〉에서 수가 끝난다고 하는 의미를 담아서 〈재〉 다음에 〈극極〉이라는 글자를 덧붙여서 수사數詞라 했다. 〈극〉이란 〈한도에 이르다〉라든가 〈끝〉이라는 말로, 수의 끝을 의미하고 있는 것이다.

그런데 일본의 수사數詞는 불교에서 전래된 계산방식으로 인도의 산스크리트 수사가 덧붙여져서 풍부해졌고, 17세기에 비로소 수학자 요시다 미츠요시(吉田光由, 1598-1672)에 의해 《진겁기塵劫記》(寛永4, 1627년) 가운데 다음과 같은 수사로 기록되었다.

십十·백百·천千·만萬·억億·조兆·경京·해垓·자秭·양穰·구溝·간澗·정正·재載·극極
항하사恒河沙·아승기阿僧祇·나유타那由他·불가사의不可思議·무량대수無量大數

〈항하사恒河沙〉라는 것은 항하의 모래, 즉 갠지즈 강가의 모래라는 의미로 모래는 수가 많음을 예로 들어 옛날부터 사용되어 오고 있었다. 아르키메데스Archimedes(고대 그리스의 수학자·물리학자)가 황제로부터 『그대는 학자이므로 모래의 수도 헤아릴 수 있을 것이다』라고 말했다고 하는 고사도 있을 정도이다.

〈아승기阿僧祇〉란 산스크리트의 수시 〈아산키야〉를 한어漢語로 번역한 것이며, 〈나유타那由他〉도 마찬가지로 한역어이다. 〈불가사의不可思議〉라는 것도 산스크리트어의 〈아친티아〉에서 유래된 것으로, 이것은 『생각으로 헤아릴 수 없을 정도로 많다』라는 뜻이다.

〈무량無量〉과 〈대수大數〉는 옛날에는 각기 다른 수사였지만, 현재는 한 개의 수사로 되어 있다.

10^8	10^{12}	10^{16}	10^{20}	10^{24}	10^{28}	10^{32}	10^{36}	10^{40}	10^{44}	10^{48}
억	조	경	해	자	양	구	간	정	재	극

10^{52}	10^{56}	10^{60}	10^{64}	10^{68}
항하사	아승기	나유타	불가사의	무량대수

그런데 우리는 보통 『천재일우千載一遇의 기회를 놓쳤다』 등과 같은 말을 자주 사용하고 있다. 이러한 표현은 일본적인 셈방식으로 보면 〈천재千載〉가 가장 큰 수라는 의미에서 생겨난 말이지만, 문자 그대로 해석

하여 계산하면 $\dfrac{1}{10^{47}}$ 의 확률, 즉 1천조兆의 1천조 배倍를 1천조 배로 하고 거기에 다시 1백 배倍를 한 횟수 중의 1회라는 확률이 된다.

불교설화 속에도 눈이 먼 거북이가 1백 년에 한 번 떠올라서, 큰 바다에 떠다니는 한 개의 통나무 구멍에 우연히 머리를 넣을 정도의 좀처럼 얻기 어려운 기회가 있다고 기록되어 있다.

그런데 〈십만억토十萬億土〉라 하면, 현세와 아미타여래阿彌陀如來가 사는 극락정토 사이에 있는 불토佛土(부처가 사는 곳)라는 뜻이다. 이것은 극락정토 그 자체를 가리키는 경우도 있지만, 이 〈만억萬億〉이라는 셈방식은 물론 현재는 사용하지 않는다. 단지 이것은 고대 중국에서 실제로 있었던 셈방식이 남아있는 것으로, 중국에서는 수의 항桁을 쓰는 데 있어서 〈소승법小乘法〉〈중승법中乘法〉이라는 셈방식이 있었다.

〈소승법〉이라는 것은 1항桁씩 수사를 바꾸는 방식으로 1만 다음이 10만이 아니고 억億이 된다. 이렇게 하면 곧 수사가 끝나버리지만, 고대부터 계속 사용해 온 것이다.

여기에서 대개 〈중승법〉이라는 것은 8항씩 수를 구분짓는 것으로, 최

1백 년에 한 번 돌을 스치는 선녀

초의 천억千億까지는 현재와 다를 바 없지만, 그 이상이 되면

천억千億 · 만억萬億 · 십만억十萬億 · 백만억百萬億 · 천만억千萬億 · 일조一兆 · 십조十兆 · 백조百兆 · 천조千兆 · 만조萬兆 · 십만조十萬兆 · 백만조百萬兆 · 천만조千萬兆 · 일경一京……천만경千萬京

으로 세므로, 이 고대 중국의 셈방식이 〈십만억토十萬億土〉로서 현대에 남아있을 따름이다. 단 〈억만장자億萬長者〉라는 말은 단순히 억億과 만萬을 겹쳐놓은, 많다는 의미를 나타내고 있는 것에 지나지 않는다.

【매우〈언짢은〉에피소드】

바둑에〈겁劫〉이라는 것이 있다. 한 점을 쌍방이 서로 만회하려는 국면일 때, 그 한 점을 취하면 단연코 바둑의 형세가 유리해지는 경우라도 상대가 그 한 점을 취한 지후에는 만회할 수 없으며, 한쪽의 다른 곳으로 돌을 놓지 않으면 만회하지 못한다. 이 규칙을〈겁劫〉이라 한다.

이 규칙이 없으면 중요한 국면에서 장기의 비김수처럼 전선戰線이 그대로의 상태로 꼼짝도 하지 못하게 된다. 즉 무한으로 게임이 지속되어 끝이 나지 않을 따름이지만, 실은 이〈겁劫〉이란 산스크리트어의〈kalpa〉를 음역音譯한 겁파劫波에서 나왔으며〈무수히 많다〉라는 뜻이 있다. 이것에 관하여 불전佛典에 다음과 같은 예가 있으므로 소개해 두고자 한다.

고대 인도에는 거리距離를 재는 단위로〈유순由旬〉(본래는 범어로서 고대 인도의 거리의 한 단위. 6정町이 1리里로서, 40리 · 30리 혹은 16리로 칭한다)이라는 것이 있다. 달구지로 하루 걸리는 길의 거리[약 14.4km]를 말하는 것이지만, 한 변의 길이가 1유순의 입방체인 성채城砦(성)에 겨자씨를 채워서 1백 년에 한 알씩 꺼낼 경우, 전부 꺼낸다 해도 겁劫이 끝나지 않는다는 것이다.

매우 피곤할 때라든가 몹시 성가시고 마음이 내키지 않는 것을〈억겁

億劫〉(귀찮고 마음 내키지 않음. 원래는 시간이 오래 걸려 곧 할 수 없다는 뜻)이라고 말하지만, 억겁이란 〈1억 회의 겁劫〉이라는 말이므로 이것은 확실히 마음 내키지 않는 것임에 틀림없다.

겁劫에 관해서는 또한 한 변이 1유순인 거대한 돌을 1백 년에 한 번 백전白氈(하얀 모직물 깔개) 혹은 선녀의 날개옷으로 스쳐 그 돌이 깎여서 없어지더라도 겁劫은 끝나지 않는다고 한다. 고대인이 무한을 생각할 경우, 자연수적自然數的인데다 가법적加法的인 점은 무엇보다도 흥미롭다.

그런데 이 〈겁劫〉은 만담에서도 나온다. 그것은 《수한무壽限無》라는 만담에 나오는 것으로, 약간 번거롭기도 하지만 모처럼의 기회로 도움이 될 터이니 소개해 두기로 한다.

『수한무수한무壽限無壽限無, 다섯(五) 겁劫이 닳아서 끊어지고, 바닷자갈 물고기의 물이 흘러가는 곳의 끝, 구름이 흘러가는 곳의 끝, 바람이 불어오는 곳의 끝, 먹고 자는 곳에 사는 곳, 쪼개진 감자에 매달린 감자, 파이포 파이포, 파이포의 슈린간, 슈린간의 그린다이, 그린다이의 폰포고나의 폰포고피의 장구명長久命의 장조長助.』

이와 같은 이름이 나오면 떠오르는 것이 있을 터이다. 이것은 건강하게 자라서 오래 사는 것으로, 골목에 사는 노인에게 붙인 이름이지만 이 노인에게는 상당한 학식이 있었다. 〈오겁五劫〉이란 사겁의 한 단계 위로, 그것이 닳아서 끊어진 후까지라는 말이다. 사겁四劫이란 불교에서 인류가 생긴 시대(성겁成劫 : 불교에서 말하는 사겁의 하나. 공겁空劫이 끝나고 서서히 성립되어, 지옥에서 천상계까지 성립된 기간을 말한다. 이 기간 속에 20소겁小劫이 있다), 인류가 사는 시대(주겁住劫 : 인류가 세계에 안주하는 시기), 세계가 파멸하는 시대(괴겁壞劫), 대부분이 파멸한 공허의 시대(공겁空劫)를 가리킨다. 이것은 세계의 성함과 쇠퇴함을 설파한 것으로 무엇인가를 예언한 것 같아서 두렵지만, 현대의 천문학에 의하면 30억 년 후에 태양은 거성화巨星化하여 지구는 그 높은 열에 타버릴 것이라고 한다. 아마도 그 무렵에는 인류의 우주 이민이 시작되어 있을지도 모르지만…….

이야기가 빗나갔지만 바닷속의 자갈이나 물고기도 많은 것의 일례이며, 바닷물과 구름도 영겁永劫의 저편으로 계속해서 흘러가는 것의 대표

적인 물상이다. 한편 씨감자 싹은 눈(雪)에도 굴하지 않고 파랗게 자란
다. 게다가 그린다이와 슈린간이라는 것은 고대 인도의 북방에 있었다고
하는 가상국假想國 파이포의 국왕과 왕비의 이름으로 장수한 것으로 알
려져 있으며, 더욱이 그의 아들 폰포고나와 폰포고피도 성인聖人으로 오
랜 생명을 유지했다고 한다. 이런 이유로《수한무壽限無》라는 만담은 길
게 계속되는 온 퍼레이드on parade(배우 등이 차례차례로 나와서 빠진 사
람 없이 모두 보여주는 것)이지만, 그 중에서도 〈오겁五劫〉은 그 제1인자
라 말해도 좋을 것이다.

　　그런데 불교설화라는 것도 아는 바와 같이 원래는 인도에서 생겨난 것
이지만, 우주를 둘러싼 인도 신화에는 그외에도 이런 이야기가 있다.

　　그 옛날 파괴의 신 시바(시바는 힌두신 가운데 주신主神의 하나로 브라흐
마 신과 비쉬누 신과 함께 힌두교의 3대신이다. 시바는 무서운 신, 우주를 파괴
하는 상징이기도 하다. 손에 삼지창·곤봉·태고 등의 성스러운 무기를 갖고
있는데, 삼지창은 자연계의 세 가지 성질의 상징이고 시바의 권력과 전지전능
의 화신이다. 그 세 가지란 우주의 세 가지 움직임, 즉 창조와 유지와 파괴를
가리킨다. 시바는 또 최장터니 그의 지배히에 있는 지옥의 진익무도한 악령으
로부터 몸을 지켜주는 수호신으로 숭배되고 있다)는 불과 같은 모습을 하고
빛을 사방으로 비추어, 그 광휘가 무한의 저편으로 뻗쳐 있다고 한다. 이

브라흐마와 비쉬누를 재판하는 소

시바 신의 빛을 끝까지 따라가면 도대체 어떻게 될까. 창조신 브라흐마 신과 유지신維持神 비쉬누가 확인하려고 하였지만, 정말로 만담에서 땅을 향해 가도록 하는 것처럼[그 반대일지도 모르지만] 나아가도 나아가도 빛은 계속되고 있었다.

비쉬누는 도중에 체념하고 되돌아와서 이렇게 말했다.『빛은 무한으로 펼쳐져 있었다.』한편 브라흐마도 도중에 되돌아와서 이렇게 보고했다. 『빛의 확산은 유한有限하다. 빛이 닿는 곳까지 갔다왔다.』

두 신의 주장이 이렇게 서로 엇갈렸으므로 소가 재판장으로서 재정裁定(사물의 선악, 합당 여부를 조사하여 정함)을 내리게 되었다. 소는 브라흐마의『빛은 유한하다』고 하는 거짓을 꿰뚫어 보고 있었지만, 어찌되었든간에 브라흐마는 하늘과 땅의 창조신이다. 그 위력을 두려워하여 소가 브라흐마를 편들어서 판결을 내린 바, 그 허위판결을 증명이라도 하는 듯 소의 꼬리가 심하게 흔들렸다고 한다. 하찮은 이야기이지만, 인도에서는 현재도 소가 성스러운 짐승으로 숭배되고 있으며, 특히 비쉬누가 축복하며 성스럽게 취급했다는 꼬리는, 죽은 사람을 천국으로 이끄는 역할을 지닌 것으로 더욱 신성시되었다고 한다. 고대 인도인들은 중세 유럽보다도 훨씬 근대적인 우주관을 지니고 있었다고 전해지는데, 여기에서도 그와 같은 한 부분을 말하는 것은 아닌가 하는 생각이 든다.

【〈금륜제金輪際〉에서 〈유정천有頂天〉까지】

불교에서는 우주宇宙를 금륜제金輪際(대지의 맨 밑바닥)에서 유정천有頂天(구천의 최상위 하늘)까지로 설하고 있다. 그러면 〈금륜제金輪際〉란 어떤 의미일까. 오늘날 우리들은 『금륜제金輪際는 없습니다』혹은 『금륜제金輪際는 다다르지 못합니다』라고 하며, 부정을 강조하는 〈절대로〉나 〈결코〉 등의 뜻으로 사용하고 있다.

그렇지만 불교에서 말하는 〈금륜제金輪際〉란 금륜金輪(삼륜의 하나. 대지의 맨 밑바닥 1백60만 유순由旬을 사이에 두고 있는 곳에 있으며, 세계를 떠받치고 있다고 일컬어지는 거대한 테두리)과 수륜水輪의 경계선이다. 말

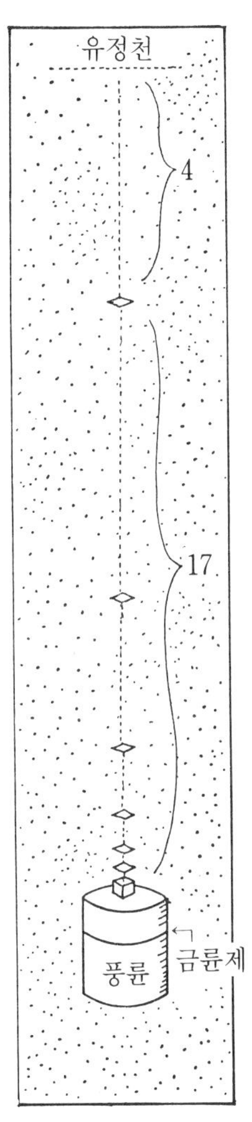

【《금륜제金輪際》와
《유정천有頂天》】

하자면 인간은 금륜 위에 살고 있으며, 그 금륜의 끝이 지하의 끝이라는 점에서 〈극한〉이라는 의미를 지니게 된 것이다.

이 불교의 우주관은 대단히 흥미로운 것으로 좀더 상세하게 설명하고자 한다.

그 우주에는 허공 속에 풍륜風輪이라는 원통형의 물건이 떠있다고 생각하고 있다. 풍륜의 크기는 높이가 1백60만 유순由旬(앞에서도 설명한 것처럼 1유순은 약 14.4km)으로, 주위는 〈아승기阿僧祇〉 즉 〈무한〉이라고 한다.

이 풍륜 위에 직경 1백20만 3천4백50유순, 높이 32만 유순의 원통형 층이 있는데 이것이 〈금륜金輪〉이다. 즉 직경 약 1천7백만 킬로미터이다.

그런데 우리 인류는 그것의 어느 주변에 있는가 하면, 금륜의 한복판에 수미산須彌山(본래는 범어. 불교의 세계관으로 세계의 중심에 솟아있다고 하는 높은 산. 높이는 수상水上·수중水中 모두 8만 유순으로 금·은·유리·수정의 네 가지 보석으로 이루어져 있으며, 정상에는 제석천帝釋天이 살고, 그 산중턱에 해와 달이 돌고 있다고 한다)이라는 산이 있고, 그것을 둘러싼 7개의 바다와 8개의 산, 더욱이 그 바깥측의 폭이 32만 2천 유순, 깊이가 4만 유순인 큰 바다가 있고, 그 중앙에 셈부주(섬부주瞻部州)라는 대륙이 있다. 이 대륙이 우리들이 살고 있는 세계라는 것이다.

즉 인간은 금륜金輪 위에서 살고 있는 것이 되며, 그 가장 아래가 〈금륜제金輪際〉인 셈이다.

그러면 〈유정천有頂天〉(너무 기뻐서 어찌할 바를 모름이라는 뜻도 있다)
이란 무엇일까. 우리들은 종종 자기 나름대로든 누군가에 의해서든 사
물에 열중하여 다른 것을 뒤돌아보지 않고 하늘에라도 오를 듯한 기분
이 들 때와, 자신만만함이 절정에 이를 듯한 때에 이 말을 사용하는데,
불교에서는 최고의 하늘을 〈유정천有頂天〉이라고 한다.

하늘이란 〈신神〉을 뜻하며, 동시에 신이 사는 높은 곳을 말한다. 이 하
늘에는 욕계欲界·색계色界·무색계無色界가 있는데 이것을 〈삼계三
界〉(불교에서 모든 중생이 생사윤회하는 3종의 세계)라 한다.

하늘의 욕계欲界는 육욕천六欲天이라 하며, 지상 4만 유순의 지점에
사천왕천四天王天, 게다가 그 4만 유순 위에 삼십삼천三十三天(도리천忉
利天;육욕천의 제2. 수미산 정상에 위치하며, 염부제閻浮提 위, 8만 유순 위에
있다. 희견성喜見城이라는 성곽이 있고 제석천帝釋天이 이곳에 있다. 최상의
단계 십선十善을 수양하는 사람이 태어난 곳이라 한다), 그 8만 유순 위에 야
마천夜摩天, 그 16만 유순 위에 도솔천兜率天(육욕천의 제4. 수미산 꼭대
기 10만 유순 위에 있다. 칠보七寶 궁전이 있으며, 무량 제천諸天이 이곳에서
산다. 내외이원內外二院이 있으며, 내원內院에는 미륵보살이 거주하며 설법으
로 하생성불下生成佛의 때를 기다린다고 한다), 그 32만 유순 위에 낙변화천
樂變化天, 그 64만 유순 위에 타화자재천他化自在天(육욕천의 제6세계.
천상에 있다고 한다. 이 하늘에 사는 사람은 육체에 의하지 않고 마음만으로 욕
락欲樂을 향수하며 아이를 화생化生할 수 있다고 한다. 화생化生이란 불교용어
로 어머니로부터 태어나는 것이 아닌 자연히 태어나는 것을 뜻함)이 있다. 이
러한 여섯 가지 하늘은 생사유전生死流轉의 미로의 세계이며, 특히 음욕
淫欲·식욕食欲을 가진 사람이 사는 곳으로 되어 있다.

하늘의 색계色界는 선禪(디아나)을 행하며, 욕망을 초월하여 형상만이
존재하며 광명光明을 먹는 사람이 사는 곳으로 이것이 17천天이다.

범중천梵衆天은 타화자재천에서 128만 유순 위에, 범보천梵輔天은 더
욱더 그 위쪽 256만 유순에, 대범천大梵天은 512만 유순, 소광천少光天
은 1024만 유순, 무량광천無量光天은 2048만 유순, 극광정천極光浄天은
4096만 유순, 소정천少浄天은 8192만 유순, 무량정천無量浄天은 1억
6384만 유순, 편정천遍浄天은 3억 2768만 유순, 무운천無雲天은 6억 5536

만 유순, 복생천福生天은 13억 1072만 유순, 광과천廣果天은 26억 2144만 유순, 무번천無煩天은 52억 4288만 유순, 무열천無熱天은 104억 8576만 유순, 선현천善現天은 209억7152만 유순, 선견천善見天은 419억 4304만 유순, 색구경천色究竟天은 838억 8608만 유순, 위와 같이 겹쳐서 존재하고 있다고 한다.

하늘의 무색계無色界는 정定(사마디)을 행하며 형상이 없는 정신만의 세계로서 그곳에는 이미 공간이 없고, 단지 존재하는 세계라고 일컬어지지만 이 점은 아무래도 확실치 않다. 어찌되었든 무색계에는 사천四天이 있다고 되어 있다.

공무변처천空無邊處天은 마음이 공空의 세계에 들어있는 것으로, 공空이란 우리들의 사고대상이 있는 곳이라고 일컬어진다.

식무변처천識無邊處天은 마음만이 존재하는 세계로, 일체의 사고대상思考對象이 없는 곳이다. 그러나 『일체의 사고대상이 없다』라는 사고대상이 있다.

무처유처천無處有處天은 『……』라는 사고조차도 없고 아무것도 소유하지 않는 세게이다. 그러나 『아무것도 소유하지 않는다』고 하는 사고를 갖고 있다.

비상비비상천非想非非想天은 『생각하지 않는다』 그리고 『생각하지 않는다고 하는 것도 생각하지 않는다』라고 하는 절대명상의 경지를 말한다. 이것이 최고의 천天이며, 이 비상비비상천非想非非想天이 〈유정천有頂天〉인 셈이다.

여기서 금륜제金輪際에서 유정천有頂天까기를 현대의 흐름으로 잠깐 계산해 보자.

금륜제金輪際에서 지상地上까지 32만 유순이다. 지상 최초의 하늘이 4만 유순의 사천왕천四天王天으로 색계色界의 최상천까지 23천이, 최초의 항이 4만 유순, 공비公比가 2의 등비수열 형태로 위로 거듭하여 겹쳐져 있으므로

$$40000 + \frac{40000(2^{22}-1)}{2-1} = 167,772,160,000$$

즉, 지상에서 색계의 색구경천色究竟天까지 1677억7216만 유순이 된다.

더욱이 유정천有頂天까지 그 비율로 계산하면, 금륜제金輪際에서 유정천有頂天까지는

$$320000+40000+\frac{40000(2^{26}-1)}{2-1}=2,684,354,880,000$$

즉 2조6843억5488만 유순이 되며, 이것이 불교에서 말하는 우주의 크기라고도 말할 수 있다. 1유순 14.4km로, 1광년 9조 4600억 킬로미터로 하면, 4.08광년의 크기가 된다. 유정천有頂天은 지구에서 가장 가까운 별 켄타우로스Kentauros좌의 프로크시마일 것인가.

【큰 수에 관하여】

그 다음에 좀더 큰 수數 이야기를 계속해 보자.

미국의 수학자 카스너는 10의 100승(10^{100})을 〈구골googol〉(10을 100 제곱한 수. 천문학적 숫자)이라 하고, 10의 구골승($10^{10^{100}}$)을 〈구골플랙스googolplex〉라고 하는 새로운 수로 만들었다.

그러면 1구골플랙스가 어떠한 수인가를 조사해 보자. 보통 일반적인 단행본은 1페이지에 약 1천 자의 활자가 들어있으므로, 가령 2백 페이지라고 하면 책 1권에 약 20만(2×10^5) 자를 읽는 데 지나지 않는다. 한편 크기를 생각해 보면 세로 19cm 가로 13cm이므로 면적은 247cm², 지구의 표면적을 500조 m²(5×10^{14}m²)라 한다면, 예를 들어 이 책으로 지표地表를 모두 메우는 데는 2경京(2×10^{16})의 책이 필요한데, 그래도 10의 16승의 2배에 지나지 않는 것이다.

혹은 이 지표를 메운 2백 페이지의 책 첫머리 활자를 1로 하고, 그 다음부터 책 끝의 마지막 활자까지를 0으로 바꾼 수를 생각해 보면, 그 0의 갯수는 4천억의 1백억 배라는 숫자가 되지만, 그래도 고작해야 10의 21승의 4배(40해垓) 승乘인 셈이다.

마지막으로 그 제로(0)만의 책을 지구에서 달까지 쌓아올려 보자. 두

께를 1cm로 해서 평균거리는 38만3300km$(3.833\times10^8 \text{m})$이므로, 달까지 쌓아올리는 데 383억3000만(3.833×10^{10}) 책이 되고, 그곳에 씌어진 0의 갯수는 7666조가 된다. 따라서 수치로는 10의 7666조승$(10^{7666조})$이라는 수가 된다.

구골플랙스는 1 뒤에 0이, 10의 100승개 이어지는 수$(10^{1000조\times1000조\times}$ $^{1000조\times1000조\times1000조\times1000조\times100억})$이므로, 단행본을 지구 표면에 빽빽하게 줄지어 놓은 그 전부 위에라도 이 수를 기록할 수 없는 것이 된다. 아니 지구 위에 빽빽이 놓고 그 전부 위에 달의 높이까지 쌓아올려도, 그 제로만의 책에 씌어진 수치는 10의 1경승의 그 1경 5332조승$(10^{1.5332\times10^{32}})$이라는 수에 불과하며, 구골플랙스에는 도저히 다다르지 못한다.

이것으로 구골플랙스가 항桁을 벗어난 크기임을 알았을 것이다.

더욱이 독일의 수학자 스타인하우스와 모제는 〈메가 각수角數〉(메가 mega; 커다란 기호 M. 미터법의 보조단위의 하나. 미터법의 기준단위명에 씌워서 1백만 배의 뜻을 나타낸다)라는 수를 생각했다.

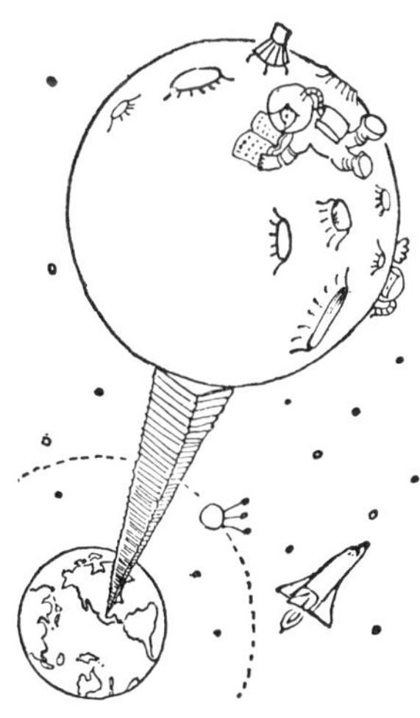

구골플랙스의 크기

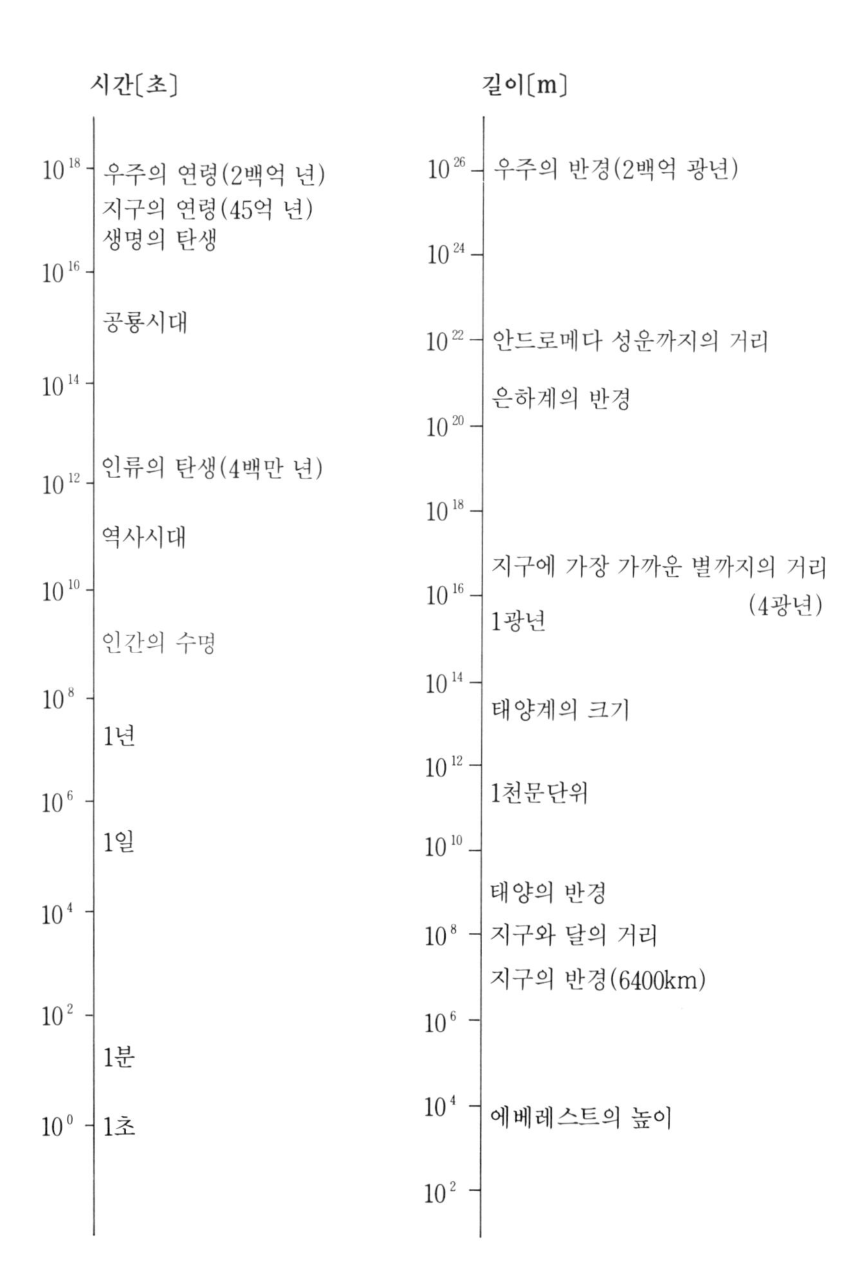

세계의 크기를 비교하다[I]

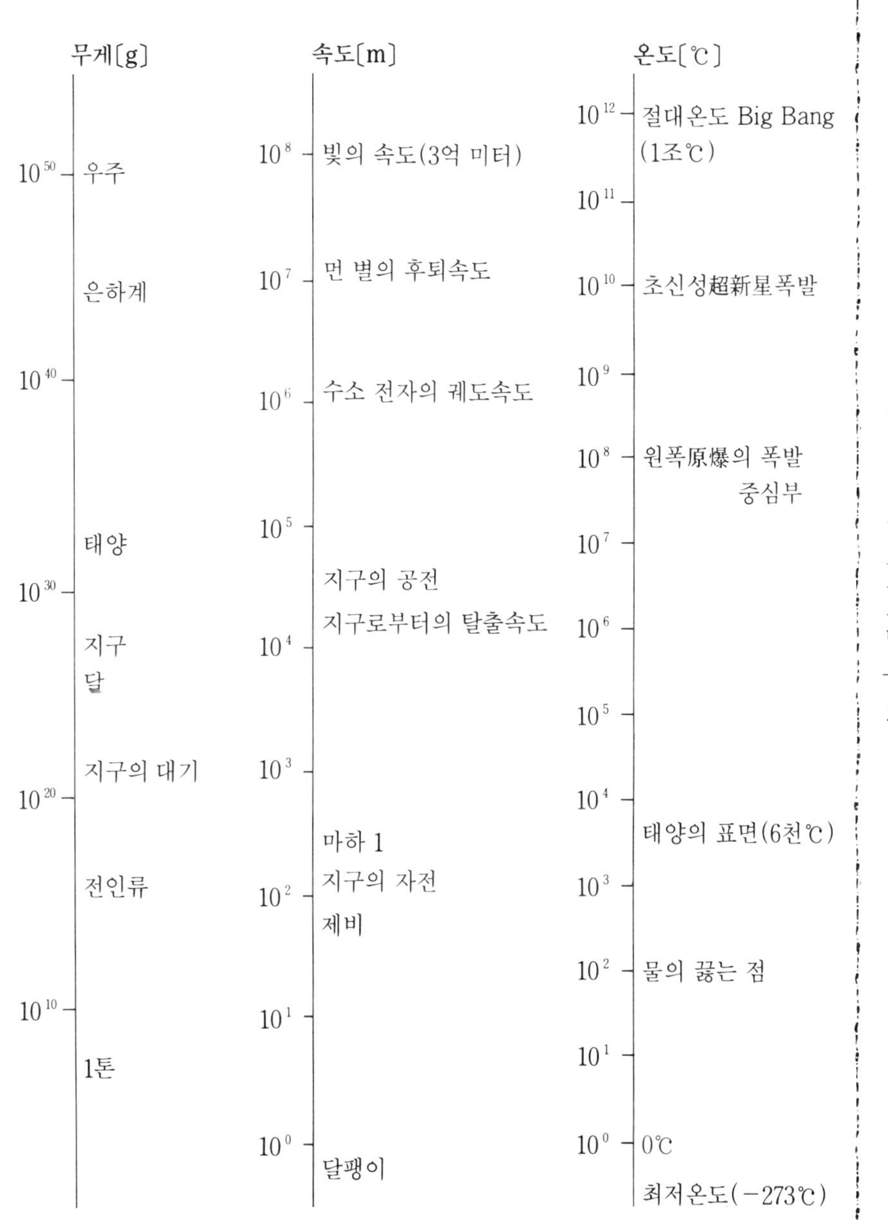

세계의 크기를 비교하다〔Ⅱ〕

이것은 $\triangle\!a=a^a$라 정의한다. 예를 들면

$$\triangle\!2=2^2=4, \quad \triangle\!3=3^3=27$$

이어서 $\boxed{b}=$『b 주변에 b를 겹쳐서 $\triangle$을 쓴 수』로 정의한다. 예를 들면 2의 주변에 이중으로 $\triangle$를 쓴 수가 $\boxed{2}$로,

$$\boxed{2}=\triangle\!\!\!\triangle\!2=\triangle\!4=4^4=256$$

더 나아가 $\pentagon c$를 『c 주변에 c를 겹쳐서 $\square$을 쓴 수』라 정의한다. 그러면

$$\pentagon 2=\boxed{\boxed{2}}=\boxed{4^4}=\boxed{256}$$

이 되고, 이것은 256의 주변에 256겹 겹쳐서 $\triangle$을 쓴 수가 된다. 그것은 256의 256승이라는 숫자 주변에 $\triangle$가 255개 있는 수이며, 그것은 또한 256을 256승한 수의(256의 256승) 승, 즉

$$(256^{256})^{256^{256}}$$

의 주변에 $\triangle$가 254겹 겹쳐있는 수이며, 결국 어미거북 위에 새끼거북, 새끼거북 위에 손자거북……을 계속해서 256대 거북까지 256마리 거북 모양으로 등에 올라가 있다는 무시무시한 수가 만들어진다. 그것이 $\pentagon 2$라 는 수인 셈이다. 이 $\pentagon 2$를 〈메가Mega〉라고 부른다.

　그리고 삼각형$\triangle$, 정방형$\square$, 오각형$\pentagon$……으로 진행되며, 변邊의 수가 메가 개인 메가 각형角形을 생각해내서 메가 각형을 $\bigvee$로 나타냈을 때, $\bigvee\!2$라는 수를 〈모제Mose〉라 정의했다.

　무엇이 무엇인지 알 수 없게 되고, 억겁億劫이 되어 버렸으므로, 이쯤 에서 끝내자. 이 방면에 특히 흥미를 갖고 있는 이들은 아무쪼록 깊이 있 게 연구해 주길 바란다.

【다수를 나타내는 수數 이야기】

우주적인 숫자가 지나치게 언급되어 독자에 따라서는 거부감을 느낄 수도 있으므로, 이쯤에서 좀더 생활과 밀착된 수 이야기로 문제를 바꾸어 보자.

우리들 주변에는 수가 수치만을 나타내는 것이 아니라, 〈다수〉의 의미에 이용되는 예가 많이 있다.

예를 들어 〈천千〉이라는 숫자도 그 하나이다. 먼저 생각나는 말은 〈천리안千里眼〉인데 이것은 본래 마조媽祖라는 중국의 신神을 시중드는 사람의 이름으로, 마조에게는 그밖에도 〈순풍이順風耳〉라는 바람 소리를 들어서 구별하는 또 한 사람의 하인이 있었다고 한다. 〈센부리〉(千振, 용담과의 월년초越年草로 자주색의 쓴 풀)라는 것은 대단히 쓴 약초로 천 번을 뜨거운 물에 넣어서 약의 성분을 우려내도 여전히 쓴맛이 남아있으므로 〈전진千振〉이라는 이름이 있으며, 〈천일초千日草〉는 여름부디 시리가 내릴 때까지 오랫동안 견디므로 별명이 〈천일홍千日紅〉으로도 불리고 있다. 에도시대(江戸時代) 말기에 아사쿠사(淺草, 東京都 台東區의 지

【그림은 ▲6八金 두기까지】
장기의 〈천일수千日手〉
위 그림은 大山 명인의 기보棋譜에서 취하였다.

명)가 엿팔이 칠병위七兵衛라는 이름으로 불리워졌다고 하는 753의 〈천세이千歲飴〉(천세엿)도 장수長壽의 기원을 담고 있는 것이며, 세 번 반복하면 무승부가 되는 장기의 〈천일수千日手〉(비김수)도 무한으로 이어지는 것이라 하겠다.

이외에 〈천려일실千慮一失〉(아무리 신중한 사람이라도 실수가 있다는 의미)이나 〈천객만래千客萬來〉(많은 손님이 계속 찾아옴) 또 〈천변만화千變萬化〉(변화무쌍함) 〈천차만별千差萬別〉과 같이 천千은 〈엄청나게 많은〉이라는 의미로 사용되고 있다. 덧붙여서 〈쥬닝나미十人並〉(용모 등이 평범함을 뜻한다)는 그저 그런 정도이지만, 〈젠닝나미千人並〉라 하면 〈정평난 추녀〉라는 의미가 되므로 재미있다.

이어서 〈만萬〉이 붙은 말로는, 우선 〈만세萬歲〉는 문자 그대로의 말이다. 자금우紫金牛(자금우과의 상록저목常綠低木. 높이 약 20cm. 잎은 긴 타

【한 개 · 두 개 · 세 개】

일본어의 수사數詞는 네 개의 자음 p·m·y·t로 이루어져 있다고 하는 시라토리(白鳥)설을 소개하고자 한다.

〈ひとつ〉hitotsu의 〈つ〉는 접미어로, 어간의 〈ひと〉는 헤이안기(平安期)의 pito에서 무로마치기(室町期)에는 fito, 에도기(江戸期)에 hito가 되었다.

〈ふたつ〉도 〈ひとつ〉와 같은 구성으로서, 어간 〈ふた〉는 puta·futa·huta와 같이 〈ひと〉는 엄지손가락으로 하나를, 〈ふたつ〉는 엄지손가락과 집게손가락 두 개로 대립을 나타내며, 같은 p음의 언어에서 발생했다.

〈みっつ〉는 접미어 〈つ〉가 〈みつ〉mitsu에 붙은 것으로, 엄지손가락, 집게손가락 가운데손가락으로 3을 나타내는 m음의 언어로 되어 있다.

〈むっつ〉는 〈みっつ〉에 대응하며, 양손의 엄지손가락 · 집게손가락 · 가운데손가락을 합한 형태로 나타내고 양쪽 모두 같은 m음의 수이다.

원형으로 두껍다. 여름에 하얗고 빨간 작은 점이 있는 꽃이 피고, 작고 빨간 열매가 열린다)과의 만냥萬兩(자금우과의 상록소저목常綠小低木. 따뜻한 지방에 많다. 높이 약 1m. 잎은 교대로 자라며 타원형으로 윤기가 있다. 여름에 가지 끝에 다수의 작고 약간의 하얀 꽃이 피고 열매는 둥글며 빨갛게 숙성한다)은 빨간 열매가 오랫동안 달려있고, 1만 냥의 가치가 있을 정도로 아름답기 때문에 그렇게 이름지어졌다고 한다. 당시는 1만 냥이 상당히 큰 돈이었으므로 〈센료오千兩〉(센료오과의 상록소저목. 높이 약 80cm. 마디가 불룩하며 잎은 타원형으로 한 마디에서 잎 두 장이 마주 보고 난다. 여름 황록색의 작은 꽃이 이삭처럼 되어 꼭대기에서 핀다. 열매는 작은 구형球形으로 겨울에 빨갛게 된다. 정월용正月用의 꽃꽂이용으로 자른 꽃가지로 쓰인다)도 〈만냥萬兩〉도 모두 축하용 꽃으로 설날에 하는 꽃꽂이 등에 사용되었다. 일본의 가장 오래된 가집歌集《만엽집萬葉集》에도 많은 노래라든가 만세萬

　〈よっつ〉는 어간이 〈よつ〉yotsu이며, 새끼손가락만 구부린 형태로 y음의 수.

　〈やっつ〉는 〈よっつ〉에 대응하며, 양쪽 손으로 〈よっつ〉를 나타내는 형태로 표시하고, 모두 같은 y음으로 되어 있다.

　〈いつつ〉의 어간은 〈つ〉tsu로 다섯 손가락을 펼친 형태. 〈とお〉tô의 양손을 펼친 형태와 대응하며, 둘 다 t음으로 되어 있다.

　〈ななつ〉의 어간 〈なな〉nana는 〈竝無〉, 즉 좌우 손가락이 대칭적으로 병행하지 않다. 〈ここのつ〉의 〈ここの〉는 〈屈無〉로 손가락을 구부리지 못한다는 뜻.

　1과 2는 p, 3과 6은 m, 4와 8은 y, 5와 10은 t음으로 이루어져 있으며, 각각이 대칭적으로 대립된 형태를 취하고, 7은 병립할 수 없고, 9는 구부릴 수 없다. (구부리면 8이 된다.)

　수사數詞 〈百〉〈千〉〈萬〉에 관해서도 〈百〉momo는 m음, 〈千〉ti는 t음, 〈萬〉yorozu는 y음으로 이루어져 있는 까닭에, 일본의 수사는 대부분 p·m·y·t라고 하는 4자음으로 되어 있다.

世에 전해져야만 할 노래라는 의미가 있음은 이미 알고 있는 바이며, 그 외에 〈만고불역萬古不易〉(영구히 변하지 않음) 〈만사휴萬事休〉(만사가 끝나서 어찌할 수가 없음을 뜻함) 〈만년필萬年筆〉〈만년상萬年床〉(매일 그대로 펴놓은 이부자리) 〈만력萬力〉 등과 같이, 만萬에는 〈많다〉〈전부의〉〈한이 없다〉와 같은 뜻이 있다.

〈백百〉이 붙은 말에는 꽃이 피는 기간이 긴 것으로 그 이름이 나있는 〈백일홍〉으로 통칭되는 외에, 〈백방으로 손을 쓰다〉〈백 가지 재주를 알다〉〈술은 백약의 으뜸〉(적당한 술은 몸에 좋다고 술을 두둔해서 하는 말) 〈독서백편〉〈백과사전〉〈백일해百日咳〉〈백면상百面相〉(얼굴 표정을 여러 가지로 바꾸는 것) 등 백百은 수치 그 자체가 아니라 많다는 뜻이며, 〈충분히 알고 있음〉〈이백도 합점〉이라는 말도 같은 종류의 표현이다.

지명에 〈팔백팔八百八〉을 덧붙인 것으로 〈에도(江戶) 핫파쿠야쵸八百八町〉(옛날 에도 시내에 동洞이 많음을 의미한 것. 에도 시가지들) 〈교토(京都)의 핫파쿠야지八百八寺〉〈나니와(難波)의 핫파쿠야바시八百八橋〉등이 있으며, 〈핫파쿠야힘八百八品〉도 많은 품종을 늘어놓았다는 의미에서 채소 가게로 전이된 것이 〈야오야八百屋〉(야채장수·푸성귀가게라는 뜻) 같이 늘어놓는 것이라도 거짓말을 줄줄 늘어놓으면 〈우소 핫파쿠噓八百〉(거짓말투성이라는 의미)가 된다.

9에 관해서 말하면 칡덩굴처럼 굴곡이 많은 도로가 〈구십구절九十九折〉(꾸불꾸불한 길. 구절양장), 가장 높은 하늘이 〈구천九天〉, 많은 수 가운데의 극히 작은 일부가 〈구우일모九牛一毛〉, 그리고 〈구인공휴일궤九仞功虧一簣〉(9인九仞은 대단히 높은 것을 뜻함. 1인一仞은 8척尺으로 약 2.4m. 《書經·旅獒》에 있는 말로 9인九仞의 산을 쌓는 데 마지막 한 삼태기의 흙이 부족하면 완성하지 못함의 뜻. 즉, 오래오래 쌓은 공로가 최후의 한 번 실수나 부족으로 실패하게 된다는 뜻. 여기서의 인仞은 8척, 궤簣는 삼태기) 〈삼배구배三拜九拜〉(여러 번 절함) 〈구사일생九死一生〉 등이 있다.

8에 관해서는 많은 보석 같은 재료를 모아서 만든 요리의 뜻으로 〈팔보채八寶菜〉, 주위의 팔정八丁(솜씨가 좋음을 뜻함) 만담장(사람을 모아 돈을 받고, 재담·만담·야담 등을 들려주는 대중적 연예장)에 입장자가 적을수록 명인名人의 〈솜씨가 좋지 않다 八丁荒〉고 하며, 씨앗 줄기에서

토란의 어미줄기가 많이 생기는 것을 야츠가시라(八頭: 토란의 한 품종),
여덟 사람분의 활동을 하는 것을 〈대팔차大八車〉, 바둑・장기에서의
〈강목팔목岡目八目〉(본인보다 제3자가 사물의 시비곡직을 더 잘 앎. 실력 8
급은 훈수 초단이라는 말로써 바둑은 대국자보다 구경꾼이 여덟 수 더 앞을 내
다본다는 데서 비롯됨) 〈도팔목渡八目〉과 〈8수 앞서가는 수〉, 그리고 계
속해서 몹시 내리는 비를 〈팔중우八重雨〉, 〈팔방미인八方美人〉〈팔방파
八方破〉(어느쪽을 공격당해도 전혀 준비가 없고 빈틈투성이인 모양을 뜻한
다) 〈팔방새八方塞〉(음양도에서 어느쪽으로 가도 불길한 일. 운수가 꽉 막혀
서 아무런 수단・방법이 없어 궁지에 빠져있음의 비유로도 쓰인다) 〈팔중십
문자八重十文字〉(수없이 겹친 열 십자 모양) 등이 있다.

　7에 관해서는 겹겹이 구부러진 길을 말하는 〈칠곡七曲〉(꼬불꼬불한 길.
구절양장), 일곱 번이나 아궁이에 넣어도 다 타지 않고 남아있을 정도로
단단한 가시나무과의 낙엽수 〈마가목〉(높이 약 10m. 가지는 짙은 적자색赤
紫色, 잎은 여러 개의 작은 잎이 모여 하나의 잎을 이룬 것으로 만추晩秋에 붉
은 잎이 된다. 여름에 가지 끝에 하얀 다섯 잎의 작은 꽃이 다수 무리지어 핀
다. 열매는 둥글고 빨갛다. 새료는 태우기 어려우며 일곱 번 아궁이에 넣어도
아직 다 타지 않았다고 해서 칠조七竈라 한다), 게다가 〈빛이 희면 칠난七難
을 감춘다〉(얼굴빛이 희면 못생겨도 예쁘게 보인다는 뜻) 〈남자가 문지방을
나서면 일곱 명의 적이 있다〉〈친광親光은 칠광七光〉(부모님의 여덕을 한
없이 입음의 뜻. 오래오래 비치는 부모님의 여광) 등이 있다.

　여담이지만 일본 숫자는 1・2・3・4⋯⋯⋯9・10이라고 쓰는데, 한자
漢字로는 어떻게 쓸까. 수표나 영수증 등에서 볼 수 있는 숫자도 부분적
으로는 한문 숫자인데, 정식으로 그것을 쓰게 되면 당황해할 이들이 압
도적으로 많지 않을까. 일壹・이貳・삼參・사肆・오伍・육陸・칠漆・
팔捌・구玖・십拾이 되는데, 익숙하지 않은 한자도 많으므로 약간 놀랐
을 것이다.

　서론이 너무 길어졌지만, 그러면 다음으로 역曆의 역사를 고찰해 보기
로 하자.

제 1 장

달과 혹성을 둘러싸고

【달月과 달력 — 칼데아 신화의 세계】

지금부터 5천 년 전의 옛날 티그리스·유프라테스 강 유역에 살고 있었던 사람은 농경민족 수메르인이었다.

봄에는 산악지대에서 눈이 녹은 물로 인해 대홍수가 밀어닥치고, 여름에는 모든 것을 태워버릴 듯한 더위가 엄습해 왔다. 그러한 대자연과의 싸움이 그들 생활의 전부였다고 해도 무리가 아닐 것이다. 물론 대자연에 저항한다 할지라도 인간은 너무나도 무력했기 때문에, 그들의 눈에 여름의 타는 듯한 더위는 천상天上의 신 아누의 위광威光으로 비쳤고, 대홍수는 바다의 신 에아의 노여움이라고 생각했다.

그러나 여름의 심한 더위로 일대가 생명이 없는 건조한 사막으로 변하고, 대홍수로 대부분이 떠내려갔을지라도 성난 황토색의 탁류 뒤에는, 대추야자(棗椰子 ; 아라비아·북아프리카에 많으며 높이 20－30m, 열매는 대추와 비슷한 향기가 나며 식용으로 쓰인다)가 녹색 잎을 가득히 펼쳐놓으며 무성히 자라났다.

홍수에 의해 비옥한 토지가 된 대지에서는 많은 일손을 들이지 않고도 다량의 밀을 거두어들였다. 초원에서는 목초가 무성히 자라나 양과 소 무리의 유목지가 되었다. 이 지대에 사는 사람들에게 이것은 농경과 수렵의 신 에눌타와 풍요의 신 이슈타르의 부활임에 틀림이 없었다. 이러한 신神들의 죽음과 재생의 이미지는 고대인들 속에서 자연스럽게 생겨났겠지만, 농경민족에게 있어서 홍수가 있고 없음은 상관없이 농토와 물을 확보하는 일은 그들의 생명이다.

지배자는 노예들을 혹사해서 도랑을 만들어 관개시설을 갖추었고, 새로운 저수지와 농경지를 둘러싼 공방전이 여기저기에서 반복되었지만, 이것은 오늘날 세계의 유전油田지대와 어장漁場을 둘러싼 분쟁이 끊이지 않는 것과 조금도 다를 바 없었다.

악카드인은 군대를 증강하고 포로를 노예로 삼아서 노동력을 충실히 보강하여, 결국에는 수메르인을 정복하여 강대한 국가 악카드를 건설했

다. 실은 이와 같은 농경지대의 영토 확보가 숫자 세계에 새로운 발상을
불러일으켰던 것이다.

수메르인이 사용했던 무게단위는 〈미나〉이고 악카드인의 무게단위는
〈슈켈〉이었다. 그것이 악카드인의 수메르 정복으로 서로 뒤섞였을 때 그
들은 서로 한 가지 물건의 무게가 동시에 두 가지로 측정되었고, 게다가
한 가지는 다른 60배였음을 현실에서 알 수 있게 된다.

즉 1미나는 약 5백40그램 정도이고 1슈켈은 약 9그램으로, 슈켈의 약
60배가 1미나에 해당되는 것이다. 1개의 수 〈슈켈〉이 60개 모이면, 또 한
개의 수 〈미나〉로 바뀌는 것을 안 악카드인과 수메르인의 놀라움은 우리
들의 상상 이상의 것이었을 터이다. 현대에까지 전해지고 있는 〈60진법〉
의 유래는 틀림없이 여기에서 비롯되었을 것이다.

그런데 태양신 샤마슈가 천천히 하늘을 달려서 극심한 더위를 내뿜은
후에 달의 신神 싱이 차가운 빛으로 우아하고 시원한 웃음을 흩뿌리면서
떠오른다. 평안한 어머니인 신神으로서 암흑생활에 빛을 가지고 와서 밤
의 평화를 지켜주는 달의 신 싱을 고대인들은 태양신보다 더 애타게 기
다렸다고 해도 과언이 아니다.

고대인이 밤을 기점으로 해서 하루라는 것을 생각했던 흔적은 여러 가
지 말 속에도 남아있다. 1주간을 뜻하는 영어의 〈sennight〉와 2주간이라

수메르인과 악카드인의 무게단위는 1:60

는 뜻의 〈fortnight〉 등도 그러하며, 일본에서도 칠야七夜(출생 후 이레째의 밤), 팔십팔야八十八夜(입춘으로부터 88일째. 5월 2일경으로 파종의 적기) 등이 그 한 가지 예라고 말할 수 있다.

그러나 달의 신 싱이 언제나 같은 모습을 보여준다고는 단정지을 수 없다. 어떤 때는 둥글게 어떤 때는 낫처럼 가늘게, 또 어떤 때는 전혀 모습을 나타내지 않는 때도 있다.

그런 때에 고대인은 달의 신에게 기도를 하면서 달이 모습을 나타내기를 온 마음으로 애타게 기다렸다. 그리고 3일째 창백한 초승달은 또다시 황혼녘의 하늘에 가느다란 모습을 보여준다. 당시 최초의 월출月出을 산 꼭대기에서 기다려 맞으며, 초승달의 출현을 나팔을 불어서 알리는 일이 제사를 맡아보는 신관神官들의 중요한 역할이었다고 한다.

『달이 떠오른다!』

라틴어로 〈불러 모으다〉는 의미의 〈calo〉라는 말이 있다.

로마에서 초하루를 〈카렌다에calendae〉라고 말하는 것은 〈달을 부르는 날〉이었다고 한다. 달이 떠오르기를 외쳐부르는 일이 시간의 구분을 나타내는 것이었다고 말할 수 있다. 보편적으로 알고 있는 것처럼, 이 〈카렌다에〉가 바로 영어 표현에서의 〈달력〉(calender)의 어원인 셈이다.

여담이지만 영어에 강한 부정을 나타내는 표현으로 〈on the Greek

달이 떠오르기를 외치는 신관神官

calends〉(결코 ……이 아니다)라는 말이 있다. 고대 그리스의 달력에는 초하루(카렌즈)라는 말이 없었으므로 〈그리스의 초하루〉라 하면 〈있을 수 없다〉는 뜻으로 사용되었다고 한다.

【달의 참과 이지러짐】

달은 가느다란 초승달부터 밤마다 커져서, 우측이 빛나고 좌측이 이지러진 모습이 7일을 기점으로 반달형이 된다. 이것이 상현달이다. 다시 7일이 지나면 동그란 보름달(滿月)이 되어 일몰 후 동쪽 지평선에서 올라와서 태양이 떠오르기 시작할 무렵 서쪽 하늘로 사라진다.

보름달이 지나면 달이 나오는 시간은 하루에 50분 정도 늦어지고, 조금씩 오른쪽이 없어지기 시작한다. 이것이 음력 16일 밤의 달, 음력 17일 밤의 달, 음력 18일 밤의 달, 음력 19일 밤의 달(臥待月; 늦게 뜨므로 엎드려 기다린다는 뜻), 밤이 되기를 기다리는 달로써, 보름달에서 7일이 지날 무렵에는 오른쪽이 반 남짓 사라진 반월형의 하현달이 된다. 이 무렵에는 해가 뜰 무렵에 달이 아직 남아있으므로 잔월殘月(새벽달)이라고도 부른다.

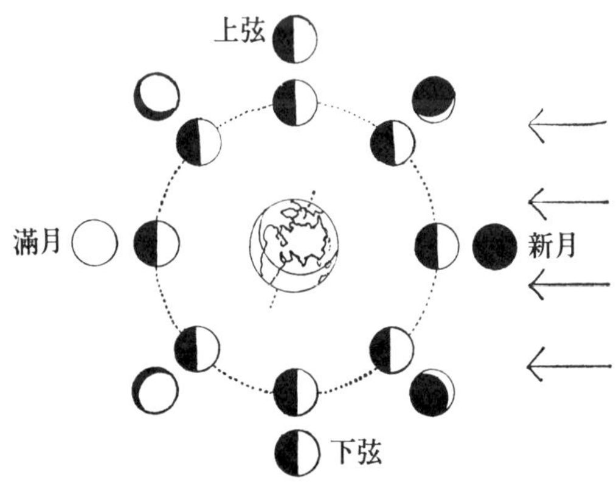

월령도 月齡圖

더욱더 달은 여위어져서 결국 1주일이 지나면 모습이 사라지고, 또다시 달이 없는 깜깜한 밤을 맞이하게 된다.

이처럼 주기적으로 달이 변화하는 모습을 세계의 모든 민족은 시간의 척도로 받아들여 왔다. 태양은 형태도 변하지 않고, 지나치게 밝아서 파악하기 어려웠던 것일까. 여하튼 태양의 밝기는 보름달 밝기의 60만 배이다. 이에 비하여 달은 밤에 출현하고 그 차고 이지러짐과 주기성이라는 특성 때문에, 하루를 구획짓고 1개월을 구획짓는 단 한 개의 기준으로 〈시간〉(때)을 측정하는 절호의 척도가 된 것이다.

영어로 〈달〉의 의미인 〈moon〉과 〈1개월〉의 의미인 〈month〉는 라틴어 〈달력의 달〉이란 의미의 〈mensis〉에서 유래된 말이지만, 천체의 달과 달력의 달이 같은 발상에서 비롯되었다는 것은, 산스크리트어의 〈마사masa〉라는 말에 〈moon〉과 〈month〉 양쪽의 의미가 모두 내포되어 있다는 것으로도 이해될 것이다. 또한 영어의 〈측정하다〉는 의미의 〈measure〉는 라틴어의 〈계량〉(mensura)과 〈통과한〉(측량의)(mensus)에서 생겨난 말이고, 〈월경月經〉(menses)도 모두 〈측량하다〉(통과・분배하다)(metior)에서 나온 말이다.

따라서 이것은 모두 〈측량하다〉라는 라틴어를 모체로 생겨난 말이라 할 수 있다. 달은 측정하는 것의 기준이며, 시간을 측정하는 기준은 달력의 달에 있다고 말할 수 있다. 그것은 또한 영어의 〈시간〉(time)이나 〈조석潮汐〉(tide)과 같은 어원에서 나왔다고 생각되며, 시간을 측정하는 데에 조석潮汐(조수간만의 차)을 이용하는 것과 같은 관계가 있다고 말할 수 있다.

그런데 수메르인과 악카드인은 달의 모습이 변하는 것을, 달의 신 싱이 그때마다 모습을 바꾸어서 밤하늘을 비추어 주기 위해서라고 생각했던 것 같다.

달은 29.5일을 주기로 하여 형태를 바꾼다. 그런 까닭에 그들은 1개월을 29일 또는 30일이라고 생각하고 초승달을 달의 시초로 정했다. [실제로 삭망월朔望月은 29.5305882일이다.] 물론 초승달이라고 해도 깜깜한 밤하늘만 보일 뿐 눈에 비치는 것은 없다. 그러나 고대인은『보이지 않는 달이 있다』고 생각하여 가느다란 낫과 같은 초승달의 모습을 인정했고, 그날 밤부터 보이지 않는 초승달까지 소급해서 그것을 달력의 1일 〈카렌다에〉로 정했던 것이다.

후대의 로마인들이 1개월의 13일 또는 15일을 〈이두스idus〉라고 명명했다는 이야기는 제6장에서 다루겠지만, 〈이두스〉란 에트루리아Etruria(북부·중부 이탈리아의 고대 명칭. 또한 그 지방에서 번성했던 문화. 에트루리아인은 소아시아에서 건너온 민족이며, 테라코타와 청동예술은 후대 고대 로마에 커다란 영향을 주었다)계의 말로 〈나누다〉라는 뜻이 있고, 1개월을 두 개로 나눈 날이었다. 게다가 산스크리트어에서는 〈밝게 하다〉는 뜻도 있으며, 달이 초승달부터 보름달이 되어서 밤하늘을 비춘다는 뜻도 있다. 어찌되었거나 보름달은 달력의 달을 이등분하는 한가운데라고 생각하였다.

천문학에서는 달이 태양의 반대쪽에서 지구와 일직선으로 되었을 때를 〈망望〉, 같은 쪽에서 일직선으로 된 것을 〈삭朔〉이라고 한다. 즉 초승달이 삭, 보름달이 망이 되는 것이다. 삭에서 망까지 또 망에서 삭까지 대략 15일, 그 중간에 각각 상현上弦과 하현下弦 달이 있다.

눈으로 볼 수 없는 초승달에서 오른쪽이 반 정도 찬 달을 거쳐서 보름달로, 그리고 왼쪽이 반인 달로, 대략 7일마다 변하는 달의 신神 싱의 신비한 모습을 고대인은 시간의 눈금으로 느꼈고, 그와 동시에 신성한 감동을 받았다. 달의 움직임으로 〈시간〉을 측정하는 동안에 〈7〉이라는 성스러운 숫자를 받아들였다고도 말할 수 있다.

혹은 달의 참과 이지러짐을 삭朔·상현上弦·망望·하현下弦의 네 가지로 나누면, 그 각각의 길이는 1개월의 변화 단위로서 〈7일〉이라는 수를 생각나게 한다. 어찌되었거나 대자연인 달의 신神이 부여해 준 수數는 7이었다고 말할 수 있겠다.

한자漢字로 〈삭일朔日〉(초하루)이라고 쓸 때의 〈삭朔〉에는 〈제1일〉 〈시작〉 〈소급하다〉와 같은 뜻이 있으며, 〈츠이타치〉(초하루를 일본어로 발음하면 〈츠이타치〉가 된다)라는 말은 〈츠키타치〉(츠이타치가 츠키타치의 전와)의 음편音便(음이 연속될 때 발음하기 쉬운 다른 음으로 변하는 현상)

으로 틀어박혀 있던 달이 나온다는 말인데, 달이 나온 때부터 소급해서 초승달을 달력의 제1일로 삼았으며, 중국이나 일본에서도 수메르인과 같은 생각으로 초승달을 받아들였음을 알 수 있다.

계속해서 〈그믐날〉이란 무엇인가를 생각해 보자. 한자로 〈회일晦日〉이라고 쓰는 것은 이미 알고 있을 터이고, 〈회晦〉에는 〈어둡다〉〈밤〉〈그믐〉 등의 의미가 있다. 월말月末, 그믐날을 〈츠고모리〉(그믐날을 일본 발음으로 〈츠고모리〉라 한다)라고 하는 것은 〈츠키고모리〉(月隱り)의 생략형으로 완전히 어두운 월말이라는 말이다. 대회일大晦日〈섣달 그믐날〉은 히구치 이치요오(樋口一葉, 1872－1896, 여류작가)의 소설 제목이기도 하지만, 〈고츠고모리〉(小晦)라고 하면 섣달 그믐날의 전날을 말한다.

초하루·그믐날 같은 말은 구력舊曆(태음태양력)이 사용되었던 시대의 흔적이며, 메이지(明治) 6년 이후 태양력이 채용됨과 동시에 언어만이 달의 출입과는 관계 없이 사용되고 있다.

현재의 태양력에서는 태양을 기준으로 삼고 있기 때문에 이미 매달의 제1일은 반드시 〈초하루〉가 아니며, 초승달이 며칠에 떠오르는지 전혀 알 수 없게 되었다.

〈그믐날〉이라면 엄밀하게 30일이었던 것이 현재는 31일이거나 29일이거나 월의 마지막 날이라는 것이 일반화되었다고 할 수 있다.

【혹성과 숫자 〈7〉】

수메르를 멸망시킨 악카드 제국도 그후 신흥 세력이라고 말할 수 있는 칼데아인에게 석권당하여, 티그리스·유프라테스 강 유역은 칼데아인을 중심으로 하는 바빌로니아 문화가 지배하게 된다.

칼데아인은 수메르·악카드의 종교와 풍속도 흡수 소화시킨 〈칼데아 문화〉를 만들어내는 한편, 500년에 이르른 앗시리아와의 전쟁에서도 승리를 거두었고, 기원전 625년에는 고대 문명국가 신바빌로니아를 만들었다.

칼데아인은 양떼를 따라서 초원생활을 하던 유목민족이었다. 뜨겁고

타는 듯한 태양으로부터 해방되는 밤이면 그들은 별을 우러러보면서 시각을 알았고, 우주의 신비를 푸는 열쇠를 하나하나씩 몸에 익혔음이 분명하다.

지상에서 본 별은 각기 똑바로 정해진 궤도 위를 질서정연하게, 그리고 서로의 대형隊形을 바꾸는 일 없이 밤하늘에 나타났다. 그러나 날이 지남에 따라서 어떤 별은 하룻밤 내내 모습을 보여주는데, 다른 별은 어느 사이엔가 사라져 버렸다.

이를 깨달은 칼데아인은, 그것을 하늘 전체가 별로 가득차면서 동쪽에서 서쪽으로 이동해가기 때문이라고 생각했다. 그리고 기후가 변함에 따라서 별의 위치도 변하고, 추운 겨울에 보았던 하늘의 별이 다음 해 같은 시기의 하늘의 별과 같다는 점에서 그들은 별의 위치에서 계절의 변화를 읽어낼 수 있게 되었다. 더구나 계절마다 질서를 갖고 변화하는 하늘의 움직임 속에서, 다섯 가지 별만이 이 질서정연한 별의 행렬을 갖춘 행진을 어지럽히고 있다는 것을 발견하는 일은 간단했다.

그들 다섯 가지 별은 주위의 별에 비해서 빛이 강하며, 다른 별처럼 깜박이지도 않고, 별을 추월하거나 도중에 되돌아오기도 하며, 주위의 별의 대형과는 관계 없이 움직이고 있었다. 이것들이 떠도는 별〈혹성〉이라 이름지어진 까닭은 바로 그 때문이다. 다섯 가지 혹성이란 두말할 것

칼데아인(바빌로니아)의 우주관

도 없이 현재의 수성·금성·화성·목성·토성이다.

더구나 칼데아인은 다섯 혹성에는 신神이 살면서 인간을 지배한다고 생각했다. 뿐만 아니라 자연현상의 대부분을 장악하기 위해서 이 세상에 전쟁과 질병이 만연하며, 가뭄과 기근, 지진과 홍수가 일어나는 것이라고 생각했다. 아니 혹성이란 인간의 운명을 담당하는 신神이 거주하는 집일 뿐만 아니라, 혹성 그 자체가 신이라고 생각하게 되었던 것이다.

이러한 혹성이 인간의 미래까지 모든 것을 담당하고 있다고 하는 신앙을 근원으로 하여 생겨난 것이 〈점성술〉이다. 인간은 태어나면서부터 죽을 때까지, 더 나아가서는 살아있는 한순간 한순간까지가 이러한 혹성들의 위치의 구조로 결정되고 있다는 것이다.

아니 인간이 태어난 순간에 다섯 개의 혹성이 어느 별과 어느 별 사이의 어떠한 위치에 있었는가 하는 한순간의 위치관계만으로, 그 사람의 인생이 결정되는 것이라고 하여 깊은 연구를 거듭하고 있다. 이 점성술을 〈탄생점성술〉(genethlialogy)이라고 한다. 이렇게 해서 칼데아인에 의해 처음으로 생겨난 점성술은 그리스로 전해졌으며, 중세 유럽에는 〈호로스코프 점성술〉로서 그것에 종교색까지 부가되어 크게 발전을 거두었고, 현재까지도 우리들을 즐겁게 해주거나 고뇌에 빠지게 하기도 한다. 현재 점성술사를 〈칼데안〉이라 부르는 것은 점성술을 발견한 그들을 칭

17세기의 점성술사

하는 것일지도 모른다.

그런데 칼데아인이 신의 거주지로 생각했던 다섯 혹성 가운데 하나인 수성水星은 학문과 운명의 신 네보가 군림하는 곳이며, 또한 금성金星은 사랑과 아름다움의 여신 이슈탈, 화성火星은 전쟁과 죽음의 신 넬가르, 목성木星은 창조의 신 말두크, 토성土星은 수렵과 농업의 신 에눌타가 살면서 인간을 지배하고 있다고 생각하였다.

그리고 태양과 달은 혹성과 완전히 다르게 움직인다. 뿐만 아니라 그 위력은 1년 중 하루라도 빠뜨리는 일 없이 보여주고 있다. 이러한 이유로 태양은 정의와 법률을 담당하는 태양신 샤마슈, 달은 시간을 담당하는 달의 신 싱이 살고 있다고 생각하여, 이 두 개의 〈혹성〉이 다섯 혹성에 첨가되었다.

물론 현대인인 우리들이 보면 태양은 항성恒星이고, 달은 지구의 위성衛星이지만, 어쨌든 그들은 이들 일곱 개의 〈혹성〉을 신성불가침의 신이 사는 곳이며, 또한 그 자체라고 생각했다. 그리고 그것들에게 생명·운명·미래를 의지하며 살아가지 않으면 안 된다고 믿었던 것이다. 이렇듯 갈데아인들이 신뿐만 아니라 〈7〉이라는 숫자까지 신성시했다고 해도 걸코 이상할 것이 없다. 바빌로니아에서 〈성수聖數 7〉이 탄생한 데는 이와 같은 일곱 혹성의 신앙이 그 배경이 되었다.

칼데아 신화에 따르면 천지天地의 시초, 천지의 아버지 아프스와 만물의 어머니 티아마트가 맺어져서 우주의 모든 것이 태어났고, 생명이 싹터서 신神들이 되었다고 한다.

그러나 신들은 각각 새로운 우주를 창조할 세력을 갖기 시작했기 때문에 그것을 억누르고 통일하려고 하는 만물의 어머니 티아마트와 신들 사이에서 싸움이 시작되었고, 결국 전쟁은 창조신 말두크와 티아마트의 전쟁이 되었다.

그런데 칼데아인이 목성에 산다고 생각했던 말두크는 창조의 신이지만, 그것은 이 티아마트와의 일대 전투에서 유래하였다.

말두크는 사륜마차를 타고 티아마트의 군대로 돌격, 티아마트의 심장을 번개의 창으로 관통시켜 죽였다. 그리고 그 사체死體를 이등분하여, 한쪽을 높이 던져서 하늘을 창조하고 다른 한쪽을 던져서 넓은 대지를 창조했던 것이다. 게다가 그는 달의 신 싱에게 명하여 별을 창조하고 세월을 정하고 동물과 식물을 만들게 했다. 그뿐만이 아니다. 말두크는 더 나아가서 지혜의 신 에아에게 명하여 티아마트의 군사참모 킨구를 죽이게 하고, 그 피와 대지의 먼지를 섞어서 인간을 만들게 했다고 한다.

이렇게 해서 새로운 질서의 주신主神이 된 말두크를 비롯하여, 수성水星에 사는 운명과 학문의 신 네보, 금성金星에서 거주하는 최고의 미녀로 이난나라고도 불리는 사랑과 아름다움과 풍요를 담당하는 여신 이슈탈, 화성火星에 살며 지옥의 왕이면서 전쟁과 죽음의 신인 넬가르, 수렵과 농경의 토성신土星神 에눌타, 그리고 연월일을 주관하고 동식물을 기르는 별칭 난나르라고도 불리는 달의 신 싱, 정의를 수호하는 법률의 신이며 의료신이기도 하고 별칭 밧바르라고도 불리는 태양신 샤마슈 등의 일곱 신神이 칼데아인 위에서 군림하였다. 이것만으로도 성스러운 수 〈7〉의 이미지는 강렬하게 칼데아인의 뇌리에 박혀있었다고 해도 좋을 터이다.

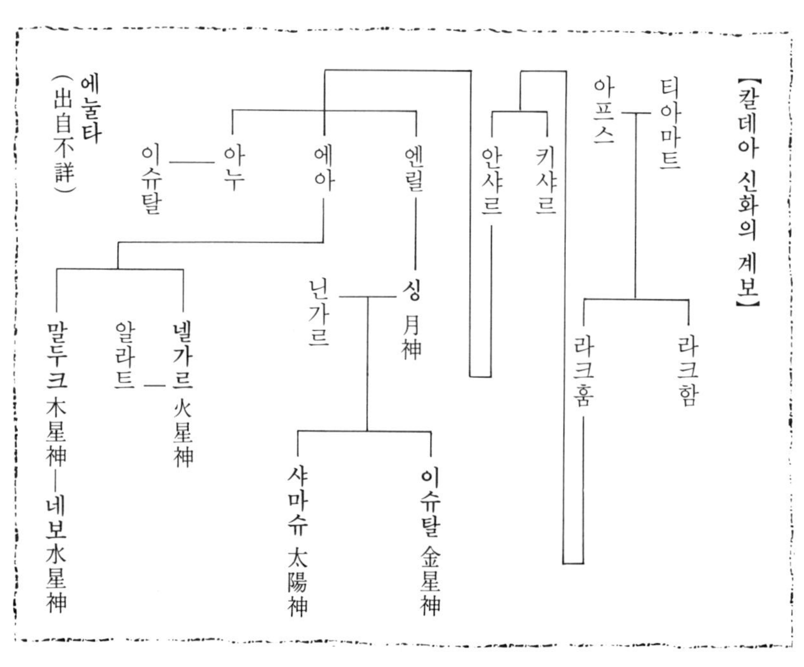

칼데아인의 혹성에 관한 이러한 사고방식은 그대로 로마시대로 계승되었다. 혹성을 담당하는 신의 이름은 로마의 신으로 바뀌었고, 혹성이 지닌 지배력은 칼데아의 것 그대로 계승되었으며 현재도 그 일부는 신앙 속에 남아있다.

즉 수성은 행운과 여행의 신 메르쿠리우스, 금성은 사랑과 아름다움의 여신 베누스, 화성은 군대의 신 마르스, 목성은 최고의 신 유피테르, 토성은 농경신 사투르누스와 같이 신의 이름만이 로마 신으로 바뀌었을 뿐이다. 물론 로마 신이라 해도 그리스 문화를 모방한 것이 로마 문화이므로, 그 신의 지위는 그리스 신화에서 빌려온 것이 대부분이다.

그러면 다시 혹성 이야기를 진행시켜 보자.

현재 우리들은 지구를 포함한 아홉 개의 혹성이 태양을 중심으로 돌고 있다는 것을 알고 있다. 또한 화성과 목성 사이에는 2천 개 정도의 작은 혹성이 있고, 그 주위를 달과 같은 위성이 돌고 있는 것도, 핼리 혜성(Halley's comet ; 주기가 76.02년인 대혜성. 1682년 영국의 천문학자 핼리가 처음으로 그 궤도를 계산했으므로 그의 이름을 붙였다. 최근에는 1986년에 출현하였음)과 같은 혜성이 가끔 나타나는 것도 알고 있다. 그리고 이 태양을 중심으로 하는 별 집단이 태양계라는 것도 알고 있다.

그러나 고대인은 다섯 혹성 내지 일곱 혹성밖에 모르는 채로 〈점성술〉과 〈음양오행설〉을 생각해냈다. 만약 현재 우리들이 알고 있는 것처럼 혹성군惑星群을 고대인들이 알고 있었더라면, 점성술과 오행설은 도대체 어떻게 되어 있을까, 생각만 해도 즐거운 일이다.

그건 그렇다치고 다섯 개의 혹성을 발견한 칼데아인들의 지식은 그리스의 천문학자 프톨레마이오스의 명저名著 《알마게스트Almagest》에 계승되었고, 과거 3천 년 동안의 이론을 집대성한 천문학과 점성술의 중요한 책으로서 그후 15세기까지 유럽 세계에서 군림하게 된다.

그런데 16세기에 들어서 폴란드의 천문학자 코페르니쿠스가 지동설地動說을 발표[《천체궤도의 공전에 관하여》 1543년]하여 우주의 중심으로 생각되는 지구는 태양의 한 혹성에 불과하다고 했다. 이제까지의 천문학과 신학을 지탱시켜 왔던 기반이 뿌리까지 흔들리는, 그야말로 하늘이 놀라고 땅이 움직이는 대발견이었다.

　더욱이 17세기로 들어오면 케플러Kepler가 혹성의 공전주기에 관한 법칙[태양 주위를 1회전하는 시간의 2승은 혹성과 태양의 평균거리의 3승에 비례한다]을 비롯하여 여러 가지 법칙을 명확히 밝혀냈다. 그 케플러에게서 힌트를 얻은 뉴튼이 저 유명한 〈만유인력의 법칙〉(1687년)을 발견한 것과 더불어서 과학이 비약적으로 발전을 거듭한 점은 알고 있는 그대로이다.

　그리고 마침내 1781년에 영국의 천문학자 허셜Herschel이 우연히 천왕성天王星을 관측했다는, 새로운 혹성 출현에 의하여 신학과 점성술 등의 신비적인 혹성관은 그 근본부터 고쳐지게 되었다.

　과학의 진보는 눈부셨다. 1846년 독일의 천문학자 갈레Galle, J.G.는 르베리에Leverrier와 애덤즈Adams, J.C 등의 계산을 모태로 해왕성海王星을 발견했고, 1930년에는 미국의 로웰·피커링 등의 협력 아래 톰보 Tombaugh가 최후의 혹성〈명왕성冥王星〉을 발견했다. 이러한 사실들은 진정한 과학의 승리라 말할 수 있다.

　바빌로니아인들은 지구가 우주의 중심에 정지해 있다고 생각했다. 그리고 태양 등 일곱 개의 혹성이 지구 주위를 돌고 있다고 생각하였다. 더

코페르니쿠스상

욱이 그들 혹성이 모든 공간, 모든 시간을 지배한다. 하루에 관해서도 지배 혹성이 정해져 있고 다음날은 다른 혹성이 지배한다. 그런 까닭에 일곱 개의 혹성이 한 번 도는 데는 7일이 걸린다.

〈1주간〉이라는 척도가 바빌로니아에서 생겨난 근거가 바로 여기에 있다고 해도 좋을 것이다. 그것이 또한 달의 차고 이지러짐에서부터 시간을 측정하는 일상생활의 척도와 거의 일치했으므로 〈7일〉이라는 단위가 확고해지게 되었다. 이와 같은 성스러운 수 〈7〉은 더 나아가서 그리스도교에 계승되었고, 성서聖書에서 신이 정한 수로 규정된 결과, 마침내 움직일 수 없는 지위를 확립하게 되었다.

《구약성서》 가운데 『주여, 당신은 시간을 정하기 위해 달을 만드셨나니』(시편 104) 하는 구절이 있는데, 7이라는 성스러운 수는 달과 혹성의 움직임을 발견해낸 고대인들 속에서 생겨나 1주간의 7일을 나누는 결정적인 척도가 된 것이다.

【1주일의 순서는 어떻게 이루어졌을까】

우리들은 간단하게 〈일월화수목금토〉라고 말하고 있는데, 그러면 1주일의 순서는 어떻게 해서 결정된 것일까. 그 점에 관하여 그리스의 역사가 카시우스가 다음과 같이 이론적으로 설명하였다.

그에 따르면 고대인은 7개의 혹성이 시간과 공간을 지배하는 순서는 지구에서 먼 순서로 되어 있다고 생각했다. 지구에서 먼 순서란 그들에게 있어서 토성·목성·화성·태양·금성·수성·달의 순서였다.

그러므로 주週의 제1일을 지배하는 것은 지구에서 가장 먼 토성이며, 더욱이 그 토성은 제1일의 제1시時도 지배하는 것으로 되어 있다. 그러면 그 다음으로 먼 목성이 2시, 화성이 3시, 태양이 4시를 담당하고 있는 것처럼 진행되고 가장 가까운 달이 7시, 본래로 되돌아가서 토성이 8시를 지배하게 된다.

이런 식으로 차례차례 시간에게 지배성支配星을 배당하면, 목성이 23시, 화성이 24시가 되므로 다음날 제1시는 화성 다음의 태양이 담당하게 되고, 제2일은 태양의 날로 간주되는 것이다. 제1시를 지배하는 혹성이 그 하루를 지배한다고 생각한 셈이다.

같은 형태로 배당을 계속하면, 제2일의 24는 수성이 되므로 제3일의 제1시는 달이 지배하게 되고, 4일째의 1시는 화성, 5일째의 1시는 수성, 6일째의 1시는 목성, 7일째의 1시는 금성이 각각을 담당하는 혹성의 일시지배표日時支配表가 만들어진다.

이렇게 해서 제1일부터 제7일까지가 토성의 날(토요일), 태양의 날(일요일), 달의 날(월요일), 화성의 날(화요일), 수성의 날(수요일), 목성의 날(목요일), 금성의 날(금요일)이라는 현대까지 이어지고 있는 1주간의 순서가 정해졌다고 한다.

【일요일은 왜 휴일이 되었을까】

그건 그렇다고 하더라도 1주간 속에서 왜 일요일이 휴일이 된 것일까. 그리고 그것은 언제부터일까. 그리스도교에 관심이 있는 이라면 대부분 알고 있으리라 생각하지만, 간단하게 말하면 서력西曆 4세기에 그리스도교를 국교로 정한 로마 황제 콘스탄티누스 1세가 일요일을 〈주主의 날〉로 정한 때가 서력 321년의 일이다.

그리스도는 금요일에 십자가에 못박혀 돌아가셨고 3일째 되던 날 부활하셨다. 뒤에 기술한 바와 같이 〈로마류〉의 3일째이므로 부활한 날이 일요일에 해당되기 때문에 그날이 〈주의 날〉이 되었다.

그리스도교에서는 그리스도가 모든 인류의 죄를 짊어지고 십자가에 못박힌 일보다도, 인류의 구세주로 부활하여 이 세상에 있다고 하는 쪽이 훨씬 아니 가장 커다란 신의 영광을 나타내는 것이었다.

그러므로 콘스탄티누스는 부활일인 일요일을 〈주의 날〉로 정하여 모든 일을 쉬면서 신에게 기도드리고 신과 함께 하루를 보내는 안식일로 정하였다.

그와 동시에 1개월을 〈초하루〉〈9일〉〈중일中日〉(피안彼岸의 7일간의 중간 날. 춘분·추분)의 세 개로 구획하여 날을 계산하던 것을 그만두고,

율리우스력曆(태양력의 일종. 기원전 46년 로마의 집정관 율리우스 케사르(쥴리어스 시저)가 이집트의 천문학자 소시제네스에게 개정토록 한 역법曆法. 4백 년 동안에 1백 번의 윤년을 두었다. 나중에 여러 번의 개정을 거쳐서 1582년 법왕 그레고리 13세 시대의 그레고리오력이 이것에 덧붙여져서 현행 태양력이 되었다. 케사르력曆·쥴리안력·구태양력으로도 불린다)에 〈1주간〉이라는 새로운 척도를 일부 추가하였다.

그 이후 〈일월화수목금토〉라는 카시우스가 정한 1주간의 순서는 오늘날까지 하루도 뒤바뀌는 일 없이 이어지고 있다.

로마 달력의 날짜에는 불연속점이 있었다. 그레고리오력을 제정했을 때에는, 1582년 10월 5일부터 10일간을 생략하여 다음날을 10월 15일로 했다. 일본에서도 율리우스력을 채용할 때 메이지(明治) 5년 12월 2일 다음을 28일이나 빼놓고(거르고) 다음 12월 3일을 메이지(明治) 6년 1월 1일로 했다.

그러나 이처럼 달력상의 불연속이 있으므로 주週의 순위가 이제까지 한 번의 어긋남도 없이 계속되었다는 것은 참으로 이상히 여길 수밖에 없다. 7일이라는 단위가 사람들의 생활에 얼마나 중요했던가 헤아릴 수 없음을 말해 준다.

주 7일이라는 단위는 고대인이 7개의 혹성과 달의 참과 이지러짐이라는 7일 간격의 변화를 신의 의지를 받아들였고, 그것을 그리스도교가 생활의 구획으로 실용화했다고 볼 수 있다.

그 밑바닥에는 나중에 서술하겠지만, 인간에게 가장 적합한 수를 7로 하는 피타고라스Pythagoras의 철학상의 이치도 얽혀있다고 생각해서는 안 된다. 그러나 7이라는 수는 대단히 불편한 수이며, 365일이나 12개월 또 30일은 7로 나눌 수 없다. 그렇기 때문에 월일과 주일을 합하는 일은 대단히 어렵고, 몇월 며칠이 무슨 요일인가 하는 점도 한눈에 알 수 없는 흠이 있다. 이 역曆의 불편함을 해결하는 일은 상당히 어려운 문제일 것이다.

【연월일에서의 요일 계산법】

여기에서 연월일로 간단하게 요일을 찾아낼 수 있는 〈체라의 식〉이라는 수식數式을 소개해 두고자 한다.

우선 두뇌훈련을 겸하여 식식의 설명부터 시작해 보자.

$y \equiv x(mod\ k)$라는 것은 〈합동식合同式〉이라 하며, $y=kt+x$(t는 정수)라는 것을 나타낸다. 『y는 x와 법法 k에 관해서 합동이다』라고 읽는데, 요컨대 『y를 k로 나눈 나머지가 x가 된다』라고 생각하면 된다. 예를 들어 보자.

$$25 \equiv 4(mod\ 7) \longrightarrow 25=7t+4\ (t=3),$$
$$47 \equiv 2(mod\ 3) \longrightarrow 47=3t+2\ (t=15)$$

단 어떤 수 y를 잠정적으로 7로 나누면, 나머지는 0에서 6까지의 수 중 어떤 것이 되지만, 여기에서는 나머지가 0이 되므로 7로 생각할 수 있다.

다음에 $[x]$라는 기호도 나오지만, 이것은 〈가우스의 기호〉(gauss ; 자속磁束의 밀도를 나타내는 전자단위. 1가우스는 1cm²의 면적을 통과하는 자속磁束이 1맥스웰일 때의 자속의 밀도. 기호 G. 독일의 수학자·물리학자 칼 가우스의 이름을 따왔다)라 하며, 『x를 초월할 수 없는 최대의 정수』를 나타낸다. $[x]$는 〈가우스 엑스〉라고 읽으며, 예를 들어 $[3·2]$(가우스 3·2)는 3·2를 초월하지 않는 최대의 정수는 3이므로, $[3·2]=3$이 된다. 마찬가지로 $[6]=6$, $[-2.6]=-3$이 된다.

그러면 서력 y년 m월 d일의 요일 w를 구해 보자. 먼저 다음과 같이 해 두자.

$$y=100c+n,\ 1583 \leqq y \leqq 3999$$

즉 y년을 상 2항二桁과 하 2항으로 나누고 상 2항을 c, 하 2항을 n으로 한다.

현재의 그레고리오력은 1583년에 시작되었고, 또한 서력 4000년 이후는 식식을 바꾸지 않으면 안 되었으므로 서력년 y에 위의 조건을 붙였다.

또한 1월·2월의 시간은 다음 사항에 주의해 주기 바란다.

(1) 서력연수 y에서 1을 빼고, $(y-1)$을 식식 속의 y로 생각한다.

(2) 1월은 $m=13$, 2월은 $m=14$로 한다. 3월 이후는 m은 그대로 한다.

그런데 서력 y년 m월 d일의 주일을 w라고 하면, 〈체라의 식식〉은 다음과 같이 된다.

$$w=\left[\frac{c}{4}\right]-2c+n+\left[\frac{n}{4}\right]+\left[\frac{26(m+1)}{10}\right]+d-1(mod\ 7),1\leqq w\leqq 7$$

w를 계산하여 도표에서 w에 대응하는 주일을 구하면 답이 된다.

예를 들어 1982년 7월 7일의 요일을 구해보면,

$$c=19,\ n=82,\ m=7,\ d=7$$

$$\therefore\quad W=\left[\frac{19}{4}\right]-2\times 19+82+\left[\frac{82}{4}\right]+\left[\frac{26(7+1)}{10}\right]+7-1$$

$$=[4.75]-38+82+[20.5]+[20.8]+7-1$$
$$=4-38+82+20+20+7-1$$
$$=94$$
$$94\equiv 3(mod\ 7)$$

이 $w=3$을 아래의 도표에서 보면, 구하는 요일은 〈수요일〉이 된다.

w	1	2	3	4	5	6	7
曜日	月	火	水	木	金	土	日

【n개의 메달의 경우 횟수】

먼저 문제를 다시 한 번 보면,『3개의 막대기가 있다. 1개의 막대기에 n개의 크기가 다른 메달이 큰 순서대로 걸려 있다. 다른 두 막대기에는 메달이 없다. 이때 메달 전부를 다른 막대기에 옮기는 데는 몇 번의 절차를 필요로 하는가. 단 다음의 규칙을 지키지 않으면 안 된다.

(1) 메달은 반드시 3개의 막대기 중 어느것인가에 걸어두고 다른 곳에 두어서는 안 된다.

(2) 커다란 메달을 작은 메달 위에 올려놓아서는 안 된다.』

[풀이] 메달이 걸려 있는 막대기를 A, 다른 두 개를 B, C로 하고, A에서 B로 메달을 전부 옮긴 횟수가 (2^n-1)회라는 점을 수학적인 귀납법을 이용하여 증명한다.

$n=1$일 때, A에는 메달이 1개만 걸려 있으므로 그것을 B로 옮겨놓으면 끝나며, 절차는 1회. 즉 $(2^1-1)=1$로 명제는 증명된다.

다음으로 $n=k-1$일 때에 명제가 증명되었다고 가정해서, $n=k$일 때에도 명제가 성립되는 것을 증명한다. A막대기에는 k개의 메달이 있는데 가장 커다란 메달을 Z로 두고, Z 위에 겹쳐져 있는 $(k-1)$개의 메달을 Y로 둔다. A막대기에서 Y를 C막대기로 옮긴다. 그 절차는 Y가 $(k-1)$개의 메달이므로, 귀납법의 가정에 의해서 $(2^{k-1}-1)$회가 된다.

다음으로 A막대기에서 Z를 B막대기로 옮긴다. 절차는 1회이다. 그리고 C막대기에서 Y를 B막대기로 옮긴다. 절차는 귀납법의 가정이므로 $(2^{k-1}-1)$회이다. 이렇게 해서 A막대기의 메달이 모두 B막대기로 옮겨지게 되는데, 절차의 횟수는,

$$(2^{k-1}-1)+1+(2^{k-1}-1)=2\cdot2^{k-1}-1=2^1\cdot2^{k-1}-1=2^{k-1+1}-1=2^k-1$$

즉 (2^k-1)회가 된다. 이렇게 해서 대부분의 자연수 n에 관한 명제가 증명되었다.

제2장

성수聖數 〈7〉의 신화

【성서聖書에 표현된 〈7〉】

성서의 《창세기創世記》에 신은 제1일에 최초로 하늘과 땅을 창조하셨지만, 대지는 형체도 없고, 부근 일대는 공허한 어둠으로 지상에는 신의 영혼만이 있었는데, 신이 『빛이 있으라』 하매 빛이 있었고 이로써 빛과 어둠을 나누어 낮과 밤을 창조하였다는 이야기가 실려있다는 것을 알고 있는 이도 많을 것이다.

신은 연이어서 제2일에 물과 하늘, 제3일에 육지와 바다를 만들었고, 더 나아가서 지상에는 녹색 풀과 과일나무를 자라게 하고, 제4일에는 계절·날짜·연월年月을 나누는 표적으로 태양과 달과 별을 만들었다고 한다.

그리고 제5일에는 물고기와 새, 제6일에는 가축과 기어다니는 동물과 짐승, 그 다음에 자기와 닮은 인간을 만들었다고 한다. 이와 같이 제7일이 되자 천지는 완성된 생명으로 넘쳐흘렀고, 그것을 본 신은 흡족해하며 창조의 7일간을 축하하는 성스러운 날로 정했다고 기록되어 있다.

이처럼 성서에는 7일간이 천지창조의 시기이며, 7일째는 성스러운 날이라는 점을 분명히 하였다.

또한 성서의 《출애굽기》 가운데 『안식일을 성스러운 날로 하라』고 한 것처럼, 신의 안식일에는 모든 일을 쉬고 신을 축복하여 신과 함께 하루를 보내야 한다는 율법이 있었다.

그렇기 때문에 성서 가운데에도 어느 안식일에 그리스도의 제자들이 밀밭을 지나갈 새, 공복空腹에 시달린 나머지 그 이삭을 잘라 먹었다든가, 안식일에 그리스도가 병자를 고쳐 주었다든가 하는 과오로, 신과의 계약을 깨뜨렸다고 해서 바리새인들에게 힐책을 받았다는 이야기가 나온다.

그곳에는 율법과 현실 사이에서 진퇴양난에 빠진 그리스도의 인간적인 모습이 있고, 동시에 안식일을 신과의 계약으로써 절대로 지켜야만 할 가장 중요한 것으로 생각했던 유대교의 선민의식을 느낄 수 있다. 단 성스러운 안식일의 금기를 파기했다는 것은, 율법을 존중하고 신성화하는 유대의 바리새인들에게는 진정 용납하기 어려운 일이었다.

그리고 그리스도는 신을 모독하고 안식일의 금기를 파괴하여 사람들을 선동한 이단교도라는 이름 아래 총독 빌라도에게 붙잡혔다.

그리스도가 안식일을 깨뜨렸다는 사실만으로 체포되어 십자가에 못박힌 것은 아니라 하더라도, 안식일의 계약을 깨뜨린 일은 커다란 문제거리로 파문을 일으켜서 십자가에 못박히게 된 한 가지 요인이 된 것은 사실이리라.

말하자면 그리스도는 1주간의 제7일째의 날이라든가, 성스러운 수〈7〉을 지키기 위해 십자가에 못박혔다고도 말할 수 있을 것이다. 그것은 신의 날이 성스러운 〈7〉이라는 수에 따라 행해졌다는 의미가 있기 때문일 것이다.

어쨌든 헤브라이의 성수聖數 〈7〉은 그대로 그리스도교에도 계승되어, 부활 준비의 제1일로서 부활제 전 70일째(실제로는 63일 전 일요일이다)를 칠순절七旬節로 하고 있다는 점에서도 나타난다. 또한 7에 〈모든〉 의미를 담아서 〈일곱 가지 대죄大罪〉〈일곱 덕德〉〈일곱 영혼〉, 성모 미리아의 〈일곱 가지 기쁨〉, 막달라에서 추방당한 〈일곱 악령〉 등이라 말하고, 또한 《마태복음》 가운데서도 제자 베드로가 『형제가 내게 죄를 범하면 몇 번이나 용서하여 주리이까, 일곱 번까지 하오리까』 하니 그리스도가 『일곱 번뿐 아니라 일흔 번씩 일곱 번이라도 할지니라』고 대답한 기록이 있다.

아우구스투스도 『일곱번째의 수는 완전하다』라고 말할 때, 그리스도를 완전한 분으로서 7을 그리스도의 수로 생각하였던 것이다.

【점수술占數術 〈게마트리아〉의 666이란】

여기에서 잠깐 이야기의 주제가 빗나갔지만, 고대 로마와 그리스에 〈게마트리아 gematria〉라는 점수술이 있었다. 이것이 무엇인가 하면, 말이든 단어이든 알파벳으로 배당된 숫자로 바꾸어서 그 숫자에 숨겨진 뜻

<table>
<tr><td colspan="4">【그리스 문자의 수치표】</td><td colspan="4">【헤브라이 문자의 수치표】</td></tr>
<tr><td>문자</td><td>명 칭</td><td>수치</td><td>사음</td><td>문자</td><td>명 칭</td><td>수치</td><td>사음</td></tr>
<tr><td>A</td><td>알파</td><td>1</td><td>a, a:</td><td>א</td><td>알렙</td><td>1</td><td>,</td></tr>
<tr><td>B</td><td>베에타</td><td>2</td><td>b</td><td>ב, בּ</td><td>베츠</td><td>2</td><td>b, bh</td></tr>
<tr><td>Γ</td><td>감마</td><td>3</td><td>g</td><td>ג, גּ</td><td>키메르</td><td>3</td><td>g, gh</td></tr>
<tr><td>Δ</td><td>델타</td><td>4</td><td>d</td><td>ד, דּ</td><td>달렛</td><td>4</td><td>d, dh</td></tr>
<tr><td>E</td><td>엡실론</td><td>5</td><td>e</td><td>ה</td><td>헤</td><td>5</td><td>h</td></tr>
<tr><td>〔F〕</td><td>ϛ 스티그마</td><td>6</td><td></td><td>ו</td><td>와우</td><td>6</td><td>w</td></tr>
<tr><td>Z</td><td>제에타</td><td>7</td><td>z, dz</td><td>ז</td><td>자인</td><td>7</td><td>z</td></tr>
<tr><td>H</td><td>에에타</td><td>8</td><td>æ:</td><td>ח</td><td>헤츠</td><td>8</td><td>ḥ</td></tr>
<tr><td>Θ</td><td>테에타〔시이타〕</td><td>9</td><td>th</td><td>ט</td><td>테츠</td><td>9</td><td>ṭ</td></tr>
<tr><td>I</td><td>이오타</td><td>10</td><td>i, i:</td><td>י</td><td>요즈</td><td>10</td><td>y</td></tr>
<tr><td>K</td><td>카파</td><td>20</td><td>k</td><td>ך, כ</td><td>카프</td><td>20</td><td>k, kh</td></tr>
<tr><td>Λ</td><td>람다</td><td>30</td><td>l</td><td>ל</td><td>라메즈</td><td>30</td><td>l</td></tr>
<tr><td>M</td><td>뮤우</td><td>40</td><td>m</td><td>ם, מ</td><td>메무</td><td>40</td><td>m</td></tr>
<tr><td>N</td><td>뉴우</td><td>50</td><td>n</td><td>ן, נ</td><td>눈</td><td>50</td><td>n</td></tr>
<tr><td>Ξ</td><td>크시〔크사이〕</td><td>60</td><td>ks</td><td>ס</td><td>사메크</td><td>60</td><td>s</td></tr>
<tr><td>O</td><td>오미크론</td><td>70</td><td>o</td><td>ע</td><td>아인</td><td>70</td><td>‘</td></tr>
<tr><td>Π</td><td>파이〔피이〕</td><td>80</td><td>p</td><td>ף, פ</td><td>페</td><td>80</td><td>p, ph</td></tr>
<tr><td>〔Q〕</td><td>ϟ 큐파</td><td>90</td><td></td><td>ץ, צ</td><td>사데</td><td>90</td><td>ṣ</td></tr>
<tr><td>P</td><td>로우</td><td>100</td><td>r</td><td>ק</td><td>코프</td><td>100</td><td>q</td></tr>
<tr><td>Σ</td><td>시그마</td><td>200</td><td>s</td><td>ר</td><td>레슈</td><td>200</td><td>r</td></tr>
<tr><td>T</td><td>타우</td><td>300</td><td>t</td><td>שׁ</td><td>싱</td><td>300</td><td>s, sh</td></tr>
<tr><td>Υ</td><td>입실런</td><td>400</td><td>y</td><td>ת, תּ</td><td>타우</td><td>400</td><td>t, th</td></tr>
<tr><td>Φ</td><td>피이</td><td>500</td><td>ph</td><td></td><td></td><td></td><td></td></tr>
<tr><td>X</td><td>카이〔키이〕</td><td>600</td><td>kh</td><td></td><td></td><td></td><td></td></tr>
<tr><td>Ψ</td><td>프시이〔프사이〕</td><td>700</td><td>ps</td><td></td><td></td><td></td><td></td></tr>
<tr><td>Ω</td><td>오메가</td><td>800</td><td>ɔ:</td><td></td><td></td><td></td><td></td></tr>
<tr><td>〔&〕</td><td>ϡ 산피</td><td>900</td><td></td><td></td><td></td><td></td><td></td></tr>
</table>

을 해독하는 것이다.

　헤브라이어와 그리스어에는 옆의 별표別表와 같이 각각의 알파벳이 수치를 갖고 있으며, 게마트리아는 단어의 이음자가 나타내는 수의 합이 그 단어의 또 한 가지 뜻을 나타내는 것으로써, 그 속에 담긴 의미를 해독하게 된다.

　그 때문에 게마트리아는 고대인들이 과거에 일어났던 사실의 인과관계를 설명하거나 해독하는 경우뿐만 아니라, 미래를 예언할 때 근거가 되는 자료로도 이용되고 있다.

　우선 그 실제 예를 몇 가지 들어보도록 하자.

　어느 그리스도교 사원에 남아있는 옛날 기도서祈禱書 사본 끝에 〈99〉라는 숫자가 기록되어 있었다.

　이것을 게마트리아적인 발상으로 해명해 보자. 〈아멘〉을 그리스어로 표현하면 〈AMHN〉이 된다. 수치표로 대조해 보면 A가 1, M이 40, H가 8, N이 50으로 합계 99므로 〈아멘〉의 게마트리아 수는 99가 된다. 바꾸어 말하면 〈99〉는 〈아멘〉이다.

　헤브라이이의 〈아담〉[אדם]을 생각해 보자. ([ ] 속은 헤브라이 문자. 또한 헤브라이 문자는 오른쪽에서 왼쪽으로 읽는다.)

　〈알렙〉이 1, 〈달렛〉이 4, 〈메무〉가 40이므로 합계를 더하면 〈아담〉의 게마트리아 수는 45가 된다.

　헤브라이어로 〈진리〉를 〈에무트〉[אמת]라 하며, 신은 진리이고 신의 표시는 에무트로 되어 있다. 이 〈에무트〉의 게마트리아 수는 〈알렙〉이 1, 〈메무〉가 40, 〈타우〉가 400이다. 따라서 이것을 합하면,

$$1+40+400=441,\ 4+4+1=9$$

　이와 같이 변형한 연산演算(식대로 계산하여 필요한 값을 내는 일)도 해석의 한 가지로 이용되었고, 〈에무트〉의 게마트리아 수는 9가 되므로 〈9〉는 완전불변의 진리를 나타낸다고 생각하였다.

　마찬가지로 최근에는 〈야훼〉로 일컬어지고 있는데, 〈여호와〉[יהוה]의 게마트리아 수는 26이므로, 유대인에게 있어서 〈26〉은 성스러운 수로 생각되었다.

　그런데《요한계시록》에는 〈짐승의 수〉로서 게마트리아 수 〈666〉이 실

려있다. 이 666이라는 숫자가 어떤 의미인지 많은 성서학자들이 연구하고 있지만, 정확한 것은 잘 알려져 있지 않다.

7을 성스러운 수로서 우주 전체, 신의 위업, 그리스도를 나타내는 완전한 숫자라고 생각할 수 있으므로, 6은 7에 이르지 못한 불완전한 것이며 그 세 개의 6을 나란히 늘어놓아 강조한 것이 〈666〉이라고 한다면, 〈그리스도를 배반한 자〉라는 뜻으로 사용될 가능성도 있을 것이다. 요한은 그리스도교를 탄압한 사람들을 신을 배반하고 이 세상의 평화를 어지럽히는 〈짐승〉이라고 하였다. 그러므로 666은 〈짐승의 수〉가 아닐까, 하고 생각했던 것이다.

더욱이 요한은 어떤 역사상의 인물을 신을 배반한 인류의 적으로 개인의 이름을 열거하여 지탄하는 대신에 게마트리아 수를 빌어서 후세에 남겼다는 것이다. 그럼 그 역사상의 인물이란 누구를 가리키는가 하면, 이 것도 세계 각국의 학자들에 의해 다양한 연구가 행해지고 있지만, 저 악명 높은 로마의 제4대 황제 네로일 것이라는 점에 의견의 일치를 보고 있는 듯하다.

그러면 666을 검증해 보자.

황제 네로 케사르의 이름은 헤브라이어 [קסר נרונ]로 구성되어 있다. 〈눈〉이 50, 〈레슈〉가 200, 〈와우〉가 6, 〈눈의 어미형語尾形〉이 50, 〈코프〉가 100, 〈사메크〉가 60, 〈레슈〉가 200으로 합계 666이 되므로 네로 케사르의 게마트리아 수는 〈666〉이 되는 셈이다.

악명 높은 제왕 네로상

또 한 가지 숫자놀이를 소개하자면, 아래의 표와 같이 알파벳과 숫자 대조표를 만들면 짐승의 수 〈666〉은 나치 독일의 독재자 히틀러HIT-LER의 게마트리아 수가 된다. H가 107, I가 108, T가 119, L이 111, E가 104, R이 117이므로 계산해 보기 바란다. 이것은 퀴즈놀이로 매우 재미있다.

본론으로 되돌아가면, 어쨌든 게마트리아의 〈666〉은 7에 미치지 못하는 6을 세 개 겹친 수로, 그리스도를 배반한 자라는 의미의 〈짐승의 수 數〉로 생각하는 것이 자연스러울 것이다.

〈7〉을 성스러운 수로 생각하는 것은 헤브라이 민족뿐만이 아니다.

고대 그리스의 피타고라스도 여러 가지 수를 성스러운 수로 생각하였다.

그 중에서 그는 홀수 7은 하늘의 성질을 지니고 있어 밝고 솔직하고 착한 수라고 생각하였다. 〈7〉이라는 수에는 이성理性과 건강이 있고, 인간에게 있어서 가장 적당한 시간과 공간이 7이라고 말하였다. 이 추상적인 철리哲理가 이미 서술한 바와 같이 1주간 7일이라는 부동의 안정된 단위로 존재하는 이유가 되었다고 생각힐 수 있을 것이다.

또한 고대 그리스에서는 자와 컴퍼스가 신의 도구였다는 점에도 주의를 기울이기 바란다. 자와 컴퍼스만으로는 묘사할 수 없는 최초의 정다각형이 정칠각형이었기 때문에 7에 두려움과 위력을 느꼈고, 만물의 지배자라고 여겼던 것이다.

A	B	C	D	E	F	G	H	I	J	K	L	M
100	101	102	103	104	105	106	107	108	109	110	111	112

N	O	P	Q	R	S	T	U	V	W	X	Y	Z
113	114	115	116	117	118	119	120	121	122	123	124	125

또한 정칠각형은 자와 컴퍼스만으로는 묘사할 수 없는 것이 1796년 독일의 수학자 가우스에 의해 증명되었다.

【불교에서 보이는 성수聖數 〈7〉】

인도에도 불의 신 아그니Agni가 일곱 마리의 말을 타고, 일곱 명의 처와 누이를 데리고, 일곱 개의 혀를 사용하여 7연七連의 노래로 〈하늘〉을 찬미하는 신화가 있으며, 불교에도 마찬가지로 〈7〉을 성스러운 수로 생각하고 있다.

예를 들어 이른바 〈49일의 공양供養〉이라는 것이 그러한데, 이는 사후의 세계로 여행을 떠난 49일간 〈중유中有〉[중음中陰]의 세계를 방황하고 있는 혼을 성불成佛시키는 공양 의식이다. 중유中有라는 것은 현세를 떠난 순간부터 다음 세상에 다시 태어나기까지의 49일간을 말한다.

【《시왕경十王經》에 의한 중유中有의 세계】

중유中有에서는 〈의생유意生有〉라 하여 신체가 없어지고 영혼만이 있기 때문에, 향香의 연기를 먹는다고 해서 향을 태워 죽음을 애도한다고 한다.

삼도천三途川의 강폭은 40유순, 즉 576km로서 생전의 업業에 따라 다리를 건너거나 얕은 여울, 깊은 여울의 세 곳을 건너므로 이런 이름이 붙여졌다. 일본에서는 무로마치(室町)시대에 〈다리 건너기〉가 〈배 건너기〉로 변하였고, 그 뱃삯은 6문文으로 되어 있다. 그곳의 하원河源이 〈새하원賽河源〉이다.

덧붙여서 염마왕閻魔王이 있는 곳은 지상에서 5백 유순, 7200km의 지하에서 가로 세로 60유순, 864km의 궁전이며, 그 궁전 바로 밑으로 6만 유순, 86만400km의 지점까지가 지옥이다. 왕궁王宮에는 두 개의 별원別院이 있으며, 그 한 곳이 정파리경浄頗梨鏡이 놓여 있는 광명왕원光明王院이고, 또 한 곳이 선명칭원善名稱院이라 하는 지장보살의 어전이다. 염마왕의 시자侍者의 보고에 따라 생전의 모든 것을 기록한 것이 염마장閻魔帳이다.

불교에는 왕생往生한 후 다시 후세에 소생한다고 하는 윤회전생輪廻轉生의 발상이 있다. 더욱이 중유의 세계에서 재판을 받아 전생의 공적과 죄에 따라서 판결이 내려지면, 육도六道라고 하는 천상·인간·수라修羅(인도의 귀신 아수라의 준말)·축생畜生·아귀餓鬼·지옥도地獄道의 어느곳에선가 전생轉生하여 다시 태어난다고 말하며, 이것을 육도윤회六道輪廻라고 한다.

이 중유中有에 있는 고인故人을 위하여 7일마다 7회 법요法要(죽은 사람을 제사지내는 법사)를 수행하고, 추선追善(죽은 사람의 명복을 빌며 불사를 함) 공양을 하며 그 명복을 비는 마지막 공양이 49일 법요라고 일컬어지는 것이다. 49일째에는 후세에서의 진로가 재판으로 정해지고 중유의 세계가 끝나므로, 이 날을 일컬어 〈진칠일盡七日〉이나 〈만중음滿中陰〉이라고 한다.

중국에서 만들었다고 하는 《시왕경十王經》에 의하면, 중유中有의 세계를 방랑하는 재판 여행은 철봉으로 치는 명계冥界(저승)의 옥졸獄卒 우두마두牛頭馬頭가 있는 험준한 산[죽음의 산]을 넘는 지점에서 시작된다. 처음 재판이 진광왕秦廣王 앞에서 행해지는 것이 7일째이다. 그 진광왕의 연민 아래에서 불과佛果를 얻어 성불할 수 있도록 공양을 장만하는 것이 〈초칠일初七日〉이다.

진광왕의 판정이 내려지면 6도六道 중 한 군데로 전생轉生할 수 있지만, 결론이 나지 않으면 7일마다 다음 재판자의 손에 인도되게 된다.

〈초칠일初七日〉에서 다음 〈이칠일二七日〉의 왕 밑으로 가는 도중에 있는 것이 삼도천三途川이며, 그 맞은편 기슭으로 건너는 14일째의 시점에서 이칠일二七日의 왕 초강왕初江王의 심판을 받는다. 그리고 결정이 나지 않을 경우는, 그 다음의 삼칠일三七日 왕인 송제왕宋帝王 밑으로, 그곳에서 결정나지 않으면 사칠일四七日의 왕인 오관왕伍官王 밑으로 보내지고, 거기서 결정나지 않으면 오칠일五七日 〈삼십오일〉의 왕, 즉 중유세계의 5주째에 있는 유명한 염마대왕閻魔大王의 재판에 위임된다.

이 염마왕은 본래 인도 신화의 신 야마이다. 즉 인도 신화에서 최초의 인간이 되었다고 하는 야마와 야미 쌍동이 형제 중 한 사람으로, 인류에서 최초로 죽은 사람이었기 때문에 야마천夜摩天 혹은 염마천閻魔天이라는 지상에서 16만 유순[약 2백30만 킬로미터] 상공에 있다. 광명의 세계에 살면서 인간의 영혼에 복을 내려주는 광명의 신이었다.

그런데 태양이 떠오르는 동쪽과 침몰해 들어가는 서쪽을 연결시켜 주는 일직선의 길이 광명과 암흑을 맞닿게 할 수 있을 것인가. 불교가 중국으로 전해지는 과정에서 암흑의 신, 명계冥界의 왕, 지옥으로 떨어뜨리는 인간의 징벌자의 이름도 처음의 〈염마왕閻魔王〉의 마摩였던 것이 마魔로 바뀌어서 무시무시한 분노의 모습을 나타내게 되었다.

불교에서 말하는 악惡이란 살생·도둑질·부정하고 음탕함·망어妄語·양설兩舌(십악十惡의 하나로 거짓말을 하여 양자를 이간시켜 싸움하도록 하는 일)·욕지거리·말을 장식하고 속이는 기어綺語(불교 십악의 하나. 교묘하게 꾸며서 겉과 속이 다른 말)·탐욕·진에瞋恚(십악의 하나. 자기 뜻에 거역하는 자에 대해서 성을 내며 미워하는 일)·사견邪見(옳지 못한 견해)의 〈십악업十惡業〉을 가리킨다.

한편 선善이란 타인의 행복을 바라는 〈자慈〉, 타인을 불행에서 구제하는 〈비悲〉, 타인의 행복에 만족하는 〈희喜〉, 보수를 바라지 않고 편안한 나날을 보내는 〈사捨〉의 사무량四無量을 말한다. 또한 이외에도 조사造

〈아귀餓鬼〉의 그림

寺・조탑造塔을 하는 〈보시布施〉, 불도佛道를 가르치는 〈애어愛語〉, 사람을 바르게 이끄는 〈이행利行〉, 사람의 몸이 되어 행동하는 〈동행同行〉의 사섭사四攝事도 선이 되며,《반야심경般若心經》에서 말하는 최고의 완전한 깨달음[阿耨多羅三藐三菩提]이 부처의 자비의 이상으로 되어 있다.

그것은 어찌되었든, 이 오칠일五七日의 염마왕閻魔王의 재판에서는 단지 그 자비에 의지하는 것밖에 되지 않으며, 35일의 추선법요追善法要는 중요한 공양으로 현대에도 전해지고 있다. 그러나 염마왕에 의한 재판에서 미결일 경우는 육칠일六七日의 왕인 변성왕變成王에게로, 그 다음에 칠칠일七七日의 왕 태산왕泰山王 밑에서 마지막 판결이 내려지게 된다.

이 49일째로 인간은 조금 전의 〈육도六道〉로 통하는 여섯 개의 문 앞에 서게 되고, 자신의 의지이면서 의지가 아닌 의지에 의하여 그에 합당한 육도의 한 가지를 선택하게 된다. 즉 인과응보의 길을 걷게 될 뿐이다. 그리고 칠칠일七七日이 끝나면 남겨진 살아있는 사람과는 관계 없이 내세來世에 데이니기 때문에, 이 중유中有의 기간은 불교에서 가장 중요한 기간으로 생각하고 있다.

그런데《시왕경十王經》으로 이름지어져 있으면서, 일곱 왕밖에 등장하지 않는 것은 왜일까.

힌두교 혹은 불교의 성수聖數가 7이고 49일로 재판이 끝이 나기 때문에 칠왕경七王經으로 완결되어 있으며, 실제로 인도의 불전佛典에서는《칠왕경》이었던 듯하다. 그것이《시왕경》으로 된 것은 중국에 전파되었을 때에 도교의 영향을 받아서 〈증결增結〉이 행해졌기 때문이다. 덧붙여서《시왕경》은 〈위경僞經〉(경외성서經外聖書)으로 일컬어지면서, 일본에서도 헤이안(平安)시대 무렵부터 신앙으로 성행하였고, 현재에도 각지에 시왕十王의 신앙이 남아있다.

그런데 도교道敎라는 것은 한 마디로 말하면, 무위자연을 존중하는 노장老莊의 사상에서 음양오행설과 신선사상을 받아들여 그것을 중국의 민간신앙과 혼합하여 종교 체재로 만든 것이라 말할 수 있다. 그러나 실은 이 도교에서 설파하고 있는 것이 〈10〉의 사상이다. 즉 자연의 도를

〈10〉이라는 수에 두고, 사람과 신의 섭리의 수도 〈10〉으로서 10이 완전을 나타내는 것으로 생각했다.

또 한 가지 불교에서는 중유中有의 세계를 떠도는 사람을 위하여 〈추선공양追善供養〉을 하는 데 대해서, 불교의 시왕十王신앙에서는 남아있는 사람들에 대한 경고로 보다 좋은 윤회전생輪廻轉生을 바라면서 지금 공양해 두어야 한다고 하는, 살아있는 사람을 위한 공양이었다. 불교에서는 미래지향적이었던 반면 도교에서는 현세지향이 강조되어 민간신앙에 깊이 파고들었기 때문에, 여기서 더 나아가 세 명의 왕에 의한 〈재심제도再審制度〉가 추가되었다.

이것은 불교와 도교가 서로 혼합되므로써 생긴 수의 마력이라고도 할 수 있을 것이다.

이와 같은 재심 제1심은 사후 1백 일째 되는 날 평등왕平等王에 의한 심판으로 이 날에 행해지는 〈1백 일〉법요는 설명할 필요가 없을 것이다. 1년이 지난 시점에서 도시왕都市王에 의한 제2회째 재심이 있고, 이것이 소위 〈1주기一周忌〉에 해당된다. 그 추선공양에서 아미타불阿彌陀佛을 세우면 성불할 수 있다고 하며, 또한 팔재계八齋戒(신성한 일에 나아가는 이가 음식・행동을 삼가고 심신을 깨끗하게 하는 여덟 가지 일)라 하여 『생물을 죽이지 않는다, 도둑질하지 않는다, 성교하지 않는다, 거짓말하지 않는다, 음주하지 않는다, 몸을 장식하지 않고 화장하지 않고 음악과 무용을 멀리한다, 높은 침대에서 자지 않는다. 오후에는 일체 먹지 않는다』는 등등의 계율이 설명되어 있다.

그리고 또 1년이 지나면 〈삼회기三回忌〉로써 오도전륜왕五道轉輪王의 심판이 있다. 불교에서는 불타를 거역하는 수로 짝수를 멀리하며, 특히 2가 무력한 흉수凶數로 되어 있으므로 2회기二回忌는 없다.

이 오도전륜왕의 심판에서도 미결未決일 경우에 인간은 지옥으로 곤두박질치게 된다고 한다. 저세상으로 간 사람을 위하여 2년 동안에 한 번도 추선공양을 하지 않으면 지옥으로 떨어지는 일은 어쩔 수 없는 일이겠지만, 어지간한 일이 아니면 시왕심판十王審判까지는 성불하여 내세에서 생生을 얻게 된다고 설명하고 있다.

【〈칠복신七福神〉에 관하여】

〈성수聖數 7〉의 설명치고는 약간 불교 냄새가 풍기는 이야기가 계속되었으므로, 일본에서도 〈7〉을 행복의 숫자로 취급하고 있는 실제적인 예를 소개하고자 한다.

물론 일본 고유의 것은 아니지만, 힌두교와 불교의 영향이 강한 〈칠복신〉도 그 한 가지 예이다.

혜비수惠比壽(칠복신의 하나. 상가商家의 수호신으로, 오른손에 낚싯대 왼손에 도미를 들고 있음)·대흑천大黑天·변재천弁財天(인도의 여신으로 변설·음악·재복·지혜를 맡음. 칠복신의 하나), 비사문천毘沙門天(사천왕의 하나. 다문천多聞天. 수미산에 살며 북방을 수호한다. 상상像은 황색이며 노여운 모습을 나타내고 갑주甲冑를 입고, 손으로 보탑寶塔을 받들고 보봉寶棒을 들고 있다. 항상 불교의 도량道場을 지키며 설법을 듣는다고 해서 다문천으로 칭해진다. 일본에서는 칠복신의 하나로 제사지내고 있다), 수로인壽老人(칠복신의 하나. 남극노인이리고도 한다. 보통 묘사되어 있는 현상은 배받을 드리우고 수염을 길게 기른 작은 키의 모습이며, 지팡이와 그릇을 갖고 사슴을 데리고 있다. 복록수福祿壽와 수로인壽老人은 동체이명同體異名이라는 설도 있다), 복록수福祿壽(복과 녹봉과 수명. 칠복신의 하나. 모습은 키가 작고 머리가 크며 수염이 많고 지팡이 등을 갖고 있으며 많은 학을 거느리고 있다. 중국에서는 남극성南極星의 화신이라고 해서 남극노인이라고도 한다), 포대布袋(칠복신의 하나. 배가 뚱뚱하며 항상 자루를 메고 있음. 중국 후량後梁의 선승禪僧. 이름은 계차契此, 호號는 장정자長汀子. 용모가 복스럽고 비만한 몸으로 항상 배를 드러내고 자루를 메고 있으며 지팡이를 들고 희사喜捨를 구하며 걷는다고 한다. 세상 사람으로부터 미륵의 화신으로 존경받았으며 포대화상布袋和尙을 신격화한 것이라고 한다)라고 하는 칠복신앙七福信仰은, 현세의 이익을 기대하는 확실히 소시민적이고 유머러스한 민간신앙이다. 칠복이란《인왕경仁王經》의『이승에서 일어나는 일곱 재난은 즉시 없어지고 곧 칠복이 생겨난다』는 말에서 유래되었다고 하며, 무로마치(室町)시대에 생겨난 이 일곱 신神에는 현세를 안락하게 살아가는 대중적인 이미지가 풍기고 있다.

  각각의 칠복신은 직접적으로는 달력과 수數에 관계가 없지만, 이야기를 하는 터에 간단하게 다루고자 한다.

  〈혜비수惠比壽〉라는 것은 《고사기古事記》에 기록되어 있는 히루코노가미(蛭子神 : 수족이 마른 불구로 태어났다)로, 이자나기 노미코토(伊邪那岐 : 일본 신화의 남신男神), 이자나미 노미코토(伊邪那美 : 일본 신화의 여신女神) 두 신神의 첫째아들로 되어 있다. 어려서 갈배(葦舟)에 실어 바다로 띄워보냈는데, 용왕의 나라로 갔다가 나중에 되돌아왔다는 이야기가 있는 것처럼 외인外人을 의미하는 〈이夷〉 또는 〈융戎〉으로도 씌어져 있고, 다른 나라에서 행운을 불러들이는 객신客神으로 신앙되고 있다. 그후 사대주명事代主命으로 이미지를 바꾸어서 도미를 든 모습으로, 현재에도 어업·농업·상업 등의 방면에서 행운과 재물을 부르는 복신福神으로 존중되고 있다.

  〈비사문천毘沙門天〉이라는 것은 힌두신(인도신)으로, 본래는 〈쿠베라〉라든가 〈바이슈라바나〉라 불리는 악마의 신이다. 복福과 재물과 보석의 신이었던 것이 불교에서 받아들여 불법을 수호하는 군신軍神 다문천多聞天으로 〈사천왕〉[지국천持國天·광목천廣目天·증장천增長天과 함께]의 한 사람으로 열거되고 있다. 현종玄宗 황제가 비사문천의 가호를 받아서 서방 이민족을 격파했다고 하는 고사도 있으며, 성덕태자聖德太子가 일본 최초의 사찰 사천왕사四天王寺를 건립하고 모노노베 노모리야(物部守屋)를 격파했다는 일화도 있다. 흥미로운 점으로 비사문천毘沙門天은 지네를 친척으로 삼고 있기 때문에 인일寅日의 날에 복福 지네를 배열하는 풍습이 일부 남아있는 듯하다.

  〈수로인壽老人〉이란 남극노인성南極老人星이라는 수복壽福을 담당하는 별을 우상화한 것으로, 모든 하늘에서 두번째로 밝은 아르고좌의 카노푸스Canopus(용골좌龍骨座의 알파성. 시리우스 다음으로 모든 하늘에서 두번째로 밝은 항성. 광도光度 마이너스 일등一等)성의 화신이라고 말할 수 있다. 이슬람교의 교조敎祖 〈마호멧 별〉이라는 것은 이것을 말한다. 중국에서도 길조로서 존경되고 있으며, 수로인이 거느리는 현록玄鹿은 [사슴은 1천 년이면 창록蒼鹿, 1천5백 년이면 백록白鹿, 2천 년이 지나면 현록玄鹿이 된다고 한다] 장수의 상징이 되어 있다.

〈복록수福祿壽〉는 수로인의 동신이체同身異體로, 북두칠성의 첨성添星인 보성輔星(alcohol)의 혼이라고도 한다.

〈포대布袋〉는 중국의 절강성浙江省·사명산四明山·악림사岳林寺의 선승禪僧 계차契此[장정자長汀子, 기원 917년 죽음]의 모습을 본뜬 것으로, 이 선승은 포대화상布袋和尙이라고도 일컬어지며 길흉을 점치는 데 뛰어나고 그 원만한 모습과 더불어서 신앙되고 있다.

또한 팔복신이라는 것은 이것에 에도(江戶)·신요시바라(新吉原)의 시병위市兵衛라고 하는 타고난 인색한 사나이가 역전해서 복신福神이 되었다고 하는 〈복조福助〉를 첨가하였다.

대흑천大黑天과 변재천弁財天에 관해서는 간지干支 부분에서 서술하였다.

제 3 장

1주간의 요일명曜日名

【일요일에는 두 가지 흐름이 있다】

제1장에서 본래 일요일이 로마에서는 실제로 〈태양의 날〉이며, 월요일·화요일·수요일과 1주간이 〈일곱 개의 혹성〉과 관련되어 있음을 설명하였다. 확실히 오늘날에도 일요일(Sunday)과 월요일(Monday)은 그대로 사용되고 있는 것으로 생각되지만, 이탈리아·프랑스·스페인 등을 여행하며 〈태양의 날〉과 같은 의미의 어원語源을 아무리 지껄여도 거의 〈일요일〉을 말한다고 이해하는 사람을 만날 수 없다.

느낀 바와 같이 결론부터 말하면, 예를 들어 유럽에서는 〈일요일〉이라는 말에는 두 가지 흐름이 있다. 앞에서 서술한 〈태양의 날〉이라고 이해하는 그룹과 그리스도교에서 나온 〈주主의 날〉(dies Dominica)이라고 이해하고 있는 그룹이다.

〈주의 날〉이라고 알고 있는 그룹은 프랑스어의 〈dimanche〉, 이탈리아어의 〈domenica〉, 스페인어·포르투갈어 〈domingo〉 등으로 모두 라틴어에서 유래된 말이라는 점에는 아무런 이의가 없을 것이다.

즉 가톨릭계의 그리스도교 나라는 〈주의 날〉 계열이고, 한편 영어의 〈Sunday〉와 독일어의 〈Sonntag〉에서 알 수 있는 바와 같이 게르만계의 나라들은 일요일을 〈태양의 날〉이라고 한다. 아마 영국과 독일·네덜란드 또는 북유럽이나 동유럽에서는 가톨릭계의 일요일을 부르는 방식에는 저항이 있었을 듯하다.

한편 슬라브계의 소비에트와 폴란드, 또는 그리스 등에서는 그리스도가 소생한 날이라는 의미에서 일요일을 〈부활의 날〉이라고 부른다.

어쨌든 태양은 인류에게 최대의 은혜를 베푸는 근원이며, 신의 영광도 역시 마찬가지라는 발상에서 일관성이 있다고 볼 수 있을 것이다.

그러면 이번에는 동양으로 눈을 돌려보자. 중국에서는 일요일을 어떻게 말하는가 하면 〈성기천星期天〉, 즉 〈하늘의 날〉이라 한다. 천지만물의 중심이 되어 일을 주관하며, 자연의 원리를 담당하는 최고 존재의 날이 일요일이다. 이것이 이슬람계의 이슬람 달력과 말레이·아라비아에서는 일요일이 되면 〈제1의 날〉이라는 표현법으로 바뀐다. 이것은 주週의 제1일째라는 뜻과 함께 마호멧의 제1일이라는 말이다.

그런데 월요일도 〈달의 날〉(dies Lunae)에서 유래하여 현재 유럽의 여러 나라의 월요일 이름으로 남아있다. 라틴어의 〈달〉(luna)이 〈빛나다〉라는 동사 〈luceo〉에서 유래되었다는 점도, 고대인의 사고방식이 감추어져 있어서 흥미롭다. 영어의 〈Monday〉, 독일어의 〈Montag〉, 프랑스어의 〈lundi〉, 스페인어의 〈lunes〉와 같이 달과 관계를 맺고 있다. 그러나 슬라브계의 말로 표현하면 월요일이 〈제1의 날〉이 되고, 중국어에서도 〈성기일星期一〉이라는 말은 〈제1의 날〉이다. 그렇지만 같은 월요일이라도 그리스·포르투갈·이슬람계에서는 〈제2의 날〉로 되어 있다.

이와 같이 각각의 민족과 그 나라마다 사용하였던 언어에 따라서 주일의 부르는 방식이 다르지만, 조사해 보면 뜻밖의 전승적인 에피소드와 마주치게 된다.

【화·수·목·금요일의 유래】

일곱 개의 〈혹성〉 중에서 태양과 달은 인간에게 특히 커다란 영향을 미친다고 생각했기 때문에 요일의 이름이 되었다고 말할 수 있다.

그러면 화요일부터 토요일에 관해서도, 같은 혹성의 이름과 혹성을 담당하고 있는 신의 이름이 사용되었는가 하면 반드시 그렇다고만 할 수도 없다. 프랑스어의 화요일(mardi)은 자세히 조사해 보면 〈마르스의 날〉이라는 의미이므로 〈화성〉과 인연이 깊지만, 영어의 〈Tuesday〉나 독일어·네덜란드어 등에서는 〈티르의 날〉이라고 한다. 그러면 이 〈티르의 날〉이란 어떤 날이었을까.

한편 로마에서는 화요일부터 토요일까지 다섯 개의 혹성 이름이 사용되고 있었다. 그것은 역시 혹성을 담당하는 신의 이름이기도 하다.

화요일은 화성의 날임과 동시에 화성의 신 마르스Mars[그리스 신화에서 전쟁의 신]의 날로, 군신軍神 마르스는 로마 신화 최고신의 한 사람으로 〈3월〉의 이름에도 쓰이고 있다. 하늘에서 빨갛게 빛나는 화성은 전쟁의 큰 불과 관계가 있으며, 승리를 기원하는 별로서 군신 마르스와 깊이 관계되어 있을 것이며, 현재 이탈리아어 〈martedi〉와 스페인어의 〈martes〉, 프랑스어의 〈mardi〉에도 〈마르스의 날〉의 의미가 남아있다.

수요일도 로마의 수성신水星神인 〈메르쿠리우스의 날〉(dies Mercurii)이었다. 메르쿠리우스(그리스 신 헤르메스)는 로마 신화 최고의 신 유피테르(쥬피터)와 5월의 신 〈마이아〉와의 사이에서 태어난 아들로, 부와 행운을 가져다 주는 상업의 신이었다. 덧붙여서 〈메르케스merces〉란 상품·물품이라는 말로써 상업신을 확대해석하여 당시부터 도둑과 도박의 수호신으로서도 인기가 있었던 것 같다. 더욱이 본래는 여행의 신 유피테르의 사자使者로서 손에 지팡이를 들고 날개 달린 샌들을 신고, 사자死者의 영혼을 죽음의 세계로 인도하는 안내자 역할을 담당하던 신이다.

그러나 아무리 보아도 화성이나 수성도 영어의 화요일·수요일과는 밀접한 관계가 없다.

수성은 해 뜨기 전에 두 시간 정도 동쪽 하늘에 나타나는 것이 영어로 말하면 아폴로Apollo이며, 해 질 무렵 일몰 후 두 시간 정도 서쪽 하늘에서 볼 수 있는 것을 머큐리Mercury라 한다. 더욱이 머큐리란 수성의 신 메르쿠리우스를 말하는데 영어의 수요일과는 관계가 없는 듯 하다. 그리스 신화의 아폴로도 헤르메스[머큐리]가 거북의 갑각(등딱지)을 깎아서

메르쿠리우스상

만든 수금竪琴(하프)을 빌려 타면서 무사[뮤즈]들의 지휘를 하던 태양신으로 〈Wednesday〉와는 관계가 없다.

그런데 유피테르라는 것은 그리스 신화의 제우스와 동격인 로마 신이며, 제우스는 크로노스와 레아의 막내아들로 태어나 번개를 무기로 삼아 법과 질서를 담당하였고, 올림포스 신들의 위에 군림한 최고신이며 목성의 신으로서, 모차르트의 음악에도 이름을 남긴 신으로 친숙하다.

또한 일출 전에 나타나는 금성을 〈새벽의 명성明星〉 호스호루스, 일몰 후에 볼 수 있는 것을 〈저녁의 명성〉 헤스페리스라 하는데, 그 은색으로 반짝반짝 빛나는 아름다움에서 고대인들은 하늘의 미녀로 간주했던 것인지, 아름다움과 사랑의 여신 베누스[그리스 신 아프로디테]는 금성의 신으로서 또한 4월의 이름으로 자연스럽게 받아들여졌다.

그런 까닭에 로마에서는 각각 〈유피테르의 날〉(dies Jovis), 〈베누스의 날〉(dies Veneris)이 목요일·금요일로 되어 있고, 현재에도 프랑스어·스페인어·이탈리아어에는 약간 구조가 변한 것으로 jeudi·vendredi(프랑스), jueves·viernes(독일), giovedi·venerdi(이탈리아)로 남아있다.

【영어의 일곱 요일 이름의 〈유래〉】

그러면 영어의 화요일이 〈티르의 날〉이라는 말은 어디에서 온 것일까.

결론부터 말하자면 영어의 Tuesday(화요일)·Wednesday(수요일)·Thursday(목요일)·Friday(금요일)도 조사해 보면 하나의 동일한 신화에 부딪히게 된다. 그것은 북유럽 신화, 즉 바이킹들의 신화의 세계이다. 약간 생소한 이름들이 다양하게 등장하는데 여기에서 그 세계를 잠깐 살펴보기로 하자.

북유럽 신화에서 천지의 창조, 이 세상에 있었던 것은 〈긴눈가갑프〉라는 안개가 자욱이 긴 틈으로, 땅 밑바닥 강에서 올라온 짙은 안개도 얼음 덩어리가 되어 얼어버리는 한랭寒冷한 세계였다. 단지 남쪽에 타오르는 불로 빙하를 녹이는 불의 나라 〈무스페르하임〉이 있었다고 한다.

자못 북유럽다운 대자연의 엄격함 속에서 생겨난 신화이지만, 그 녹은 얼음덩어리 속에 깃든 두 가지 생명의 하나가, 최초의 신 이미르(Ymir)라고 하는 서리(霜)의 거인이었다.

그로부터 한참 후 오딘Odin 등의 삼형제 신이 태어났다. 이 오딘이 실은 수요일의 이름 위에 붙게 되었는데, 조금 이야기를 계속하기로 하자.

세계에 둥근 대지와 대지를 둘러싸고 있는 바다가 만들어진 것은, 이 삼형제 신이 이미르를 죽이고 그 신체로는 대지를, 피로는 바다를, 뼈로는 산을, 머리카락으로는 수목樹木을, 두개골로는 하늘을 만들었기 때문이라고 한다.

불의 나라에서 흩어지는 불꽃을 모아서 태양과 달을 만들고, 작은 불꽃으로 별을 만들어서 하늘에 아로새긴 오딘은, 두 명의 거인[소루와 마니]에게 태양과 달을 옮기도록 하여 하늘을 운행토록 하였다. 그렇지만 두 명의 거인이 두 마리의 늑대에게 쫓겨 도망치기 때문에 북유럽에서는 태양이나 달도 하늘에 나오기만 하면 곧 서쪽으로 기울어진다고 전해진다.

또한 오딘들은 대지의 한가운데에 〈밋드가르드〉라는 인간의 나라를 만들고, 그 다음에 야훼[여호와]가 아담과 이브를 만든 것처럼, 물푸레나무로 남성 〈아스크〉를 느릅나무로 여성 〈엔브라〉를 만들어서 오딘이

오딘의 형상

생명과 영혼을 불어넣었고, 두 명의 형제가 이성·감성·언어를 각각 불어넣었다고 한다.

이와 같이 오딘은 이 우주와 인류 탄생에 관련이 있는 아주 위대한 신으로서 옛날부터 북유럽 사람들의 신앙의 대상이었다.

오딘은 지혜를 갖기를 원하였으므로 지혜의 샘물 신 미미르에게 부탁하여 그 물을 마시는 대신 상으로 한쪽 눈을 샘물에 던져넣었기 때문에 외눈박이가 되었지만, 전지전능의 지혜를 갖고 신의 나라 아스가르드에 사는 상급신 아시르 신족神族 위에 군림하였다고 한다. 고대 북유럽의 문자인 룬문자를 발명하고 문화와 시가詩歌를 담당하는 신으로서, 하늘색 망토에 차양이 넓은 모자를 눈 깊숙이 눌러쓰고 슬레이프니르라는 다리가 8개 달린 말을 타고, 군그니라는 던지면 반드시 죽일 수 있는 창을 손에 든 오딘—그 모습은 북유럽 사람들에게 가장 많이 신앙되었던 신이라 말할 수 있을 것이다.

바그너의 가극에 《와르큘레》라는 작품이 있는데, 《와르큘레》란 와르하라에 있는 오딘의 저택에 사는 시녀들이라는 말로서 그 여자들이 창과 방패를 울리면서 선상에서 죽은 병사를 맞으러 가는 모습을 방불케 하는 가극이다.

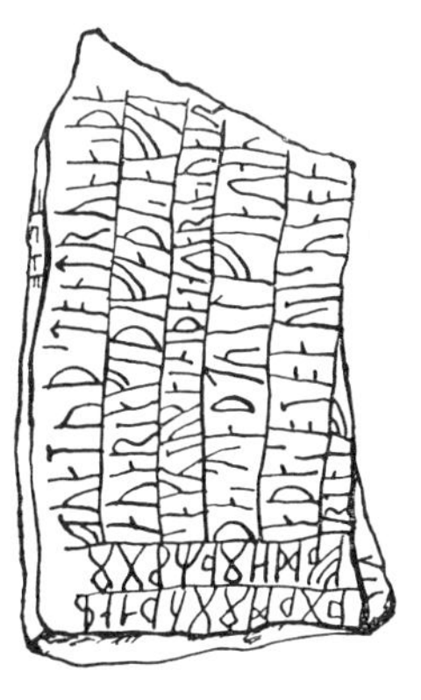

룬문자

토르신

그러면 머리말은 이 정도로 하고, 영어의 요일로 되돌아가면 이 최고신 오딘에게 붙여진 날이 〈Wednesday〉로서, 오딘Odin이 오덴Woden · 웨덴Weden으로 변하고 그 위에 〈무엇무엇의〉를 나타내는 〈es〉가 붙어서 오늘날의 형태가 되었다고 말할 수 있다.

마찬가지로 목요일 〈Thursday〉라는 것은 오딘의 6명의 자녀 가운데 한 사람으로, 무용武勇으로 이름이 높은 번개신이며 농경신인 토르Thor를 찬미하는 날인 셈이다.

고대 북유럽 바이킹들에게 강렬한 섬광과 굉음을 울리며 한순간에 커다란 나무를 불태우고 쓰러뜨리는 번개는 대자연의 공포스러움을 대표하는 존재였을 것이고, 그것이 또한 죠르닐 방망이라 하여 적을 무찌르고 되돌아오는 강력한 무기를 손에 들고 산양山羊이 끄는 이륜차를 타고 세계를 여행하는 번개신의 이미지로 사람들의 마음에 새겨져 있는 것도 당연한 일이었으리라.

화요일 〈티르의 날〉이라는 것은 역시 오딘의 막내아들로서 용감무쌍

【북유럽 신화의 우주수宇宙樹 〈유그드라시르〉】

서리(霜)의 거인 이미르와 함께 세계 최초의 살아 있는 동물이 된 암소 〈아우드무라〉가 핥은 서리의 바위 사이에서 첫날에 머리카락, 이틀째에 머리가 나타난 것이 최초의 신 부리였지만, 이미르는 그의 아들 오딘들에게 살해되었다. 그 사체에서 자라난 것이 〈유그드라시르〉라는 거대한 물푸레나무로, 그 나무 위에 신의 나라 〈아스가르드〉가 있고, 그 세 개의 뿌리는 밋드가르드 · 요츤하임 · 안개의 나라 니후르하임으로 뻗어 있다고 한다. 뿌리 밑에는 세 개의 샘, 세 여신이 지키는 운명의 샘 우르도의 샘, 미미르가 지키는 지혜의 샘인 미미르의 샘, 암흑의 화신인 용이 사는 후벨게르미르의 샘이 있다.

유그드라시르

한 군신軍神 티르Tyr를 찬미하는 날이다. 이 티르가 튜우튼Teuton(게르만 인종의 하나)계로서 Tiw·Tiu가 되었고, 거기에 〈es〉가 붙어서 Tuesday가 되었을 따름이다.

그런데 로마에는 돌벽에 조각된 사람 얼굴의 형상이 있는데 거짓말쟁이가 그 입에 손을 넣으면 빠지지 않는다는 전설이 있으며, 스칸디나비아에도 승냥이의 입에 손을 넣은 티르신의 신화가 있다.

신들의 나라 아스가르드에는 몇 마리의 거대한 승냥이가 나타나서 세계를 멸망시킨다는 예언이 있었다. 그렇지만 거인의 나라 요츤하임에 거대한 승냥이[헨리르—제3장 첫머리에 있는 그림]가 살고 있었기 때문에, 티르는 오딘에게 명령하여 그 승냥이를 사육하도록 했다.

그러나 그 승냥이는 쇠사슬로 묶으려 해도, 승냥이가 커다란 몸뚱이를 흔들기만 해도 사슬이 토막토막 끊어져 버렸다. 오딘은 산의 정령에게 명하여 마법의 사슬을 만들도록 했다. 그것은 그레이푸니르라 하며, 세계 속의 고양이 발소리, 여자의 수염, 암석의 뿌리, 물고기의 숨소리, 곰

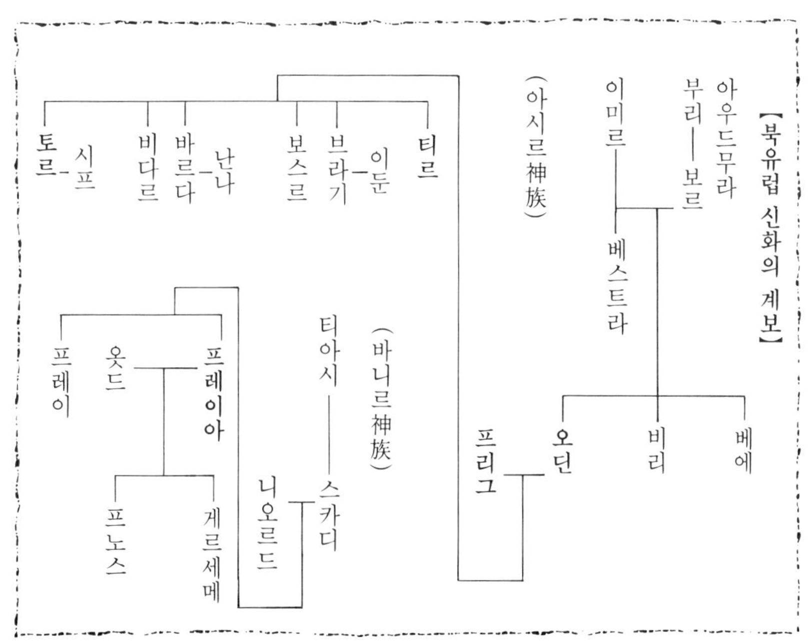

의 힘줄, 새의 타액을 모두 모아서 만든 비단처럼 보드랍고 눈에 보이지 않는 사슬이었다.

그렇지만 그것을 자를 마법의 쇠사슬은 없을까, 하고 수상쩍게 여긴 승냥이는 누군가가 자신의 입에 손을 넣어둔다는 조건으로 결박하는 것에 동의했다. 그것을 위해서 그 인질로 뽑힌 것이 티르이다.

이렇게 해서 승냥이는 마법의 쇠사슬로 묶이게 되었지만, 쇠사슬을 흔들어서 끊어버리려고 초조하게 휘둘러도 마법의 쇠사슬은 꿈쩍도 하지 않았다. 속았음을 알고 미칠 듯이 화가 난 승냥이는 입 속에 들어있던 티르의 오른손을 이빨로 잘라버렸는데, 그로 인해 세계는 멸망에서 구해졌다고 한다.

역시 여담이지만 이 마법의 쇠사슬을 만들기 위해, 온 세상의 고양이는 발소리를 내지 않게 되었고 여성은 수염이 나지 않게 되었으며, 암석에는 뿌리가 없어지고 물고기는 폐호흡을 하지 않게 되었으며, 곰은 나무에 오르지 못하게 되었고 새는 침이 없어졌다고 한다.

【금요일에 얽힌 숨겨진 이야기들】

금요일(Friday)은 로마 신화의 비너스[베누스]와 같이 바다의 나라에

티르신과 승냥이를 본뜬 릴리프

서 태어났고, 가장 자비롭고 아름답다고 해서 사랑과 아름다움과 풍요의 여신 프레이아Freija로 받들고 있다. 즉 〈프레이아의 날〉이 〈프라이데이〉가 되었다고 할 수 있고, 이 날은 꽃을 사랑하고 음악을 좋아하는 사랑과 봄의 여신으로 젊은이들이 소원을 말하며 사랑의 성취를 기도하는 날이다.

덧붙여서 오딘의 황후인 여신 프리그Frigg는, 독일어 〈숙녀〉(Frau)의 어원이며, 결혼을 담당하고 미래를 예지하는 신으로 알려져 있으며, 독일의 젊은 아가씨들은 기품있는 여신 프리그를 이상의 여성으로 생각하고 있는 사람이 많다고 한다. 그 탓인지 〈프레이아의 날〉은 여신 프리그와 혼동하여, 북유럽에서는 〈프리그의 날〉로도 불리고 있다.

이야기가 빗나갔지만 오늘날에도 세계적으로 보면 〈13일의 금요일〉을 꺼리는 사람들이 많다.

그리스도가 유월절날 저녁, 야곱의 집에서 열두 명의 제자와 최후의 만찬을 함께 했을 때 그 중의 한 사람인 유다의 배반으로 그리스도는 책형磔刑을 당했다. 그 이후 서구에서는 오늘날에도 13이라는 숫자가 불길하다고 여기고 있다.

그렇기 때문인지 서구에는 〈13공포증〉이라는 말까지 생겨나게 되었고, 〈악마의 한 다스〉(devil's dozen)라는 운 나쁜 13의 숫자에 병적인 반응을 보이는 사람이 있다. [13공포증을 영어로 〈triskaidekaphobia〉라

아담 등이 유혹받은 날?

하는데, 이것은 〈3〉(tris) 〈과〉(kai) 〈10〉(deka)의 〈병〉(phobia)이 된다.]

금요일[13일의]을 꺼리는 것은 그리스도가 부활한 날을 주의 날로서 그 날을 일요일로 정했는데, 그리스도는 책형을 당하고 3일 후에 부활했다고 하므로, 역산逆算하면 책형을 받은 날이 금요일에 해당하기 때문이라고 한다. 또한 아담과 이브가 신을 배반하고 뱀에게 유혹되어 금단禁斷의 〈지혜의 나무 열매〉를 먹은 것이 금요일이었다고도 일컬어지며, 북유럽에서는 금요일을 〈악마의 안식일〉이라 하며, 마녀가 회합會合하여 사랑과 아름다움의 여신 프레이아를 내쫓는 날이라고도 부른다.

오늘날에도 서구에서는 13명이 회식會食하면 그 중 한 사람이 그 해 안에 죽는다는 미신이 남아있다. 이탈리아에서는 추첨번호에 13이 없고, 터키에서는 13이라는 숫자를 사용하지 않는다고 한다.

한편 중국에서는 은殷시대에 윤달 대신에 13월을 채용했다고 하며, 일본에서도 13이라는 숫자에 불길하다는 감각은 없으므로 갖가지로 쓰인다. 에도(江戸)시대에는 남녀 아이들이 13세가 되면 속옷을 선물하여 성인됨을 축하하였는데, 현재에도 관서關西 지방에서는 〈쥬산 마이리〉라 하여 13세가 된 어린이가 4월 13일에 한 사람 몫을 하게 되었다고 해서 허공장보살虛空藏菩薩(한없는 지혜・자비를 베푸는 보살)에게 참배하는 풍습이 남아있는 곳이 있다. 이것은 관동關東 지방에서 11월 15일에 행하는 〈칠오삼七五三〉(아이들의 성장을 축하하는 행사. 남자는 3세・5세, 여자는 3세・7세가 되는 해 11월 15일에 새옷을 입혀서 마을을 지키는 신에게 참배하는 행사)과는 대조적이다.

【토요일의 유래와 크리스마스】

그런데 주말인 토요일의 〈Saturday〉도 북유럽 신화의 신의 이름에서 나온 것인가 하였더니, 북유럽의 신들에게서는 그럴 듯한 이름이 발견되지 않는다. 〈세터데이〉라는 것은 이상한 일이지만, 로마의 농경신인 사투르누스Saturnus를 받들어 모시는 날이다.

본래 사투르누스[그리스 신 크로노스]는 제우스에게 쫓겨나서 이탈리아로 도망가 풍요의 신이 된 신이다. 무력으로 나라를 일으킨 로마는 도시국가의 초보단계로서 농업을 중요시했기 때문에 사투르누스를 찬미했던 것은 당연하다.

그러면 유럽의 다른 나라에서도 사투르누스를 찬미하여 요일 이름 속에 남겼는가 하면 반드시 그렇지는 않다.

이미 서술한 바와 같이 성서에는 신이 천지창조를 마치고 7일째 되는 날 휴식했다고 하며, 그 위업이 성스럽다고 해서 7일째를 〈사바툼Sabbatum〉으로 정했다. 이것이 소위 〈안식일〉이며, 유대인들은 신의 명령대로 그것을 주말로 하여 〈토요일〉로 정하였다.

그리스도교에서는 안식일을 일요일로 정했지만, 그리스도교의 근원이 되는 유대교에서 토요일을 안식일로 했던 흔적은 이탈리아어·스페인어·프랑스어에도 남아있으며, sabato·sábado·samedi와 같이 이러한 언어에는 토요일은 〈안식일〉이라는 뜻이 담겨있다.

또한 이슬람교에서는 금요일이 안식일로 되어 있으므로 이슬람권에서 유대권으로, 그리고 그리스도교권으로 금요일에서 일요일에 걸쳐서 여행하면, 안식일이 3일을 계속되므로 마을은 조용하지만 가게가 문을 닫아서 자칫하면 3일간 제대로 식사를 할 수 없어 괴로운 처지에 빠질지도

성서에서는 수태고지의 날로부터 그리스도가
탄생하기까지를 9개월로 하였다.

모른다.

프랑스·스페인·이탈리아 등에서 토요일 이름으로 남겨져 있지 않은 것인 사투르누스는, 인류에게 경작을 가르쳐 주고 포도를 기를 수 있게 해주었기 때문에 12월 17일부터 7일간에 걸쳐서 예전에 로마에서는 나라를 통틀어서 사투르누스를 찬미하는 〈사투르나리아〉 축제를 열어서 축하했다. 이 축제에서 1년을 단위로 정한 기간이 끝난 노예에게 자유가 주어졌고, 사람들은 선물을 교환하며 촛불을 켜고 생활을 잊고서 사투르누스를 찬미했다.

그리고 실은 이 사투르나리아의 최종일이 〈정복되지 않는 자의 탄생일〉(dies natalis Invicti)로서 현재의 크리스마스가 된 것이다. 왜냐하면 〈사투르나리아〉가 최고조에 달하는 최종일이 동지冬至에 해당되도록 계획되어 있었기 때문이지만, 크리스마스도 역시 태양 부활의 날 〈동지〉를 축하하여 정한 날이었기 때문이다.

성서에 있는 그대로 천사 가브리엘이 마리아의 뱃속에 신의 아들이 잉태되어 있다는 것을 알린 때는 3월 25일 〈수태고지受胎告知의 날〉이다. 그리스도는 그로부터 약 9개월이 지나서 태어났다. 따라서 그리스도는 12월 25일에 태어난 셈이며, 그 날이 바로 그리스도의 탄생일 크리스마스로 제정되었다. 따라서 크리스마스는 이 세계의 빛이며 태양인 그리스도의 탄생이라는 의미를 담고 있으며, 태양신 미트라의 탄생일 〈동지冬至〉를 기념하는 날로 정해진 것이다. 그렇지만 계산상의 혼란함으로 인해 현재는 동지와 크리스마스는 일치하지 않는다.

【색다른 1주간 — 주5일】

1주간을 7일로 하는 것은 세계적으로 공통이지만, 인도네시아 등지에서는 현재에도 1주간 7일제와 5일제 양쪽을 겸용하고 있다. 주 5일이라는 것은 자바인이 옛날부터 사용해 온 것으로, 이것은 본래 5라는 숫자에 신비한 힘이 있다고 해서 신성시했던 점에서 비롯되었다. 즉 동서남북과 중앙을 5로 생각한 것인데, 실제로는 국내의 생산물이 지방에 따라서 달랐기 때문에 물자를 서로 교환하는 시장을 여는 날로써 5일마다 주週가 제정되었던 것이다.

〈Legi〉〈Pahing〉〈Pon〉〈Wage〉〈Kliwon〉이라는 것은 각각 동서남북과 중앙의 각지구에서 시장이 열린 날로 달력 속에서 아래표와 같은 순서로 기록되어 있다. 특히 농민과 상인은 이 주 5일에 따라서 생활의 리듬을 맞추었고, 그 각각의 모양의 뜻에 따라 일상생활이 좌우되었다.

이것과는 다르지만 현재 일본에서도 〈5·10일〉이라 하여, 매달의 5일·10일을 어음결제일로 하고 있으며, 이러한 날에는 도로의 교통정체가 심해진다고 한다.

【육요六曜에 관하여】

일본에는 1주일이 6일로 이루어진 〈육요六曜〉라는 것이 있으며, 현대사회에서도 미신으로 유행되고 있다. 육요六曜란 아는 바와 같이 〈선승先勝〉(음양도에서 급한 용무 또는 공적인 일 등에 저합하다고 하는 날) 〈우인友引〉(음양도에서 사물의 승패가 없다는 날) 〈선부先負〉(음양도에서 급한 용무·공적인 일 등을 기피하는 날) 〈불멸佛滅〉(음양도에서 만사가 흉하다고

【5일주의 상의象意】				
5일주	방위	색	자연	물자
Legi(충일하지 않는 날)	東	白	水	食料品
Pahing(부여받는 날)	南	赤	山	金
Pon(악일)	西	黃	―	酒
Wage(충실한 날)	北	黑	火	肉
Kliwon(지혜를 주시는 날)	中央	混色	地	―

하는 가장 나쁜 날) 〈대안大安〉(음양도에서 여행·결혼 등에 길하다는 날)
〈적구赤口〉(음양도에서 만사가 흉하다는 날)를 말한다. 이것은 중국에서
한나라시대에 〈육행설六行說〉이라 하며, 모든 사실과 현상을 여섯 가지
로 나눈 이론이 생겨난 것이 나중에 〈오행설〉로 인해 모습을 감춘 그 나
머지를 말한다.

육행설은 무로마치(室町)시대에 일본에 전해졌고 에도(江戸)시대에도
날짜를 헤아리는 데 사용되었지만, 점차적으로 미신적인 요소가 강해져
〈쥬니쵸쿠十二直〉〈니쥬하치슈쿠二十八宿〉그외 역주曆注가 널리 퍼져
서 폐단이 많아졌기 때문에, 에도 바쿠후(江戸幕府)에서도 종종 금지령
을 내렸으며, 메이지(明治)시대로 들어와서 음력이 폐지되고 양력이 채
용되었을 때 모든 역주曆注는 금지되었다.

그렇기 때문에 이제까지 사용되고 있던 역주曆注는 전면적으로 달력
상에서 모습을 감추었지만, 〈육요六曜〉는 에도시대부터 표면적으로 사
용하지 않았기 때문에 금지의 대상이 되지 않았다. 그리고 7요일만으로
된 달력에서는 아무런 낌새도 없으므로 금제禁制(법률이나 규칙으로 금하
는 일)를 용케 피한 육요가 살아남아서, 특히 제2차대전 후 출판의 자유
가 명문화되면서부터는 다른 역주曆注가 부활될 여지도 없을 정도로 〈육
요〉가 뿌리깊게 정착하여 오늘에 이르고 있다.

결혼식에 있어서의 〈육요六曜〉

　　그러면 여기서 이 〈육요〉가 어떻게 결정되어 있는가를 살펴보자. 음력 1월과 7월의 1일을 선승先勝, 2월・8월의 1일을 우인友引, 3월・9월의 1일을 선부先負, 4월・10월의 1일을 불멸佛滅, 5월・11월의 1일을 대안大安, 6월・12월의 1일을 적구赤口로 한 것이다.

　　음력 각달의 1일이 이상과 같이 정해지면 다음은 1일이 선승이 되고, 2일 이후는 우인・선부・불멸・대안・적구・선승………의 순서로 1일씩 배당되는 것이다. 그리고 1개월의 말일이 어떤 육요일로 끝나든 다음 달 1일은 최초에 정해 놓은 육요일부터 시작되므로 순번이 뛰는 일이 많다.

　　육요일은 음력을 본래대로 사용하고 있으므로, 현재 우리들이 사용하고 있는 그레고리오력으로는 정할 수가 없다. 음력과 태양력의 관계식關係式은 대단히 어려우므로, 구력에 바탕을 둔 육요일은 태양력으로 보면 완전히 불규칙하게 보인다. 더욱이 약 1개월마다 생기는 육요일의 불연속이 우리들로서는 이해하기 어렵고, 그래서 신비감을 느끼기 때문에 미

【〈육요六曜〉의 계산법】

　　이 계산에서는 y는 $mod\ z$에 관해 x와 합동이라고 하는 합동식 $y \equiv x\ (mod\ z)$를 사용하는데, 이 설명은 제1장에서 설명하였으므로 여기서는 생략한다. 음력의 달을 m, 날을 d로 하여,

$$m + d - 1 \equiv s \, (mod\ 6) \qquad 1 \leqq s \leqq 6$$

을 만족시켜 주는 s를 계산하여 대응표에서 구한다.

　　예를 들어 음력 7월 7일 〈칠석〉날의 육요를 계산으로 구하면,

$$7 + 7 - 1 \equiv 1 \, (mod\ 6)$$

이 되므로 아래의 대응표에서 s의 1을 보면 〈선승先勝〉이 된다.

　　추석의 보름달, 음력 8월 15일이 반드시 불멸佛滅의 날이라는 것도, 아래의 식식에 의하여 알게 될 것이다.

$$8 + 15 - 1 \equiv 22 \equiv 4 \, (mod\ 6)$$

s	1	2	3	4	5	6
六曜	先勝	友引	先負	佛滅	大安	赤口

신으로 받아들이며 적당한 즐거움이 숨겨져 있어서 더욱 인기가 있을는지도 모른다.

계산으로 육요일을 구하는 방법이 있는데, 그러기 위해서는 음력에 따른 날짜 정하는 법을 알지 않으면 안 되므로 계산보다도 음력으로 된 달력을 보는 쪽이 빠르다. 수학에 강한 이를 위해서 앞페이지에 나타내어 두었는데, 일반 독자는 무시해도 상관이 없다.

이어서 육요일의 의미와 상의象意를 소개해 두고자 한다.

【선승先勝】 먼저 이긴다는 뜻으로 오전중이 길하다고 한다.

【우인友引】 본래는 유련留連이라 했으며 승부勝負가 머물러 있어서 승부가 없는 날이었지만 〈유련〉에서 〈우인〉이 되었고, 장례식을 치르게 되면 친구를 끌어간다는 미신이 있어서 이 날에는 오늘날에도 장의사葬儀社의 휴일로 되어 있을 정도이다.

【선부先負】 먼저 진다는 뜻으로 오전중이 흉하다.

【불멸佛滅】 본래는 〈공망空亡〉이었던 것이 〈허망虛亡〉으로 바뀌었고, 모든 것이 공허하고 허무하다는 뜻에서 〈물멸物滅〉이 되었고, 부처님도 공덕이 없어졌다고 생각해서 〈불멸佛滅〉이 되었다. 만사에 흉하다고 되어 있다.

【대안大安】 본래는 〈태안泰安〉으로 만사에 길한 날이며, 결혼식과 방침 등의 날로 선택되고 있다.

【적구赤口】 〈적구일赤口日〉이라고도 한다. 그 유래는 적구신赤口神이라고 하는 목성의 동문東門을 지키는 신 밑에 여덟 귀신이 있어서 하루하루 교체하여 수호한다고 되어 있는데, 그 귀신 중에서 팔옥졸신八獄卒神이라는 것이 팔면팔비八面八臂의 모습을 하고 신통력으로 인간을 혼란시킨다고 해서, 이 귀신의 당번날인 제4일째를 적구일이라 부르며 악일惡日이 되었다고 한다.

적구일赤口日은 〈적설일赤舌日〉과 혼동하기 쉬운 다른 날로서, 적설일이라는 것은 적설신赤舌神이라고 하는 목성의 서문을 지키는 신의 부하인 나찰신羅刹神(사람을 잡아먹는 악귀. 또는 지옥에서 죄인을 문책하며 괴롭힌다고 한다)의 당번날을 말하며, 이 귀신이 무시무시한 얼굴로 사람들을 위협하므로 이 날을 악일로 했지만 오늘날에는 사용되지 않는다.

【세계 주요 국어의 1주간 명칭 원의목록】

국 어	日	月	火	水	木	金	土
프 랑 스	主	月	마르스	메르쿠리우스	유피테르	베누스	安息日
이 탈 리 아	主	月	마르스	메르쿠리우스	유피테르	베누스	安息日
스 페 인	主	月	마르스	메르쿠리우스	유피테르	베누스	安息日
포 르 투 갈	主	第二	第三	第四	第五	第六	安息日
영 국	太陽	月	티르	오딘	토르	프레이아	사투르누스
독 일	太陽	月	티르	주의 한가운데	토르	프레이아	太陽日의 前日
네 덜 란 드	太陽	月	티르	오딘	토르	프레이아	사투르누스
노 르 웨 이	太陽	月	티르	오딘	도르	프레이아	洗濯日
덴 마 크	太陽	月	티르	오딘	토르	프레이아	洗濯日
스 웨 덴	太陽	月	티르	오딘	토르	프레이아	洗濯日
핀 란 드	太陽	月	티르	주의한가운데	토르	페룬	洗濯日
그 리 스	그리스도	第二	第三	第四	第五	準備	安息日
러 시 아	復活	週每	第二	한가운데	第四	第五	安息日
폴 란 드	復活	週每	第二	한가운데	第四	第五	安息日
헝 가 리	太陽	7의 첫날	第二	한가운데	第四	第五	安息日
아 라 비 아	第一	第二	第三	第四	第五	集會	安息日
인도네시아	主	第二	第三	第四	第五	集會	安息日
헤 브 라 이	第一	第二	第三	第四	第五	集會	安息日
힌 디	太陽	月	火星	水星	木星	金星	土星
중 국	天	一	二	三	四	五	六
한 국	日	月	火	水	木	金	土

	네덜란드어		포르투갈어		프랑스어
日	zondag	日	domingo	日	dimanche
月	maandag	月	segunda feira	月	lundi
火	dinsdag	火	têrça feira	火	mardi
水	woensdag	水	quarta feira	水	mercredi
木	donderdag	木	quinta feira	木	jeudi
金	vrijdag	金	sexta feira	金	vendredi
土	zaterdag	土	sábado	土	samedi

月曜는 제2일

	노르웨이·덴마크어		영　어		이탈리아어
日	søndag	日	Sunday	日	domenica
月	mandag	月	Monday	月	lunedì
火	tirsdag	火	Tuesday	火	martedì
水	onsdag	水	Wednesday	水	mercoledì
木	torsdag	木	Thursday	木	giovedì
金	fredag	金	Friday	金	venerdì
土	lørdag	土	Saturday	土	sabato

土曜는 洗濯日　　土曜는 사투르누스의 날

	스웨덴어		독일어		스페인어
日	söndag	日	Sonntag	日	domingo
月	måndag	月	Montag	月	lunes
火	tisdag	火	Dienstag	火	martes
水	onsdag	水	Mittwoch	水	Miércoles
木	torsdag	木	Donnerstag	木	jueves
金	fredag	金	Freitag	金	viernes
土	lördag	土	Sonnabend	土	sábado

土曜는 laugardag라고도
부르는 洗濯日

火曜는 티르가 Things,
Dien이 되었다.
토르는 Dona라고도 한다.

인도네시아어

日 Minggu
月 Senen
火 Selasa
水 Rabu
木 Kamis
金 Jumat
土 Sabtu

싱그는 domingo에서
유래되었고, 月曜는
이스닝이라고 읽는다.

폴란드어

日 niedziela
月 poniedziałek
火 wtorek
水 środa
木 czwartek
金 piatek
土 sobota

月曜가 第一日

힌디어

日 रविवार 라위와르
月 सोमवार 솜와르
火 मंगलवार 망가와르(앙카라카의 날)
水 बुधवार 부츠두와르(불타의 날)
木 गुरुवार 구루와르(인드라의 날)
金 शुक्रवार 슈크르와르(슈크라의 날)
土 शनिवार 샤니와르(샤니의 날)

木曜를 教祖의 날이라고도 한다.

헤브라이어

日 יום ראשון 라숀 옴
月 יום (ה)שני 세니 옴
火 יום שלישי 슈리시 옴
水 יום (ה)רביעי 루비이 옴
木 יום חמישי 카미시 옴
金 יום הששי 샤시 옴
土 שבת 샤바트

土曜는 安息日

헝가리어

日 vásarnap
月 hétfő
火 kedd
水 szerda
木 csütörtök
金 péntek
土 szombat

月曜가 第一日,
nap는 太陽의 뜻

그리스어

日 Κυριακή
月 Δευτέρα
火 Τρίτη
水 Τετάρτη
木 Πέμπτη
金 Παρασκευή
土 Σάββατο

金曜는 準備의 날

핀란드어

日 sunnuntai
月 maanantai
火 tiistai
水 keskiviikko
木 torstai
金 perjantai
土 lauantai

金曜는 슬라브의 雷神 페
룬의 날

러시아어

日 воскресенье
月 понедельник
火 вторник
水 среда
木 четверг
金 пятница
土 суббота

月曜가 第一日,
水曜가 週中

아라비아어

日 الأحد 루아하디
月 الاثنين 루이슈나이니
火 الثلاثاء 샤라샤이
水 الأربعاء 루아르비아이
木 الخميس 루카미시
金 الجمعة 루쥼아트
土 السبت 사부투

金曜는 集會의 날

이슬람력

日 الأحد 아르하핫드
月 الإثنين 아르이슈나니
火 الثلاثاء 앗샤라샤
水 الأربعاء 아르아르바
木 الخميس 아르하미시
金 الجمعة 아르쥬마
土 السبت 앗사부트

타이어

日 วัน อาทิตย์ (완나티)
月 วัน จันทร์ (완챤)
火 วัน อังคาร (완앙캉)
水 วัน พุธ (완프츠)
木 วัน พฤหัสบดี (완파르핫사보디)
金 วัน ศุกร์ (완스쿠)
土 วัน เสาร์ (완사우)

金曜는 화신 아그니의 날

중국어

日 星期天
月 星期一
火 星期二
水 星期三
木 星期四
金 星期五
土 星期六

日曜는 天日,
月曜는 第一日

산스크리트어

日 रविवार 라비바라
月 सोमवार 소마바라
火 भौमवार 바우마바라
水 बुधवार 브다바라
木 बृहस्पतिवार 브리하스파티바라
金 शुक्रवार 슈크라바라
土 शनिवार 샤니바라

미얀마어

日 (타닝구강베네)
月 (타닝구라네)
火 (잉그가네)
水 (보우다프네)
木 (캬자바데네)
金 (샤우캬네)
土 (사네네)

한국어

日 일요일
月 월요일
火 화요일
水 수요일
木 목요일
金 금요일
土 토요일

라틴어

日 dies Solis
月 dies Lunae
火 dies Martis
水 dies Mercurii
木 dies Jovis
金 dies Veneris
土 Sabbatum

土曜는 dies Saturni라고
도 한다.

이란어

土 شنبه 샨비
日 یکشنبه 야큐샨비
月 دوشنبه 도유샨비
火 سه شنبه 세샨비
水 چهارشنبه 챠하르샨비
木 پنجشنبه 팡지샨비
金 جمعه 쥬마

1주간은 土曜에서 시작되
고, 金曜는 休日, 木曜는
半休日

말라이어

日 hari satu
月 hari dua
火 hari tiga
水 hari ĕmpat
木 hari lima
金 hari ĕnam
土 hari sabtu

日曜가 第一日, 金曜를
hari juma'at라고도 한다.

제 4 장

옛날 유럽의 달력

【유럽의 달력에 친숙해지기 위해서】

　동서東西의 달력을 펼쳐보면 그곳에서 외국의 수에 대한 사고방식과 셈방식, 특히 그리스·로마의 숫자 표현법에 익숙해질 필요를 느끼게 된다.

　외국어에 강한 이, 질색인 이들은 읽고서 이해하였다 하더라도, 두뇌 훈련을 겸해서 외국어로 표현된 숫자의 예습·복습을 해보도록 하자.

　최근에는 남녀 모두 결혼하지 않는 〈독신〉족이 늘어난다고 할 수 있지만, 현대에도 결혼은 일부일처(monogamy)이다. 이것이 누구든 이미 혼인한 사람이면 중혼重婚(bigamy)죄가 성립되고, 배우자가 세 사람 있으면 삼중혼三重婚(trigamy)이 되며, 이슬람 세계와 같이 네 사람까지 부인을 거느리고 있는 사람은 일부다처(polygamy)가 된다.

　이것을 사랑의 〈더블플레이doubleplay〉〈트리플리플레이triplyplay〉라 말하면 즉각적으로 금방 알 것이며, 〈더블double〉이라는 표현은 야구에서부터 양복, 위스키에 물을 타는 것이라든지, 낙제落第까지 생활에 밀착되어 있다. 〈사중四重의〉라는 것은 무엇일까. 사전을 펼쳐보면 〈quadruple〉라고 나온다. 오중의, 육중의, 칠중의 말을 찾아보면 〈quintuple〉〈sextuple〉〈septuple〉이다.

　그렇다면 〈외알 안경〉(monocle)을 걸치던 것은 18세기의 유행이었는데, 오페라 글라스operaglass(관극용 작은 쌍안경)와 쌍안경은 〈binocular〉라든가 〈binocle〉, 자전거〈bicycle〉은 이륜차로서 일륜차는 〈monocycle〉, 삼륜차는 〈tricycle〉, 트럼프trump의 〈4장 연속〉은 〈quart〉, 같은 조의 5장 연속 포커poker의 스트레이트 플래시straight flash는 〈quint〉라고 말하는 것 같다.

　텔리비젼이나 연주회 또는 레코드에서 종종 발견할 수 있는 언어로서 〈듀엣duet〉, 〈트리오trio〉, 〈퀄티트quartet〉, 〈퀸테트quintet〉, 〈6중주 sextet〉가 있다. 그러면 〈7중주〉는 〈septet〉, 〈8중주〉는 〈octet〉〈9중주〉가 〈nonet〉라고 짐작하고 있는 이도 분명히 있을 것이다.

나츠메 소오세키(夏目漱石)의 《나는 고양이로소이다》 속에서, 이현금
二弦琴의 스승이라는 인물이 나온다. 『덴쇼오 잉(天璋 院 : 귀족 출신으로
토쿠가와 바쿠후(德川幕府) 13대 장군에게 출가했다가 과부가 된 후 불문에 귀
의한 여성) 님 서사書士의 여동생이 출가한 시어머니의 조카딸』이라는
여성이 연주한 이현금이 서양에도 있었는지의 여부는 알 수 없지만, 금琴
이라 하면 〈일현금〉(monochord)을 시작으로 해서 〈삼현금〉(trichord) 이
하 〈사현금〉(tetrachord), 〈오현금〉(pentachord), 〈육현금〉(hexachord),
〈칠현금〉(heptachord), 〈팔현금〉(octachord)으로 다양한 현악기이다.

펜터penta라 하면, 카메라는 어쨌든 미국방성의 속칭은 유명한 〈오각
형〉(pentagon)이므로, 같은 곤gon을 붙이면 〈삼각형〉(trigon), 〈사각형〉
(tetragon), 〈육각형〉(hexagon)이 되고, 칠각형부터 십각형까지 〈hepta-
gon〉〈octagon〉〈nonagon〉〈decagon〉으로 이어진다.

한편 대서양 마魔의 삼각해협이라고 할 때의 〈angle〉계열에서 합하면,
〈triangle〉 이하 〈quadrangle〉(사각형), 〈quintangle〉(오각형), 〈sexan-
gle〉(육각형)이 된다.

계속해서 기하학에서 나오는 몇 면체面體라는 표현을 찾아보면, 〈사면
체〉(tetrahedron)부터 시작해서 차례대로 〈오면체〉〈육면체〉〈칠면체〉
〈팔면체〉〈구면체〉(enneahedron)가 된다. 카메라 등에서 사용하는 〈삼
각三脚〉이라는 것은 문자 그대로 〈세 개의 다리〉(tripod)이지만, 〈여섯
개의 다리〉라 하면 〈곤충류〉(hexapod)이고, 십각十脚이 되면 게나 새우
종류의 〈십각류〉(decapod)를 가리키는 것이 된다. 그런데 라틴어의
centum은 백百이므로 〈지네〉(百足)를 〈centipede〉라 하고, 〈천千〉
(mille) 개의 발을 가진 생물(millepede)은 〈노래기〉가 된다. 서구인의
눈에는 노래기 쪽이 지네보다 10배나 발이 많다고 본 것이 흥미롭다.

영어에서 〈million〉은 〈백만百万〉(10^6)이며, 〈billion〉은 미국에서는
1000×1000^2으로 10억(10^9), 영국에서는 백만의 2승으로 1조를 말한다.
〈trillion〉은 미국에서는 1000×1000^3으로 1조(10^{12}), 영어에서는 백만의
3승으로 백경百京. 〈quadrillion〉은 미국어로 1000×1000^4이므로 1천조
(10^{15}), 영어로는 백만의 4승, 즉 일자一秭이다. 또 〈quintillion〉은
1000×1000^5이 되어 백경百京(10^{18})이며, 영어로는 백만의 5승으로 백양

【큰 수를 영어로 나타내면】

	미국·프랑스의 사용방법	영국·독일의 사용방법
million	$100萬=10^6$	$100萬=10^6$
milliard	$10億$	
billion	$10億=10^9$	100만의 2승$=10^{12}$
trillion	$1兆=10^{12}$	100만의 3승$=10^{18}$
quadrillion	$1000兆=10^{15}$	100만의 4승$=10^{24}$
quintillion	$100京=10^{18}$	100만의 5승$=10^{30}$
sextillion	$10垓=10^{21}$	100만의 6승$=10^{36}$
septillion	$1秭=10^{24}$	100만의 7승$=10^{42}$
octillion	$1000秭=10^{27}$	100만의 8승$=10^{48}$
nonillion	$100穰=10^{30}$	100만의 9승$=10^{54}$
decillion	$10溝=10^{33}$	100만의 10승$=10^{60}$
undecillion	$1澗=10^{36}$	100만의 11승$=10^{66}$
duodecillion	$1000澗=10^{39}$	100만의 12승$=10^{72}$
tridecillion	$100正=10^{42}$	100만의 13승$=10^{78}$
quattuordecillion	$10載=10^{45}$	100만의 14승$=10^{84}$
quindecillion	$1極=10^{48}$	100만의 15승$=10^{90}$
sexdecillion	$1000極=10^{51}$	100만의 16승$=10^{96}$
septendecillion	$100恒河沙=10^{54}$	100만의 17승$=10^{102}$
octodecillion	$10阿僧祇=10^{57}$	100만의 18승$=10^{108}$
novemdecillion	$1那由他=10^{60}$	100만의 19승$=10^{114}$
vigintillion	$1000那由他=10^{63}$	100만의 20승$=10^{120}$
centillion	10^{303}	100만의 100승$=10^{600}$

百穰이라는 이루 헤아릴 수 없는 커다란 숫자가 된다.

이하에 계속 이어서 소개하면, 〈sextillion〉([美國] $1000 \times 1000^6 = 10^{21}$로써 십해十垓, [英國] 백만의 6승, 1간一澗), 〈septillion〉([美國] $1000 \times 1000^7 = 10^{24}$으로 일자一秭, [英國] 백만의 7승, 백정百正) 〈octillion〉([美國] $1000 \times 1000^8 = 10^{27}$, 천자千秭, [英國] 백만의 8승, 일극一極) 〈nonillion〉([美國] $1000 \times 1000^9 = 10^{30}$, 백양百穰, [英國] 백만의 9승, 백항하사百恒河沙) 〈decillion〉([美國] $1000 \times 1000^{10} = 10^{33}$, 십구十溝, [英國] 백만의 10승, 일나유타一那由他 10^{60})이 있다.

이미 느낀 바와 같이 이것들은 대부분 라틴어·그리스어의 숫자 부르는 방식에서 나온 것이므로 옆면에 그 일람표를 참고로 실어두었다.

【1에서 10까지를 나타내는 말】

라틴어의 〈1〉은 unus로, 그리스어에서는 eis로 나타낸다. 일본어에서도 〈유니폼uniform〉괴 〈유니크unique〉〈유니트unit〉(단위) 등 그대로 표기된 것이 많지만, 그외 〈우주〉(universe) 〈일각수一角獸〉(unicorn) 〈1가價의〉(univalent) 등이 있고, 또한 〈독점〉(monopoly) 〈단색〉(mono-

〈일각수一角獸〉유니콘

chrome) 〈단세포 생물〉(monad)의 mono도 〈1〉이라는 뜻이다.

　마찬가지로 〈2〉는 duo로, 〈양자의〉(dual)라든가 〈이원론〉(dualism), 이것인지 저것인지 두 가지를 생각하는 즉 〈의심하다〉(doubt), 두 개의 주사위의 〈같은 눈〉(doublet, ch, ou)과 같이 두 글자로 한 음흡을 나타내는 〈중자重字〉(digraph)에서 볼 수 있다. 또한 bi-가 〈2〉를 나타내는 말로 〈두 개의 국어를 말한다〉(bilingual), 〈격월隔月〉(bimonthly) 혹은 〈비스킷〉(biscuit, 프랑스어로는 앞뒤 두 번 굽다라는 뜻) 등이 있다. 또 한 가지 〈…의 사이에〉(between), 〈박명薄明〉(twilight), 〈쌍둥이〉(twin), 〈두번째〉(twice) 등, 〈twi-〉에도 〈2〉의 뜻이 있다는 점을 상기해 주기 바란다.

　〈3〉은 라틴어로 〈tres〉이며, 그리스어로 〈treis〉가 된다. 〈격주隔週〉에 〈bi-〉를 사용하고 있지만, triweekly(주 3회)의 뜻이 있으므로 이상하다. 〈삼엽충三葉蟲〉(trilobite), 〈삼각대〉(trivet)라든가, 〈어부지리를 얻은 제3자〉라고 말할 때에 〈tertius gaudens〉라 하며, 또한 예스Yes와 노우No 이외에 제3의 입장은 없다고 하는 〈배중률排中律〉(tertium non datur)에도 사용되고 있다.

　라틴어의 〈4〉는 〈quattuor〉로 연결되며, 그리스어에서는 해안의 호안護岸(해안이나 강가를 흐름이나 물결로부터 보호하여 무너지지 않게 하는 일)

1	2	3	4	5	6	7	8	9	10
unus	duo	tres	quattuor	quinque	sex	septem	octo	novem	decem
eis	duo	treis	tetares (tetra)	pente	hex	hepta	okto	ennea	deka

【라틴어의 수(上)와 그리스어의 수(下)】

에 사용하는 〈테트라 포트〉와 우유의 삼각상자 〈테트라 파크〉의 〈tetra〉이다. 〈4인조 무용〉(quadrille), 〈4분의 1〉(quarter), 〈4행시〉(quatrain), 〈4개 조組〉(tetrad) 등이 있다.

〈5〉는 라틴어로 〈quinque〉라 한다. 바이올린은 본래 현弦이 5줄이었으므로 최고 현弦을 〈quinte〉라 하지만, 그리스어의 pente(penta-) 쪽이 인상에 남은 듯하다. 〈5종 경기〉(pentathlon)와 그리스도교에서 유월절 逾越節부터 오순五旬째의 성령강림제 〈오순절五旬節〉(Pentecost) 등 많이 남아있다. 후르츠 펀치fruits punch라는 것은 산스크리트어의 〈5〉(penca)가 어원이며, 예전에는 레몬·차·아크라 주酒, 설탕에 물 5종류를 칵테일한 것이었던 듯하며, 최근에는 포트 와인port wine(달콤한 맛이 있는 적포도주)과 같은 맛을 내는 것이 많은 듯하다.

〈6〉은 〈6분의六分儀〉가 〈sextant〉인 것처럼, 라틴어에서는 〈sex〉, 그리스어에서는 〈hex〉이다.

〈7〉은 라틴어의 〈septem〉으로, 〈Septuagint〉라 하면 〈그리스어 역譯 구약성서〉라는 말이다. 기원전 270년 무렵 72명의 학자가 72일간에 걸쳐서 번역했다고 한다. 〈7년간이〉(septenary), 〈70대의 사람〉(septuage-narian), 〈9월〉(September) 등도 〈7〉에서 생겨났다. 그리스어 7은 〈hep-ta〉로서 〈7개의 한 무리〉(heptad)에서 볼 수 있다.

로마의 건국시조 로물루스

라틴·그리스어의 〈8〉(octo)은 음악의 〈옥타브〉(octave), 〈10월〉(October)로 표현되어 있다. 또한 다리가 8개 있는 문어도 〈octopus〉라 말하지만, 오징어는 다리가 10개이므로 비슷한 표현법이 있을 것이라고 생각되나 〈cuttlefish〉가 된다.

마찬가지로 〈9〉는 〈novem〉으로, 영어의 〈정오〉(noon)는 일출부터 9시간째라는 뜻이라고 한다. 또한 각달의 5일(7일의 경우도 있다)을 로마 시대에 〈nones〉라고 했는데, 이것은 나중에 서술할 〈이두스의 날〉(idus)로부터 헤아려서 9일 전에 해당되기 때문이다. 〈11월〉(November)도 〈9〉에서 나왔다. 그리스어의 〈9〉는 〈ennea〉로, 영어의 〈enndead〉도 〈9〉이다.

〈10〉은 라틴어로 〈decem〉, 그리스어로 deka(deca)이다. 복카치오의 《데카메론 Decameron》, 〈10종 경기〉(decathlon), 〈10년간〉(decade), 〈10진법의 소수小數〉(decimal), 〈12월〉(December), 그외 도량형의 〈10리터〉(decaliter), 〈10분의 1리터〉(deciliter)와 같이, 같은 10의 의미로서 그리스어 〈데카〉는 10배, 라틴어계의 〈데시〉가 10분의 1을 나타내는 점은 흥미롭다.

더욱이 이것은 라틴어의 〈백〉(centum), 〈천〉(mille)은 그리스어의 〈hecto〉나 〈kilo〉의 경우와도 같은 것이다. 즉 〈백분의 1미터〉(centimeter) 〈천분의 1 그램〉(milligram)에 대해서 〈백 미터〉(hectometer), 〈천 그램〉(kilogram)으로 되어 있다.

【September는 왜 9월일까】

그런데 이제까지 1부터 10까지의 고대 언어를 살펴본 바로는, 〈septem〉〈octo〉〈novem〉〈decem〉은 각각 〈7〉〈8〉〈9〉〈10〉이라는 뜻이었다. 그러면 영어의 〈September〉〈October〉〈November〉〈December〉는 7월·8월·9월·10월이 되어야 하는데, 현재 사용되고 있는 September는 〈9월〉이라는 뜻이다. 왜 거기에서 2개월의 차이가 있는 것일까. 역사의 흐름 속에서 달력의 부르는 방식이 틀려진 것일까. 혹은

1년의 구분방식이 달라진 것일까.

　일곱번째의 달을 의미하는 September는 대체 어떠한 이유로 〈9월〉이 된 것일까. 실은 이 점이 우리들이 〈역曆〉의 내력을 조사하는 데 있어서 대단히 중요한 것이다.

　〈달력〉에는 태양력과 태음력이 있어서 그 각각에 오래된 역사가 있지만, 현재 우리들이 사용하고 있는 것은 〈그레고리오력〉이라는 태양력이다.

　이 태양력의 기원을 더듬어보면, 멀리 고대 이집트까지 거슬러 올라가는데, 이것은 1개월을 30일로 하고 1년 12개월에 5일을 더해서 365일로 한 상당히 본격적인 달력이었던 것 같다.

　이밖에도 고대 오리엔트와 중국, 더 나아가서는 잉카나 마야에서도 각기 독자적인 역법曆法이 발달하였다. 단 여기서 그 전부를 소개할 수는 없으므로 그것은 필요에 따라 다루기로 하고, 우선 〈그레고리오력〉의 모태가 된 고대 로마 달력부터 이야기를 시작하기로 하자.

【로물루스력】

1月	Martius	31日
2月	Aprilis	30日
3月	Maius	31日
4月	Junius	30日
5月	Quintilis	31日
6月	Sextilis	30日
7月	September	30日
8月	October	31日
9月	November	30日
10月	December	30日
11月	——	
12月	——	
1年		304日

고대 로마에서 처음으로 달력이 만들어진 때는 기원전 8세기로, 기원전 753년에 로마를 건국한 시조로 일컬어지는 로물루스Romulus의 손에 의해서이다. 이것을 〈로물루스력〉이라 한다.

당시 로마 사람들의 생활이라는 것은 오늘날과 같이 식량이나 방한도구가 충분하지 않았으므로, 농경면에서나 군사면에서 활동을 시작한 것은 대개 따뜻해진 계절, 즉 현재의 3월 무렵부터인 것 같다. 그 이전의 혹독한 추위와 소금에 절인 고기와 곡물로 어렵게 생활한 기간은 정말로 동롱기冬籠期(겨울 동안 집 안이나 둥지에 틀어박힘)로서, 이름 붙일 가치도 없는 이름 없는 달의 나날이었던 것 같다. 현재의 3월을 1년의 시작 〈정월〉로 삼은 것으로 보면, 당시의 일곱번째 달이 현재의 9월(September)이 된 것은 당연하다고 말할 수 있다.

【〈로물루스력〉에 관하여】

〈로물루스력〉이라는 것은 앞의 도표대로 10개월밖에 없고, 1년이 304일로 평범하게 정해진 달력이었다. 즉 농경작업이라든가 전쟁도 할 수 없고 생활의 대부분이 동결되어 버린 시기의 약 60일간이 지나야 비로소 날짜로서의 의미가 있다고 생각했던 것이다.

이 달력은 달의 차고 이지러짐을 기준으로 한 태음력으로, 1개월을 30일로 하여 10개월로 달력이 끝나는 것이었다. 그러나 한편에서는 양손의 손가락 숫자가 10이므로, 그것에 맞추어서 10개월로 했다는 학설도 있다. 추상적인 숫자를 사용하는 데 익숙해져 있는 현대인과는 달리, 물건과 손가락을 맞추어 보아서 손가락만큼 헤아리는 쪽이 손쉬웠던 고대인은 손가락과 달을 대응시켜서 10개월로 정했던 것이다.

어쨌든 로마 최초의 달력은 1년 304일만을 기록한 무엇보다도 불가사의한 달력이었다. 그리고 이 달력이야말로 현재 우리들이 사용하고 있는 그레고리오력의 탄생 근원이었다.

그렇지만 이 불완전한 로물루스력은 금세 마각을 드러내고 만다. 겨울의 혹한 무렵에는 날짜가 없다. 여기서는 봄이 되어 제1월을 시작하는데 해당되는 달의 차고 이지러짐을 기준으로 하더라도 봄의 아지랭이와 호우가 계속되면 완전히 표준이 서질 않는다. 막연히 연초를 결정하면 매년 중요한 주요행사에서 계속된 혼란이 생기는 것은 당연했을 것이다. 더욱이 현실적으로 시간이 계속 움직이고 있는 이상, 기준이 없는 시기는 매우 불편하다. 이 결점을 보충해서 개정한 것이 바로 〈누마력〉이다.

【〈누마력〉에 관하여】

로물루스의 뒤를 이은 로마 황제 누마 폼페이우스는 기원전 8세기 말엽에 로물루스력을 다음과 같이 개정했다.(기원전 710년)

먼저 10개월 뒤에 제11월(Januarius)과 제12월(Februarius)의 2개월을 덧붙여서 1년을 12개월로 만들었다.

다음에 로물루스력에서 30일의 달을 모두 29일로 하고, 31일의 달은

【누마력】		
(고딕 부분은 로물루스력과 다른 부분이다.)		
1月	Martius	31日
2月	Aprilis	29日
3月	Maius	31日
4月	Junius	29日
5月	Quintilis	31日
6月	Sextilis	29日
7月	September	29日
8月	October	31日
9月	November	29日
10月	December	29日
11月	**Januarius**	**29日**
12月	**Februarius**	**28日**
1年		355日

그대로 남겨두고 새로 만든 제11월과 제12월을 각각 29일·28일간으로 정했다. 이렇게 해서 1년이 355일로 된 〈누마력〉이 만들어졌다.

달이 지구 주위를 1회전하는 날짜수를 기준으로 하면, 보름달에서부터 만월이 되기까지의 1개월은 약 29.5일[실제로 삭망월朔望月은 29.5305882일, 약 29일 12시간 44분 2.8초]이므로, 12개월은 29.5×12＝354일이 된다.

354일은 되었지만 인간에게는 본래 〈수〉를 신성시하는 경향이 있어서, 세계의 각민족은 그 기후와 풍토 등 환경에 따라서 옛날부터 독자적으로 신성화된 수를 가지고 있었다. 로마도 그와 같은 예에서 벗어나지 않는다. 로마에서는 홀수를 존중하고 짝수를 기피하였기 때문에, 354일에 제멋대로 1일을 덧붙여서 355일을 1년으로 했던 것이다.

로마인은 그리스인의 영향을 많이 받았으며, 그리스인도 같은 생각을 지니고 있었던 듯하며, 철학자 플라톤은『홀수는 천상계의 수로서 신성하며 행복을 가져다 주고, 짝수는 지상계의 수로서 세속적이고 불행을

【누마력의 개혁】

1月	Januarius	29日
2月	Februarius(Mercedonius 22日, 23日)	28日
3月	Martius	31日
4月	Aprilis	29日
5月	Maius	31日
6月	Junius	29日
7月	Quintilis	31日
8月	Sextilis	29日
9月	September	29日
10月	October	31日
11月	November	29日
12月	December	29日
1年		355日

가져다 준다』고 말하였다. 수학자 피타고라스도『홀수는 선하고 똑바로 움직이며, 하늘의 성질을 지닌 남성적인 수이고, 그 반면 짝수는 악이며, 구부러진 정靜이며, 땅의 성질을 지닌 여성적인 수이다』라고 말하였다.

그런데 제12월만이 28일밖에 주어지지 않은 것은 왜일까.

누마력에서는 1년 355일에서 로물루스력의 304일을 뺀 나머지 51일을 새롭게 만든 2개월로 나누어 놓았다. 그러나 앞에서 말한 바와 같이, 누마력에서는 로물루스력에 여섯 개 있던 30일의 달에서 하루씩 빼서 29일로 했으므로, 할당 가능한 날짜수는 51일에 6일을 더한 57일밖에 없으며, 〈야누아리우스〉로 29일을 나누면 〈페브루아리우스〉에는 28일밖에 남지 않았던 것이다.

또 하루를 늘여서 356일로 하는 〈페브루아리우스〉의 달을 만들든가, 아니면 홀수날의 해(年)를 만드느냐에서 결국 355일이 승리를 거둔 것 같다. 이렇게 해서 제구실을 다하지 못한다고 할 수 있는, 날짜수 배급이 가장 적은 짝수 28일로 탄생했다.

그로부터 600년 동안 〈누마력〉에서는 한 해의 시작이 로물루스력과 같은 〈마르디우스Martius〉로 시작하는 12개월의 사이클이 계속되었다. 그리고 기원전 153년이 되어서 비로소 〈야누아리우스〉를 제1월, 즉 연초로 하는 달력으로 변하였다. 이것을 〈누마력의 개혁〉이라 한다.

〈야누아리우스〉라는 이름은 로마의 문신門神 야누스Janus를 칭하여 명명된 것이다. 야누스는 행동의 시작을 담당하는 신이기도 했으므로, 이 야누스의 달이 연초로서 가장 잘 어울렸을 것이다.

이처럼 연말에 있던 제11월·제12월이 한 해의 시작으로 비집고 들어왔기 때문에 제1월 이하가 2개월씩 내려갔고, 3월이 〈마르티우스〉, 4월이 〈아프릴리스Aprilis〉, 5월이 〈마이우스Maius〉, 6월이 〈유니우스Junius〉……로 되었다.

누마력의 개혁에 의하여 생겨난 이 12개월의 순서는 현재에도 그대로 계승되어 남아있다.

이렇게 해서 본래는 제7번째부터 제10번째까지의 달인 September·October·November·December는 2개월씩 내려가서, 지금까지도 영어·프랑스어 등 서구의 언어 속에 남아있게 되었다.

    대개 로물루스력에는 제1월부터 제4월까지는 로마 신화에 등장하는 신들의 이름을 붙여서 부르고 있다. 제1월은 군신軍神 마르스Mars를 칭하고, 제2월은 봄과 아름다움의 여신 아프로디테Aphrodite를, 제3월은 풍요의 신 마이아Maia를 찬미했고, 제4월은 어머니인 결혼의 신 유노 Juno를 달의 이름으로 붙인 것이다.

    한편 제5월 이후는 라틴어의 수사를 붙여서〈다섯번째의 달〉〈여섯번째의 달〉……〈열번째의 달〉로 명명하였다. 다섯번째의 달은〈Quintilis〉, 여섯번째의 달은〈Sextilis〉가 되고, 일곱번째의〈September〉이하는 이미 소개한 그대로이다.

    이와 같이 최초에 순번이 정해져 있던 달의 이름이 빗나간 것은, 누마력의 개혁으로 새롭게 2개월이 연초에 끼어들었기 때문이다.

    언어 가운데에서 이처럼 역사의 흔적이 발견되는 것을 보면 자기도 모르는 사이에 감정이 흥분되는 것은 어떠한 연유에서일까.

【역曆의 변천표變遷表】

	로물루스력		누마력	
1月	Martius	31日	Martius	31日
2月	Aprilis	30日	Aprilis	29日
3月	Maius	31日	Maius	31日
4月	Junius	30日	Junius	29日
5月	Quintilis	31日	Quintilis	31日
6月	Sextilis	30日	Sextilis	29日
7月	September	30日	September	29日
8月	October	31日	October	31日
9月	November	30日	November	29日
10月	December	30日	December	29日
11月			Januarius	29日
12月			Februarius	28日
			(Mercedonius 22日, 23日)	

누마력의 개혁			율리우스력		
1月	Januarius	29日	Januarius		31日
2月	Februarius	28日	Februarius		29日
	(Mercedonius 22日, 23日)			(bisextum)	
3月	Martius	31日	Martius		31日
4月	Aprilis	29日	Aprilis		30日
5月	Maius	31日	Maius		31日
6月	Junius	29日	Junius		30日
7月	Quintilis	31日	Julius		31日
8月	Sextilis	29日	Sextilis		30日
9月	September	29日	September		31日
10月	October	31日	October		30日
11月	November	29日	November		31日
12月	December	29日	December		30日

율리우스력 (아우구스투스의 개정력)			그레고리오력(영어)		
1月	Januarius	31日	January		31日
2月	Februarius	28日	February		28日
	(bisextum)			(leap day)	
3月	Martius	31日	March		31日
4月	Aprilis	30日	April		30日
5月	Maius	31日	May		31日
6月	Junius	30日	June		30日
7月	Julius	31日	July		31日
8月	Augustus	31日	August		31日
9月	September	30日	September		30日
10月	October	31日	October		31日
11月	November	30日	November		30日
12月	December	31日	December		31日

제5장

12개월의 이름으로 표현된 신神들

【그리스·로마 신화의 세계】

　영어의 12개월을 추적해 보면, 9월부터 12월까지는 숫자가 달의 이름으로 되어 있었고, 7월과 8월은 역사상의 인물 이름이 붙여져 있다. 1월부터 6월까지는 신의 이름이 붙어있다. 신의 이름이라 해도 그것은 그리스·로마 신화의 신들의 이름이다.

　그러면 로마 사람들은 달력의 월月 이름에 왜 그리스·로마 신들의 이름을 붙였을까. 그 이유는 달력을 만드는 것은 물론이고 시간과 공간에 〈구분〉을 짓기 위함이었는데, 그 시간과 공간을 지배하고 그곳에서 군림했던 것이 그들의 신들이었기 때문이다.

　그런데 로마에서 달력이 사용되게 된 때는 기원전 753년, 로마가 건국된 해부터로 그 이후 이른바 〈로마 기원紀元〉이 제정되게 되었다.

　이 로마 건국을 둘러싼 유명한 이야기가 있다.

　어느 날 어떤 양치기가 한 그루의 무화과나무 옆을 지나가다가 젖을 찾으며 울고 있는 쌍둥이에게 한 마리의 암늑대가 젖을 물리고 있는 것을 보았다. 양치기는 늑대에게서 쌍둥이를 빼앗아 로물루스Romulus와

늑대의 도움을 받은 로물루스와 레무스

레무스Remus라는 이름을 지어주고 길렀는데, 이 두 사람은 오랜 시간이 지난 후 크게 자라나 지배권을 둘러싸고 싸움을 하게 된다. 그래서 두 사람이 신의 뜻을 물으니 로물루스의 언덕에 12마리의 독수리가 날아왔으므로[12는 성스러운 수를 상징한다] 로물루스가 왕위에 앉고, 아벤티누스의 언덕에 새로운 도시를 세워 앞에서 서술한 바와 같이 로물루스의 이름을 따서 〈로마Roma〉라 불렀다고 한다. 그때가 로물루스 18세, 기원전 753년의 일이었다.

이 로물루스와 레무스 쌍동이는 실은 이미 소개한 로마의 싸움신 마르스와 불과 화로의 여신 베스타[그리스 신 헤스티아] 신전의 무녀 레아 실비아에게서 태어난 쌍동이였다고 한다.

레아 실비아는 처녀 여신 베스타의 무녀이면서 임신했기 때문에 감금을 당하였고, 나중에 벌로 채찍질을 당한 후 생매장되었다. 그리고 감금중에 태어난 쌍동이는 금세 어디론가 옮겨져서 강으로 떠내려보내졌지만, 무화과나무[로물루스의 무화과나무라고도 한다] 밑동에 걸려서 양치기에게 구조를 받게 된 것이다.

로마 신화는 트로이 선생의 큰 불길을 피해 도망하여 로마에 도착힌 아에네아스로부터 시작되었다고 하는데, 이 아에네아스가 불과 화로의 여신 베스타의 형상과 여신의 영원의 불을 로마에 전했다고도 일컬어지

군신軍神 마르스

고 있다. [올림픽 성화는 달리 〈베스타의 불〉이라고도 불린다.] 그렇기 때문에 아에네아스의 자손에 해당하는 무녀 레아 실비아가 여신 베스타의 처녀의 율법을 어긴 일로 죽음으로써 값을 치렀을 것이지만, 그 쌍동이의 생명은 구제를 받고 로마 건국의 원동력이 되었다 해도 좋을 것이다.

【〈3월〉의 유래】

로물루스가 달력을 만들기 이전에도, 로마에서는 태양이 가장 동쪽에서 뜨는 〈춘분〉이 봄의 시초를 의미하였다. 이 날은 모든 생명이 새로운 삶을 시작하는 출발점이며 한 해의 시작으로 생각하였다.

전쟁의 신 마르스가 유피테르[그리스 신 제우스]보다도 위대한 로마 최고의 신으로 숭배되었고, 봄의 도래와 함께 로마에 군림하면서 로마를 싸움으로 유혹했다는 것은 앞에서 서술한 그대로이지만, 로마인에게 있

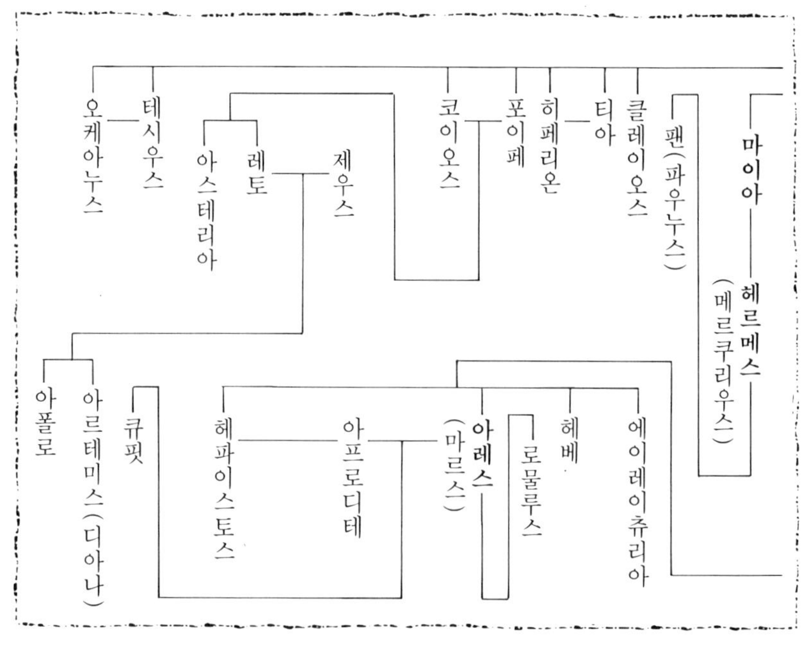

어서 초봄의 모습인 군신軍神 마르스는 국가의 기둥이며 로마 건국의 시조인 로물루스의 부친이기도 했다.

그런 까닭에 로물루스가 춘분 이후의 1년(304일)을 10개월로 나누고, 그 제1월을 아버지인 군신軍神 마르스Mars를 받들어서 마르스의 탄생월을 칭하여 〈마르스의 달〉(Mártius)이라 명명한 것은 당연한 일이라 할 수 있겠다. 이 마르티우스가 영어 〈March〉(3월)의 어원으로 지금까지도 전해지고 있다.

【〈6월〉의 유래】

영어의 〈June〉(6월)도 로마 신화의 여신 유노Juno에서 나온 것이라 할 수 있으며, 여기에서도 여신과 여성들을 둘러싼 에피소드가 있다.

『로마는 하루 아침에 이루어졌다』고 할 수만은 없다. 로마가 건국 후

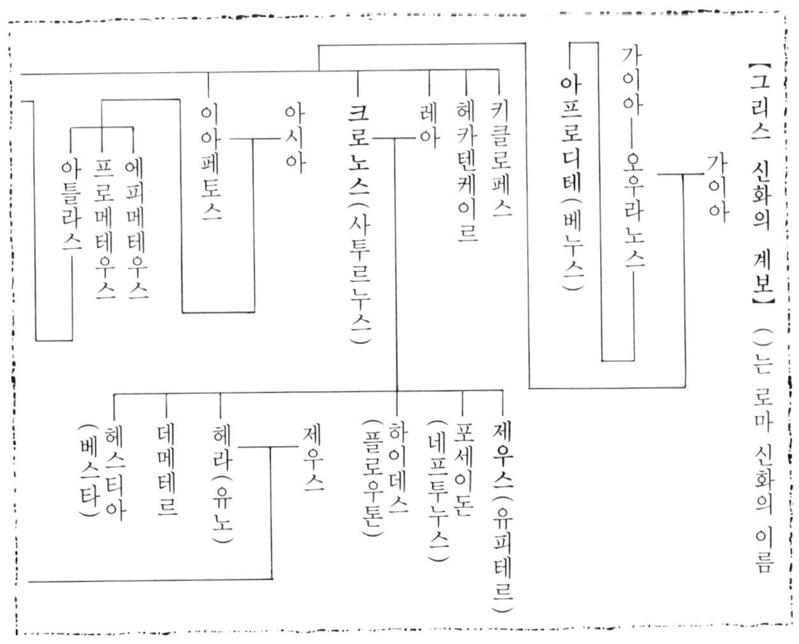

에 부딪혔던 중대한 문제는 병력을 어떻게 유지하는가의 문제였다. 요컨대 병사가 압도적으로 부족했던 것이다.

더욱이 도망친 노예와 흉악범 등의 무법자들을 어떻게든 단번에 끌어모아서 군대의 인원수를 갖추면, 다음에 발생하는 것이 여성문제였다. 로물루스는 필사적으로 이웃나라에서 미혼여성들을 유치하려고 했지만, 이런 무법자 집단의 남자들과 일부러 결혼하려고 하는 여성이 있을 리가 없었다.

그래서 로물루스는 한 가지 계책을 꾸며 감쪽같이 여성 약탈계획을 성공시켰지만, 젊은 처녀들을 약탈당한 주변 나라들이 가만히 있을 리가 없었으므로 복수와 탈환을 기도하는 싸움이 로마 주변에서 끊임없이 반복되었다.

이것이 이른바 〈사비니 전쟁〉인데, 전쟁이 시작될 때마다 서글픈 생각으로 양군의 병사들을 바라보았던 사람은 로마로 약탈되어 온 처녀들이었다.

인류는 전쟁으로 인해 적국敵國의 여성을 강탈한 역사는 있지만, 로물루스가 계획한 것은 평화적인(?) 수단으로 여성을 손에 넣은 것으로서, 때마침 로마의 곡물신 콘스스의 축제 〈콘스아리아〉가 성대하게 열리기로 되어 있던 8월 19일에 결행되었다.

그날 로물루스는 경마대회를 개최하여 이웃나라 에트루리아인, 라티움인, 사비니인 들이 빠짐없이 구경오자, 흔쾌히 환영하고 마을로 안내하여 푸짐한 요리를 대접했다. 그리고 경기가 성대히 진행되자 구경하던 남자들이 몰두해서 보고 있는 사이에, 로마 병사들은 구경하고 있던 이웃나라 젊은 처녀들을 유괴하여 아내가 될 것을 강요했다고 한다.

로마가 아가씨들의 울음소리와 로마 병사의 거센 소란 속에서, 로물루스의 여성 약탈은 순식간에 성공을 거두었다.

신체를 강탈당한 당초에는 공포와 불안에 떨었던 사람이 지금은 로마인의 부인이며 어머니이다. 고국의 아버지나 형제들과 로마인인 남편과의 전쟁은 자신의 몸을 절단하는 일보다도 더 괴로웠음에 틀림이 없다. 과감하게도 무기 하나 들지 않고 양군 사이에 끼어들어서 전쟁을 그만두라고 절규하는 사람은 바로 다름아닌 로마의 부인들이었다. 아버지나 형제들, 그리고 남편 그 누구도 죽지 않기를 바라는 그 부인들은 『차라리 그 무기를 우리들에게 겨누시오!』라고 부르짖었던 것이다.

이 결사적인 중재로 인하여 양군은 휴전에 들어갔고, 두 사람의 왕을 섬기는 로마왕국이 생겨났다. 또다시 〈여성의 평화〉가 되돌아온 것이다. 로물루스가 이 젊은 로마의 부인들을 칭송하여 개최한 것이 〈부인들의 축제〉(Matronalia)이며, 이 날에 로마 최고의 여신 유노Juno를 제사지 냈고, 이 축제가 개최된 달은 유노에게서 이름을 딴 유니우스Junius라 명명되었다. 영어의 6월은 이러한 유래를 갖고 있다.

여담이지만 영어의 〈hero〉(영웅)는 유피테르의 정실부인 유노에 해당하는 그리스 신 헤라의 남성형이 어원이라고 한다. 유피테르는 뻐꾸기로 보습을 바꾸고, 아름다운 꽃으로 징식한 새 침상에서 기디리고 있는 유노를 방문했다고 하는데, 이것이 이른바 〈6월의 신부〉(June bride)의 시초이다.

【〈2월〉의 유래】

사비니의 아가씨들은 로마 병사에게 약탈당하여 강제로 결혼을 당하였으면서도 전력을 다해서 로마와 사비니의 평화를 위해 노력하였다. 그들의 행동은 시대를 초월하여 여성의 애처로울이 만큼 갸륵한 마음을 전해주고 있다. 로물루스의 사후死後 그의 후계자가 된 황제 누마 폼페이우스가 사비니의 젊은 아가씨들에게 진심으로 위로를 전한 것은 조금도 부자연스럽지 않다.

황제는 로마가 저지른 과거의 참혹한 죄를 속죄하기 위해 속죄의 신 페브루우스Februus를 제사지내고, 2월 12일에 〈페브루아리아Februalia〉라는 축제를 개최하여 저지른 죄의 대가를 치르고 사비니 전쟁의 전사자들의 영혼을 위로해 주었다고 한다.

〈페브루아〉라는 것은 본래 『죄를 사죄하는 깨끗한 기간』이라는 뜻의 라틴어이지만, 나중에 페브루우스는 죽은 자를 위로하는 신이 되어, 죽음의 신 〈디스 파테르〉[그리스 신 하이데스]와 같은 신으로 간주하게 되어 저승의 왕이 되었다.

황제 누마가 〈누마력〉에 첨가한 〈페브루아리우스〉는 속죄의 신 〈페브루우스〉를 받든 달이며, 그외에 영어 〈February〉(2월)의 어원이 되기도 했다.

【〈사생아〉의 달이란】

이와 관련하여 독일어에도 2월을 〈페브루아리우스〉에서 따온 〈페브루아르Februar〉라고 하는데, 민족적 색채가 풍부한 표현으로서 〈호르눈Hornung〉이라는 표현법이 있다.

호르눈이란 〈구석〉〈사생아〉〈자기가 받을 몫이 적은 것〉이라는 의미의 말로, 분명히 일찍이 로물루스력 등에서도 〈2월〉은 1년의 끝, 즉〈끝〉에 첨가되어 있었고 28일로 〈자기가 받을 몫이 적은〉 달이었다.

누마력에서 연초 쪽으로 옮겨지면서부터도 2월은 냉대를 받았고, 다음 장에서 서술할 바와 같이 묘하게 윤달閏月이나 윤일閏日이 비집고 들어와 있는 〈사생아〉적인 기간이었다. 분명히 살아있는 독일어의 〈2월〉이라는 언어만큼 그 동안의 사정을 훌륭하게 표현하고 있는 말은 없다고 할 수 있다.

【〈1월〉의 유래】

영어의 〈January〉(1월)이라는 것은 로마의 신 야누스를 받드는 달 〈야누아리우스Januarius〉에서 나온 말이지만, 야누스가 1월을 담당하게 된 점에 관해서도 그럴 듯한 이유가 있다.

　로마는 싸움으로 획득하여 만들어진 국가이다. 그렇기 때문에 영토를 국가 최고의 재산으로 삼았고, 그 출입구가 되는 문에는 대단히 상징적인 의미가 담겨있는 것이다.

　야누스는 문門의 신으로서, 로마의 열쇠를 들고 전시戰時에는 문짝을 열고 평상시에는 닫아두며, 두 개의 얼굴을 갖고 앞쪽과 뒤쪽을 동시에 바라보며 적과 자기편에게 눈동자를 맞춰두고, 항상 과거와 미래를 확인하고 있는 신이었다. 또한 모든 행동의 시작을 담당하는 신이기도 했으므로 〈신 중의 신神〉으로서, 누마력에서는 최초 연초의 달을 담당하는 것은 군신軍神 마르스에게 위임하였지만, 춘분을 연초로 하지 않게 되자 야누스가 한 해의 시작인 1월을 담당하게 되었다.

【〈4월〉과 〈5월〉의 유래】

　그런데 영어 〈April〉(4월)의 어원 〈아프릴리스 Aprilis〉라는 것은 어떤 달이었을까. 이 라틴어의 주변을 살펴보면 〈열다〉 (씌우다)(aperio)라든가 〈양지바른〉과 같은 말을 열거할 수 있다. 즉 〈아프릴리스〉라는 것은

양면신 야누스

어둡고 추운 겨울이 시작되고 태양이 잘 비치는 달이라는 이미지가 있다고 하겠다. 다시 말하자면, 따뜻한 봄이 되어 동식물이 추운 겨울에서 해방되고, 태양을 찾아서 움직이며, 야산이 녹색 싹을 틔우고 아름답게 꽃이 피는 때이다.

그러나 실제로 〈아프릴리스〉, 또는 4월이라는 것은 아름다움과 풍요의 여신 아프로디테Aphrodite의 달이다. 이 여신은 로마 신화의 베누스Venus로서, 우리들은 사랑과 아름다움의 여신 비너스로 친숙해져 있지만, 이 아프로디테에게도 출생을 둘러싼 재미있는 에피소드가 전해지고 있다.

그리스어로 〈거품〉이라는 말을 〈아프로스〉라 하는데, 이 아프로디테는 해변가를 씻고 지나가는 파도의 하얀 포말 속에서 태어났다고 한다. 그것도 단순한 거품이 아니다. 그리스 천공의 신 오우라누스의 잘려진 양근陽根이 바다로 떨어져서 조수에 의해 운반되는 동안에, 그 주변에 있던 거품인 것이다.

아프로디테(베누스)

천공의 신 오우라누스는 어머니인 대지의 신 가이아에게서 태어난 어린 아이가 너무나도 추했기 때문에 땅 밑바닥에 가두어 버렸는데, 어린아이를 딱하고 가엾게 여긴 가이아가 복수를 해서 양근陽根을 잘라 버린 것이다.

지중해의 하얀 거품에서 태어난 아프로디테는 계절의 여신들이 지어준 아름다운 옷을 입었고, 그녀가 걷는 곳에는 꽃이 피고 풀이 자라났다고 한다. 정말로 꽃피는 4월이다.

트로이 전쟁은 아프로디테의 아름다운 자태가 원인이 되어 발생했다는 학설도 있지만, 그 정도로 아름다운 신이 추한 헤파이스토스의 부인이 되었다는 것은 제우스의 심술이었는지도 모른다. 그렇게 말하면 군신軍神 아레스[로마 신 마르스]와 바람을 피워서, 예例의 활과 화살을 가진 가련한 큐핏을 태어나게 한 것도 확실히 지중해적인 풍토를 떠올리게 한다.

영어의 〈May〉(5월)은 풍요의 여신 마이아Maia를 받드는 달 〈마이우스Maius〉에서 온 말이다. 본래 마이아는 봄의 풍요로운 성과를 담당하는 로마 독사적인 농입신이있지만, 지금은 그리스 신 아틀리스의 딸 미이아와 혼동해서 동일신으로 되어 있다.

영어에서 현재 사용하고 있는 12개월을 중심으로 이야기를 진행시켜 왔지만, 그 근원은 대부분 로마 달력에서 나왔고, 그 달의 이름도 로물루스력을 비롯하여 누마력, 율리우스력으로 부분적으로 바뀌면서 그레고리오력으로 계승된 것이다.

	라틴어	영어	네덜란드	덴마크어 노르웨이어	스웨덴어	독일어
1月	Januarius	January	januari	januar	januari	Januar
2月	Februarius	February	februari	februar	februari	Februar
3月	Martius	March	maart	marts	mars	März
4月	Aprilis	April	april	april	april	April
5月	Maius	May	mei	maj	maj	Mai
6月	Junius	June	juni	juni	juni	Juni
7月	Julius	July	juli	juli	juli	Juli
8月	Augustus	August	augustus	august	augusti	August
9月	September	September	september	september	september	September
10月	October	October	oktober	oktober	oktober	Oktober
11月	November	November	november	november	november	November
12月	December	December	december	december	december	Dezember

월	프랑스어	이탈리아어	스페인어	포르투갈어	헝가리어	러시아어
12月	décembre	dicembre	deciembre	dezembro	december	декабрь
11月	novembre	novembre	noviembre	novembro	november	ноябрь
10月	octobre	ottobre	octubre	outubro	október	октябрь
9月	septembre	settembre	septiembre	setembro	szeptember	сентябрь
8月	août	agosto	agosto	agôsto	augusztus	август
7月	juillet	luglio	julio	julho	július	июль
6月	juin	giugno	juño, junio	junho	június	июнь
5月	mai	maggio	mayo	maio	május	май
4月	avril	aprile	abril	abril	április	апрель
3月	mars	marzo	marzo	março	március	март
2月	février	febbraio	febrero	fevereiro	február	Февраль
1月	janvier	gennaio	enero	janeiro	január	январь

	인도네시아어	현대그리스어	핀란드어	폴란드어	독일어의 별칭
12月	Desember	Δεκέμβριος	joulukuu	grudzień	Christmonat, Wintermonat (冬月)
11月	Nopember	Νοέμβριος	marraskuu	listopad	Windmonat (風月)
10月	Oktober	Ὀκτώβριος	lokakuu	październik	Weinmonat (와인月)
9月	September	Σεπτέμβριος	syyskuu	wrzesień	Herbstmonat (秋月)
8月	Agustus	Αὔγουστος	elokuu	sierpień	Erntemonat (收穫月)
7月	Juli	Ἰούλιος	heinäkuu	lipiec	Heumonat (乾草月) Heuert
6月	Juni	Ἰούνιος	kesäkuu	czerwiec	Brachmonat (休閑月) Brachet
5月	Mei	Μάιος	toukokuu	maj	Wonnemonat (歡喜月)
4月	April	Ἀπρίλιος	huhtikuu	kwiecień	Ostermonat (復活祭月) Wandelmonat
3月	Maret	Μάρτιος	maaliskuu	marzec	Lenzmonat (春月) Marsmonat
2月	Pebruari	Φεβρουάριος	helmikuu	luty	Hornung, Reinigungsmonat (淸月)
1月	Januari	Ἰανουάιος	tammikuu	stycyeń	Hartung, Eismond (氷月)

月	아라비아어	힌디어	헤브라이어
12月	디산바르	파군	아다르
11月	누판바르	마그	세밧트
10月	우구투바르	프스	테벳테
9月	시브탄바르	아가한	키스레우
8月	우구스투스	카티크	마르헤슈안
7月	유리유	크바르	티슈리
6月	유니유	바도	에룰루
5月	마유	사반	아브
4月	이브리르	아사르	탐무즈
3月	마리스	제투	시운
2月	히브라일	바이샤크	잇야르
1月	야나일	챠이도우	니산

아라비아어

힌디어 (제 1월~제 12월의 뜻)

헤브라이어 (연초는 3월 중순)

月	미얀마력	이슬람력	이란력
12月	다바운그	巡禮月 (즈루 힛샤)	에스판도
11月	다보두웨	女性月 (즈루 카이더)	바하만
10月	파죠	尾月 (샤우와르)	데이
9月	나도	斷食月 (라마단)	아자르
8月	다사웅구몽그	予言者月 (샤반)	아반
7月	자딩구기유	神聖月 (라쟈브)	메프루
6月	토사링구	寒月 (쥬마다르 아우와르)	샤하리바르
5月	와가우	寒月 (쥬마닷사니)	모르다드
4月	와죠	春月 (라비 웃 사니)	티르
3月	나용	春月 (라비 우르 아우와르)	호르다드
2月	가송	(戰으로 인한) 空虛月 (사파르)	오르디베헤슈트
1月	다구	(戰爭) 禁止月 (무하람)	아르바르딘

미얀마력
29일, 연초는 대개 4월경
(홀수달이 30일, 짝수달이)

이슬람력
(이슬람센터력에 의함)

이란력
은 30일, 12월은 29일, 연초는 춘분
(1월~6월은 31일의 달, 7월~11월)

月	타이어	말라이어	중국어	한국어	일본어
1月	มกราคม / 龍月(몽가라콤)	bulan satu	大簇(따쭈)	일월	睦月(무즈키)
2月	กุมภาพันธ์ / 水瓶月(군바바콤)	bulan dua	夾鐘(지아쭝)	이월	如月(기사라기)
3月	มีนาคม / 魚月(미나콤)	bulan tiga	姑洗(꾸시)	삼월	彌生(야요이)
4月	เมษายน / 牡羊月(메사콤)	bulan ĕmpat	仲呂(쭝리)	사월	卯月(우즈키)
5月	พฤษภาคม / 牡牛月(브루즈사바콤)	bulan lima	蕤賓(루우빈)	오월	皐月(사즈키)
6月	มิถุนายน / 雙子月(미투나콤)	bulan ĕnam	林鐘(린쭝)	유월	水無月(미나즈키)
7月	กรกฎาคม / 蟹月(가라즈쿠가나콤)	bulan tujoh	夷則(이쩌)	칠월	文月(후미즈키)
8月	สิงหาคม / 獅子月(싱아하콤)	bulan dĕlapan	南呂(나리)	팔월	葉月(하즈키)
9月	กันยายน / 乙女月(간아요)	bulan sĕmbilan	無射(우서)	구월	長月(나가즈키)
10月	ตุลาคม / 天秤月(토라콤)	bulan sa-puloh	應鐘(잉쭝)	시월	神無月(간나즈키)
11月	พฤศจิกายน / 蠍月(부로즈사치카콤)	bulan sa-bĕlas	黃鐘(황쭝)	십일월	霜月(시모즈키)
12月	ธันวาคม / 射手月(타화콤)	bulan dua-bĕlas	大呂(따뤼)	십이월	師走(시와스)

(타이어) (콤은 31일의 달, 욘은 30일의 달 어미)

(말라이어) (제1월 ~ 제12월의 뜻)

(중국어) …과 같다 (현대는 일본…

(한국어) …이라고도 한다 (11월을 동짓달…

제 6 장

〈그레고리오력〉이 완성되기까지

【 윤년閏年 〈비세크 스타일〉의 과학 】

　〈누마력〉은 1년이 355일로 이루어진 달력이지만, 달의 운행에 맞추어
서 만든 태음력이므로 태양의 실제 움직임과는 상당한 혼란이 1년 동안
에 발생한다. 지구는 약 365일[실제 태양년太陽年은 365.24219879일, 약
365일 5시간 48분 46초]에 태양의 주위를 한 번 돌기 때문에 누마력과는
1년에 11일의 차이가 생긴다.

　그런 까닭에 누마력은 점차적으로 어긋나게 되어서 기후의 변화와 맞
지 않게 되었다. 따라서 2년마다 교대로 22일과 23일의 윤달을 덧붙이
면, 계절과 조화를 이룰 수 있다고 해서 〈윤달〉 제도가 채용된 것이다.

　이 윤달을 〈메르케도니우스Mercedonius〉라 한다. merces란 앞에서
도 말한 바와 같이 〈보수〉〈이자〉라는 의미이며, 결국은 〈청산하는 달〉
이 된다. 당시 로마에서는 대부분 빌린 돈은 연말에 갚는 관습이 있었기
때문에, 연말의 뜻을 담아서 청산월淸算月이라 했을 것이다.

　22일과 23일의 윤달이 2년마다 들어가 있으면 4년 동안에 45일간 연평
균 11.25일이 되므로, 누마력의 연평균 일수는 355＋11.25＝366.25일이
되어 태양년의 365.25일과는 24시간의 차이가 있을 뿐이라서, 기후 차이
를 거의 해소할 수 있게 되었다.

　그런데 앞에서 서술한 바와 같이 누마력이 개정되어 〈야누아리우스〉
가 1월이 된 점, 그것은 어디까지나 정치상 공적으로 쓰이는 달력이었고
일반 로마인은 변함 없이 예전의 정월 〈마르티우스〉부터 1년을 시작하여
예전의 마지막 달 〈페브루아리우스〉를 이용하여 일을 끝내는 것으로 생
각한 것 같다.

　로마제국은 전쟁으로 차츰차츰 판도版圖를 넓혀나갔지만, 로마인은
제국을 지켜주는 것은 국경을 담당하고 있는 신 테르미누스Terminus라
고 믿었기 때문에, 테르미누스에게 최대의 존경과 감사를 담아서 축제를
행하였다. 이 축제는 〈테르미나리아Terminalia〉라 불리며, 연말 제12월
의 23일에 성대하게 행해졌다. 그리고 현재에도 종점과 종착역을 〈터미

널terminal〉이라 하는 것처럼, 이 국경의 수호신에게 산제물을 바쳐서, 1년 동안의 무사함과 국가의 발전에 감사하는 축제가 막을 내릴 때 1년이 끝난다고 생각하고 있었다. 이처럼 성대한 축제와 결부되어 있는 마지막 달의 이미지가 쉽게 사라질 리 없었으며, 2월이 연말이라는 분위기가 정착되어 있었던 점은 매우 자연스러운 감정이었다고 말할 수 있다.

그런 까닭에 윤달을 어느곳에 끼워넣느냐에 관해서도, 테르미나리아에 연말의 이미지가 강하게 있었기 때문에 윤달은 자연히 이 대축제 직후에 연결되게 되었다.

이렇게 해서 윤달은 2월 23일 다음날부터 1일·2일로 시작하여 22일이나 23일이 지나서 윤달이 끝나면, 달력은 다시 2월로 되돌아가서 24일·25일이 계속되는 것이다.

그런데 로마력에서는 한 달 동안에 달의 모양이 변화함에 따라서 구분을 지어 달의 초하루를 〈카렌다에calendae〉, 상현달에 해당하는 날을 〈노나에nonae〉, 만월의 날을 〈이두스idus〉라고 불렀다. 그리고 달력의 날짜를 읽을 때에는 이 세 가지의 날을 기점으로 해서, 거기서부터 며칠 전이라는 형태로 불렀다. 2월을 예로 들면 2월은 노나에가 5일, 이두스가 13일, 테르미나리아가 23일이었으므로 다음 페이지와 같이 된다.

이것은 영어로 〈2시 50분〉이라 할 때, 3시 10분 전, 즉〈It's 10 min-

시각의 셈방식도 다양하다.

utes to 3〉이라는 표현을 쓰는 것과 같은 감각이라 하겠다.

　그러면 1천 원짜리 지폐로 8백 원 하는 아이스크림을 샀다고 한다면, 유럽 사람은 수입과 지출의 대차대조표를 머릿속으로 그려서 지출은 1천 원, 수입은 8백 원짜리 아이스크림과 잔돈이라고 생각하므로 8백 원에 잔돈을 보태서 합계 1천 원이 되므로 그에 따른 잔돈을 받게 된다. 즉 우리들과 유럽인의 계산법의 차이는 $1000-800=200$과 $1000=800+200$의 차이라 말할 수 있다. 다시 말하면 뺄셈과 덧셈은 수에 대한 기본개념의 차이이다.

　더욱이 우리들이라면 이 로마방식의 〈2일 전〉이라 부르는 방식을 쓰지 않고 〈하루 전〉이라고 할 것이다.

　로켓 발사시 카운트다운이 시작되었을 때에도 『……three, two, one, zero!』라는 방송이 들리는데, 이 제로가 우리들과 감각이 다른 점이다. 우리들의 경우는 『하나, 둘, 셋』의 셋하는 순간에 발사하는데, 유럽인은 『3, 2, 1』 순서가 되며, 그리고 제로에 발사한다. 출발점도 계산에 넣는

【고대 로마의 날짜 헤아리는 방식】

　로마에서는 1개월이 31일인 달의 7일을 노나에, 15일을 이두스라 불렀고, 이것을 기준으로 날짜를 헤아렸다. 다른 달에서는 5일과 13일이 노나에와 이두스가 되었다. 예를 들면

2월 1일 〈카렌다에〉	23일 〈테르미나리아〉
2일 노나에 4일 전	{ 메르케도니우스 1일~
4일 노나에 2일 전	메르케도니우스 22일
5일 〈노나에〉	24일 3월 카렌다에 6일 전
6일 이두스 8일 전	
12일 이두스 2일 전	2월 말일 3월 카란다에 2일 전
13일 〈이두스〉	3월 1일 〈카렌다에〉
14일 테르미나리아 10일 전	
22일 테르미나리아 2일 전	

것이 유럽인의 특색이며, 이것이 우리들의 수개념과는 다른 차이점이라
말할 수 있다. 이 카운트다운을 하나씩 평행이동시키면 바로 앞에서 설
명한 앞으로 향하여 날짜를 세는 수방식과 일치한다는 것을 알았으리라
생각한다.

또한 이두스 9일 전이 〈노나에〉라는 것은, 제4장의 〈1에서 10까지를 나
타내는 말〉에서 설명하였지만, 2월을 예로 들면 이두스는 13일, 노나에
는 5일이므로 로마의 흐름으로 이두스 그 자체를 1일(前)로 계산하면 꼭
9일 전이 된다.

그런데 윤달을 끼워넣어 계절과 달력의 날짜와의 어긋남을 조정하도
록 했다는 사실은 달력을 담당하는 로마 정치가 자신들이 제멋대로 윤달
을 넣거나 넣지 않았다는 말이 되며, 적당히 더하고 뺀 달력을 백성들에
게 강요하였음을 알 수 있다. 부채가 많았던 정치가에게는 윤달을 넣으
면 그 날짜수만큼 청산기일이 연장되므로 자금융통이 나아졌고, 정적政
敵과 경질시키고 싶은 정객政客의 임기를 단축시켜 정계政界에서 추방

【역사상 가장 짧은 해】

기원전 46년의 〈난년亂年〉은 1년이
445일이었지만, 역사상 가장 짧은 1
년은 영국의 역사 속에서 볼 수 있다.

영국에서는 14세기부터 1년의 시
작을 3월 25일 마리아의 수태고지일
로 정했다. 그 때문에 이 율리우스력(아우구스투스력)을 그레고리오력
으로 개정함에 있어서, 1752년에 영국은 9월 2일의 다음날을 9월 14일
로 하여 11일간을 달력에서 생략했을 뿐만 아니라, 12월 31일 다음날로
부터 3월 24일(당시의 연말)까지의 84일간도 생략해서, 3월 25일을
1753년 1월 1일로 했다. 이렇게 해서 271일의 해가 생겨나게 되었다.

하는 데는 윤달을 생략하는 쪽이 좋았다. 이렇듯 윤달은 로마의 위정자들에게 적당하게 이용되든가 악용되어서 생략되는 경우가 많았던 듯하다. 이와 같은 까닭에 애써 고안해낸 윤달력閏月曆도, 시저가 집권했던 시대에는 달력의 날수가 3개월 이상이나 틀린 것을 발견할 수 있다.

【〈율리우스력〉에 관하여】

셰익스피어의 희곡 등에도 잘 알려져 있는 율리우스 케사르Julius Caesar[시저, 기원전 102년 7월생]는 독재자로서 모든 권력을 수중에 넣었다. 그 시저도 달력에 커다란 관심을 나타내 1년 365일의 달력을 만들었는데[기원전 46년] 이 달력이 이른바 〈율리우스력〉이다.

시저는 먼저 계절과 달력의 날짜를 일치시키는 일부터 개혁을 시작했다. 어쨌든 달력의 날짜가 3개월이나 차이가 있는 것은 말이 되지 않는다. 그래서 23일간의 윤달을 테르미나리아 직후에 끼워넣은 것만으로는 해결되지 않아서, 새로 11월과 12월 사이에 67일간의 제2윤달을 만들었기 때문에, 기원전 46년이라는 해는 실제로 445일이 1년이었다. 아무리 서두르지 않고 느긋하였다고 전해졌던 당시 로마인이라도 정말로 혼란스러웠을 것이다. 이 해를 〈난년亂年〉(annus confusionis)이라 명명하고 있다. 그러나 혼란했던 것은 그 이전의 1백 년이므로, 그 혼란함을 수습한 해라는 의미에서 오히려 〈수정년修正年〉이라 부르는 쪽이 로마 신전의 지하에 잠들어 있는 시저도 만족하지 않을까 한다.

시저는 다음으로 〈야누아리우스〉를 연초로써 정식으로 지켜나가도록 정하였다. 이제까지도 정치적인 정부의 입장에서는 이미 정해져 있었지만, 일반 시민은 오랫동안의 관습에서 벗어나지 못하고 1월 외에 3월 〈마르티우스〉도 이른바 구정월舊正月로 지켰기 때문에 공존하고 있었던 것이다.

그러나 〈율리우스력〉에 의해 정식으로 야누아리우스가 1월 연초로 정해졌고, 이것이 현재 우리들이 사용하고 있는 달력의 연초가 정해진 최초였다. 따라서 〈September〉가 정식으로 9월이 된 것도 이때부터이다.

그 다음에 시저는 1년을 365.25일로 정하고, 평년平年을 365일로 하고 다음 페이지의 별표에서처럼 각달의 날짜수를 정하였다.

즉 홀수달을 31일로 하고 짝수달을 30일로 정했던 것이다. 짝수날을 꺼리는 로마인의 풍습을 타파하고 30일의 달을 만든 것은 과연 독재자 시저다운 일이었을 것이다.

단지 본래 날짜수가 적었던 2월은 적은 달로 그대로 두어 29일로 정하였다.

그런데 시저는 1년을 365.25일로 정했기 때문에, 4년마다 하루의 〈윤일閏日〉을 넣어서 1년 366일의 윤년을 만들었다. 그렇게 하므로써 4년에 1일이 증가하게 되어 평균 365.25일이라는 현재의 태양년에 아주 가까운 달력이 생겨나게 되었다.

처음에 시저는 2월 말일에 윤일閏日을 넣으려고 했던 것 같은데, 테르미나리아를 연말로 하는 관습이 너무나도 뿌리깊었던 탓과, 군신軍神의 달 3월의 전날이라는 두드러진 시기에 윤일을 넣는 것은 적절하지 못했을 것이다. 홀수 존중의 관습을 무너뜨린 권력자 시저도 민중들의 오랜 전통 앞에서 무릎을 꿇고, 결국 윤일閏日은 윤달의 경우와 미찬가지로 테르미나리아의 23일과 다음 24일 사이에 끼워넣게 된 것이다.

이제까지의 경우로 알 수 있는 것처럼, 고대 로마의 위정자들은 스스

케사르상

로의 공적과 명성을 후세에 남기려면 달력을 이용해야 한다고 생각한 듯한데 역시 시저도 예외는 아니었다. 자기가 탄생한 7월 〈퀸틸리스Quintilis〉를 자신의 이름을 붙여서 〈율리우스Julius〉로 개명改名해 버렸다. 이것이 현재 영어의 〈July〉와 불어 〈juillet〉의 어원이지만, 태음태양력太陰太陽曆을 폐지하고 태양력을 도입한 공적자 시저도 브루투스의 배반으로 뜻밖의 죽음을 맞게 된다.(기원전 44년)

【아우구스투스의 개정력】

시저 사후에 달력을 담당하던 위정자들 사이에서 〈율리우스력〉의 윤년을 두는 방식이 잘못되었다는 말이 나왔기 때문에, 달력의 날짜와 계절이 올바르게 맞았던 율리우스 달력은 30년 사이에 3일의 쓸모없는 오차가 생겨서 1년이 368일이 되어버렸다. 이것은 당시의 계산방식에 문제

	【율리우스력】	
1月	Januarius	31日
2月	Februarius	29日
3月	Martius	31日
4月	Aprilis	30日
5月	Maius	31日
6月	Junius	30日
7月	**Julius**	31日
8月	Sextilis	30日
9月	September	31日
10月	October	30日
11月	November	31日
12月	December	30日
1年		365日

가 있었기 때문으로 〈4년마다〉라는 의미를, 로마방식으로 그 해까지 계산에 넣어서 생각하였으므로 실제적으로는 〈3년마다〉로 해석해서 3년마다 윤년을 넣은 시기가 있었기 때문이다.

그런데 시저의 유언으로 제국을 다시 부흥시킨 시저의 양자 아우구스투스는, 달력에서 생긴 3일의 혼란을 〈율리우스력〉에 대한 최대의 모독으로 생각하여, 기원전 6년부터 기원 4년까지의 10년 사이에서 세 차례 윤년을 생략했고, 기원 8년부터 율리우스력의 규정대로 〈4년마다〉에 윤년을 넣었다.

이렇게 해서 달력의 날은 다시 태양의 운행과 일치하게 되었지만, 아우구스투스는 율리우스력을 굳게 지키는 것만으로는 만족하지 못했을 것이다. 따라서 그도 역시 달력 개정에 손을 대게 된다.

율리우스력을 보면 1월부터 6월까지는 로마에서 따온 중요한 신의 이름이 나열되어 있다. 그런데 7월에는 율리우스 케사르의 이름인 율리우스가 붙어있다. 이것을 본따서 자신도 달력에 이름을 남기려고 했던 것

<table>
<tr><td colspan="3" align="center">【아우구스투스의 개정력】</td></tr>
<tr><td colspan="3" align="center">(고딕 부분은 율리우스력과의 차이를 나타낸다.)</td></tr>
<tr><td>1月</td><td>Januarius</td><td>31日</td></tr>
<tr><td>2月</td><td>Februarius</td><td>28日</td></tr>
<tr><td>3月</td><td>Martius</td><td>31日</td></tr>
<tr><td>4月</td><td>Aprilis</td><td>30日</td></tr>
<tr><td>5月</td><td>Maius</td><td>31日</td></tr>
<tr><td>6月</td><td>Junius</td><td>30日</td></tr>
<tr><td>7月</td><td>Julius</td><td>31日</td></tr>
<tr><td>8月</td><td>Augustus</td><td>31日</td></tr>
<tr><td>9月</td><td>September</td><td>30日</td></tr>
<tr><td>10月</td><td>October</td><td>31日</td></tr>
<tr><td>11月</td><td>November</td><td>30日</td></tr>
<tr><td>12月</td><td>December</td><td>31日</td></tr>
<tr><td>1年</td><td></td><td>365日</td></tr>
</table>

인지, 그는 트라키아·아크팀 전쟁에서 승리를 거둔 8월〈섹스틸리스Se-xtilis〉의 달이름(月名)을, 전승戰勝 기념이라는 대의명분 아래 〈아우구스투스Augustus〉로 바꾸어 버렸다.

더욱이 황제인 자신의 달이 다른 달보다 날짜수가 적은 것은 황제의 권위와 관계가 있다고 해서 8월을 31일로 격상시키고, 그 대신 2월을 28일로 삭제하였다. 그 결과 7월·8월·9월 세 달이 3개월 동안 계속 31일로 연속되게 되었다. 아우구스투스는 7월〈율리우스〉가 율리우스 케사르의 달이고, 8월은 자신의 달이므로 손을 대지 않는 대신에 큰 달과 작은 달이 교대로 오도록, 9월을 30일로 하고 10월을 31일, 11월을 30일, 12월을 31일로 하루씩 증감增減하여 앞의 표와 같이 정했다.

우리들이 현재에도 일반적으로 자주 사용하는〈이사육구사二四六九士〉라는 말의 근원은, 실은 아우구스투스가 자신의 이름을 8월에 넣고 달력을 개정했을 때부터 비롯된 것이다. 홀수달이 큰 달이라는 매우 질서정연했던 달력을 고쳤다는 사실을 생각해 보면 아우구스투스도 도가 지나치지 않았나 싶다.

영어에서〈윤년〉을〈bissextile〉라 부르지만,〈leap year〉정도라면 몰라도 그다지 익숙한 단어는 아니다. 이미 알고 있는 바와 같이〈bi〉는 〈2〉를 의미하고,〈sex〉는〈6〉이라는 말이므로 윤년은 아무래도〈2〉와

아우구스투스상

〈6〉과 관계가 있는 듯하다.

　아우구스투스는 2월을 28일로 하고, 윤년에는 율리우스력에서 정해 놓은 그대로 4년마다 2월 23일과 2월 24일 사이에 〈윤일閏日〉을 넣었다. 그런데 이 2월 24일이라는 것은 로마방식으로 부르면 〈카렌다에 6일 전〉이 된다.

　그런 까닭에 그 전에 들어있는 윤일은 〈또 하나의 6일 전〉이라는 뜻으로 〈두번째의 6일 전〉(bisextum)이라 부른다. 그리고 그 〈두번째의 6일 전이 있는 해〉라는 형용사가 영어에 남아서 〈윤년〉의 뜻으로 사용되고 있다.

　달력을 옮겨서 사람을 동요시키는 일은 그후에도 계속된다.

　세계에서 으뜸가는 로마제국의 황제가 된 아우구스투스가 죽은 후, 2대째 황제가 된 양자 티벨리우스Tiberius도 측근으로부터 11월을 〈티벨리우스〉로 개칭하여 달력에 그 이름을 남기라는 진언進言을 받았다. 그러나 티벨리우스는 『황제가 13명이 되면 어떻게 하겠는가』라고 말하며 그 진언을 물리쳤다고 한다. 악명 높은 제5대 로마 황제 네로Nero도 4월을 〈네로네우스Neroneus〉로 고쳤지만, 네로의 사후 즉각 본래의 4월로 바뀌었다.

도미티아누스상

【윤년閏年】	
2月 23日	테르미나리아
閏 日	카렌다에 두번째의 6일 전
24日	카렌다에 6일 전
25日	카렌다에 5일 전
26日	카렌다에 4일 전
27日	카렌다에 3일 전
28日	카렌다에 2일 전
3月 1日	카렌다에

윤일閏日(bisextum) 계산법

또한 9대째 황제 도미티아누스Domitianus는 자신을 신격화하여 『짐은 곧 주군이며 신神이다』라고 칭하고, 황제와 황제상皇帝像에 예배할 것을 강요하고 따르지 않는 사람은 가차없이 죽여버렸다고 한다. 그는 《구약성서》의《요한계시록》가운데〈짐승〉으로 묘사된 폭군으로, 그 도미티아누스도 선례를 본따서 10월을 자신의 이름으로 바꾸었다. 그뿐 아니라 그는 9월을〈게르마니쿠스Germanicus〉라 개칭했던 것이다.

게르마니쿠스란 사람도 폭군으로 알려진 제3대 황제 칼리굴라Caligula이다. 도미티아누스는 이 칼리굴라를 존경하고 사랑하였으므로, 그의 본명을 달력에 남기려고 했다. 여담이지만 칼리굴라라는 것은 별명인데, 그는 황제가 되었음에도 불구하고 병사의 복장에 작은 구두 칼리가caliga를 신은 옷차림으로 지휘를 했다. 그 때문에 병사들로부터 감추어진〈유아용 구두〉로 불리게 되었고, 그것이 나중에〈칼리굴라〉가 되어서 역사에 남았다고 한다.

물론 9월·10월의 명칭이 바뀐 것은 도미티아누스가 생존해 있는 동안

<table>
<tr><td colspan="2" align="center">【역대 로마황제】</td></tr>
<tr><td colspan="2" align="center">(진한 부분은 개력하였던 황제)</td></tr>
<tr><td>기원 전27 ~ 후14</td><td>**아우구스투스**</td></tr>
<tr><td>후14 ~ 후37</td><td>티베리우스</td></tr>
<tr><td>37 ~ 41</td><td>**칼리굴라**</td></tr>
<tr><td>41 ~ 54</td><td>클라우디우스</td></tr>
<tr><td>54 ~ 68</td><td>네로</td></tr>
<tr><td>68 ~ 69</td><td>가루바</td></tr>
<tr><td>69 ~ 79</td><td>베스파시아누스</td></tr>
<tr><td>79 ~ 81</td><td>티투스</td></tr>
<tr><td>81 ~ 96</td><td>**도미티아누스**</td></tr>
<tr><td>96 ~ 98</td><td>네르바</td></tr>
<tr><td>98 ~ 117</td><td>트라야누스</td></tr>
<tr><td>117 ~ 138</td><td>하드리아누스</td></tr>
<tr><td>138 ~ 161</td><td>안토니누스 피우스</td></tr>
<tr><td>161 ~ 180</td><td>마르크스 아우렐리우스</td></tr>
<tr><td>180 ~ 192</td><td>콤모두스</td></tr>
</table>

뿐이었고, 그의 사후 다시 본래의 이름을 사용하였음은 두말할 필요도 없다.

또 한 사람 15대째 황제 콤모두스Commodus도 달력에 관한 말을 할 때는 언제나 따라다닌다. 그는 『나야말로 로마의 헤라클레스이다』라고 엉터리로 지껄이며 제멋대로 12개월 전부를 자신의 이름과 자신에 대한 경칭만으로 바꾸어 버렸던 것이다.

물론 이것도 그의 사후 곧 없어졌지만, 가령 〈칼리굴라리〉라든가 〈네로나리〉 등과 같은 달이름(月名)이 남았다고 한다면 그것은 어처구니 없는 일이다. 현대에 와서도 〈히틀러리〉라든가 〈스탈리나리〉로 바꾸지 않는다고는 말할 수 없는 독재자가 있었는데, 만약 바꿀 수 있다면 세계의 뛰어난 미녀의 이름을 넣는 쪽이 더 나을지도 모른다. 독자 여러분도 잠간 짬을 내어 〈마릴리나리〉 등을 생각해보면 스트레스 해소에 도움이 될지도 모른다.

이야기가 약간 빗나갔지만, 로마 황제들이 다투어 달력에 이름을 남기려고 했던 사람들 중에서 결국 오늘날까지도 전해지고 있는 것은, 율리우스력의 창시자이기도 한 율리우스 케사르와 신성히고 유명한 로마황제 아우구스투스의 이름에 불과하다. 아우구스투스가 정한 12월의 명칭은 서구 세계를 중심으로 한 각국에 전해져서 각나라 말로 12개월의 어원으로 지금도 면면히 이어져 사용되고 있다.

【〈그레고리오력〉의 구조】

율리우스력은 아는 바와 같이 1년의 길이를 365.25일로 정하였다. 그러나 1태양년은 365.24219879일이므로 율리우스력에서는 1년 동안 0.00780121일[약 11분 14초]씩, 실제 태양의 운행보다도 달력의 날짜 쪽이 길게 되어 있다. 이 오차는 128년이 지나면 거의 24시간, 즉 하루에 가까워진다.

$$(-365.24219879+365.25)\times128=0.99855488\fallingdotseq1$$

이라는 것은 128년이 지나면 달력의 날짜 쪽이 하루 빨라진다는 의미이다.

처음부터 로마인의 달력의 발상에는 『한 해의 시작은 밤낮의 길이가 같아지는 춘분부터』라는 관념이 있었기 때문에, 달력상의 달의 순서와 부르는 방식을 다양하게 바꾸어도, 『봄은 춘분부터 시작된다』는 발상은 계속 뿌리깊게 남아있다. 이것은 테르미나리아를 연말로 생각하던 풍습을 대제조차 바꿀 수 없었던 점을 보아도 알 수 있을 것이다.

더욱이 기원후 4세기 황제 콘스탄티누스 1세 때에 로마가 그리스도교를 국교로 삼았기 때문에, 그리스도의 소생을 축하하는 그리스도교 최대의 축제 〈부활제〉가 로마인에게는 이제까지의 춘분과 마찬가지로 1년의 중요한 한 고비로 생각되어지고 있다.

그런데 콘스탄티누스는 325년에 부활제를 다음과 같이 결정했다.

『부활제는 춘분春分 뒤에 오는 만월滿月 직후의 일요일에 행한다.』[니케아 종교회의]

현대에서도 부활제의 날짜는 회의의 결정 그대로 3월 22일부터 4월 25일까지 사이의 〈이동축일移動祝日〉로 되어 있다. 그리고 그리스도교의 행사는 대부분이 부활제를 기준으로 정해져 있다.

또한 춘분은 〈3월 21일〉로 결정되었다. 낮과 밤의 길이가 똑같아지는 날을 3월 21일이라고 달력상으로 결정해 버렸다. 그것도 하루에 11분 14

그레고리우스 13세

초 오차가 있는 율리우스력으로 결정해 버린 것이다.

그런데 시간은 흘러서 16세기, 로마 법왕法王 그레고리우스 13세Gregorius ⅩⅢ의 시대로 간다.

율리우스력의 일차日差 11분 14초는 쌓이고 쌓여서 16세기에는 그 오차가 10일 남짓하였다. 그 때문에 달력상으로 3월 21일이 춘분이 되어야 하는데, 실제로는 3월 11일이 되었다. 달력상의 춘분보다 10일이나 빨리 밤낮의 길이가 똑같아지는 날이 되어버린 셈이다. 종교회의 장소에서 공식적으로『춘분은 3월 21일』로 정해진 이상, 이 혼란함을 방치해 두었을 리는 없다. 춘분날을 올바르게 달력 날짜에 고정시켜 둘 필요가 있는 것은 당연했고, 그리스도교 그 자체의 권위에도 관계가 있었다. 그레고리우스 13세는 훌륭한 결단을 내렸다.

그레고리우스 13세가 내린 훌륭한 결단은 바로 이런 것이다. 1582년 10월 4일 다음날을 10월 15일로 하고, 그 사이의 10일간을 달력에서 빼버린 것이다. 그 결과 역사상에서 1582년 10월 5일부터 14일까지의 날짜는 존재하지 않게 되었다.

이렇게 해서 춘분은 또다시 3월 21일로 되돌이기게 되었다. 그러나 이대로 방치해 두면 또다시 11분 14초라는 문제가 있으므로 춘분의 어긋남을 반복하게 된다는 점을 알고 있었다. 그래서 그레고리우스는 〈윤년〉의 결정을 다음과 같이 고쳤다.

『서력년을 4로 나누어서 정확하게 맞아떨어지는 해를 윤년으로 한다. 단 서력년이 100으로 나누어져도, 400으로 나누어 맞아떨어지지 않을 때는 평년平年으로 한다. 윤일은 2월 28일의 다음날 2월 29일로 한다.』

이것이 소위 〈그레고리오력〉이다.

이것은 4년마다 윤년이 오는 점에서는 율리우스력과 다를 바가 없지만, 4백 년 사이에 세 차례 윤년을 생략한다는 점이 새로운 발상이라 할 수 있다. 예를 들어 기원 1900년은 100으로 나누어지지만, 400으로는 나누어지지 않으므로 율리우스력에서는 윤년이었던 것이 그레고리오력에서는 평년이 된다. 마찬가지로 기원 2000년은 100으로 나누어서 정확하게 맞아떨어지고 400으로도 맞아떨어지므로 그레고리오력에서도 윤년이 된다. 이것은 간단히 말하면 그레고리오력에서는『4백 년 사이에 97

회 윤년을 둔다』는 것이 된다. 계속해서 그 그레고리오력의 구조를 잠깐 조사해 보자.

먼저 율리우스력과 같이 4년마다 윤년을 두게 되면 1년이 365.25일이 되어 1태양년보다도 길어지게 된다. 그래서 그레고리오력에서는 단서를 달아 윤년에 해당되더라도 400으로 나누어서 맞아떨어지지 않는 해는 평년으로 했다. 즉 4백 년 사이에 윤년이 1백회였던 것이 97회로 감소되었다. 이렇게 해서 평균은

$$\frac{(365 \times 303) + (366 \times 97)}{400} = 365.2425$$

가 되어 1태양년에 가까워진다. 이것이 그레고리오력의 원점이다.

이것으로 그레고리오력은 진짜 태양의 운행과 혼란이 없어졌는가 하면, 1태양년은 365.24219879일이므로 그레고리오력과의 차이는 아직 0.00030121일이 있다. 즉 달력 쪽이 태양의 운행보다도 1년 동안에 약 26초만 빨리 나아가게 된다.

물론 연간 26초의 차이도 $0.00030121 \times 3319 = 0.99971599 = 1$이라는 계산대로, 3319년이 지나면 거의 하루라는 차이가 생긴다. 더욱이 가령 1583년에 춘분이 3월 21일로 일치되어 있다고 한다면, 기원 4902년이 되어서 처음으로 1일의 오차가 생기는 정도이므로 아직은 안심하고 사용해도 좋다.

이 그레고리오력은 로마 법왕에 의해 개정된 달력이라는 점에서, 이탈리아·프랑스·스페인·포르투갈·폴란드·네덜란드·헝가리 등의 가톨릭교를 믿는 국가에서는 곧 채용되었지만, 개신교를 믿는 나라들에서는 처음에 종교적인 반발 때문에 거부하였다.

영국·스웨덴·덴마크 등이 그레고리오력을 채용한 것은 2백 년 뒤의 18세기 후반이다. 그리스정교를 믿는 국가들 사이에서는 유대 지역과 동시에 부활제를 축하하는 일과 관계가 있어서 채용하기까지 3백 년의 세월을 필요로 하였다. 그러나 세계 정세의 흐름에 따라서 소련·그리스·터키도 채용하기에 이르렀고, 중국에서도 1912년 신해혁명 때부터 받아들였다.

한편 일본은 1872년 12월 2일[메이지 5년]의 다음날을 메이지 6년 1월 1일로 정하여 율리우스력을 채용하였지만, 그로부터 27년 후의 1900년[메이지 33년]에 처음으로 그레고리오력을 채용했다.

【 색다른 달력 〈이슬람력〉】

세계에는 그레고리오력과는 관계 없이 각기 독자적인 달력을 사용하고 있는 곳도 많다. 따라서 그 대표적인 것으로 〈이슬람력〉부터 소개하고자 한다.

이슬람교는 예언자 마호멧에 의해 확산된 종교로, 알라를 유일 절대신으로 섬기는 종교로 알려져 있다. 또한 코란을 경전으로 존숭하고 있으며, 하루에 다섯 번 성지 메카를 향해 기도를 올린다. 그리고 라마단 달에는 일출시부터 일몰시까지 단식을 하는 등 엄격한 계율이 있는 것은 일반적으로 널리 알려져 있는 사실이다.

이슬람력에서는 마호멧이 50세 때 신의 계시를 빌어 메카에서 야스리브[그후에 메디나로 바뀌었음]로 옮겨간 해를 기원으로 하여, 2대째 칼리프 우마르가 기원 622년을 〈헤지라 기원〉의 원년으로 정한 것으로 알

마호멧상

려져 있다.

이 이슬람력이라는 것은 순전히 태음력으로 1년이 354일로 이루어져 있으며, 홀수달은 30일, 짝수달은 29일로 되어 있다.

또한 30년 동안에 11회의 윤년을 정하여, 윤년에는 1년을 355일로 하고 연말에 1일을 첨가했다. 그 11회의 윤년은 어떻게 설정되었는가 하면, 헤지라 기원 연수를 30으로 나눈 나머지가 2·5·7·10·13·16·18·21·24·26·29의 어느 경우가 되는 해로 정하였다.

이것을 수학적인 기호로 나타내면 다음과 같다. 헤지라 기원 연수를 y라고 하면

$$11y+14 \equiv R(mod\ 30),\ 0 \leq R < 11$$

이 되는데 여기에서 y가 윤년이다. 수식에 강한 이는 시험해 보기 바란다.

이슬람력은 1년이 354일이고, 큰 달 작은 달이 6개월씩이므로 1개월은

【이슬람력】

1月 〈무하람〉 (전쟁을) 금지하는 달	……	30일
2月 〈사파르〉 (전쟁으로) 공허한 달	……	29日
3月 〈라비 우르 아우와르〉 봄의 달	……	30日
4月 〈라비 웃 사니〉 봄의 달	……	29日
5月 〈쥬마다르 아우와르〉 추운 달	……	30日
6月 〈쥬마닷사니〉 추운 달	……	29日
7月 〈라쟈브〉 (마호멧 승천) 신성한 달	……	30日
8月 〈샤반〉 예언자의 달, 이산의 달	……	29日
9月 〈라마단〉 단식의 달, 무더운 달	……	30日
10月 〈샤우와르〉 꼬리의 달	……	29日
11月 〈즈루 카이더〉 (전쟁이 없는) 안주의 달	……	30日
12月 〈즈루 힛샤〉 순례의 달	……	29日

평균 29.5일이 된다. 그렇지만 달의 진짜 삭망월朔望月은 29.5305882일이므로, 1개월에 0.0305882일씩 차이가 생기게 된다. 3년이 지나면 이 차이는 1.101175일, 결국에는 1일 이상의 차이가 생긴다. 그런 까닭에 30년 사이에 11일의 윤년을 끼워넣으면, 그 오차는 30년 사이에 0.01175일이 되어서 거의 달력의 날수와 삭망월이 일치하게 되는 것이다.

헤지라 기원 연도와 서력 연도의 관계를 수식으로 나타내면 다음과 같이 된다. 여기서 임시로 헤지라 기원 연도를 AH, 서력 연도를 AD라고 가정하면

$$AH = (AD - 621.54) \div 0.970225$$
$$AD = (AH \times 0.970225) + 621.54$$

가 된다. 그러므로 예를 들어 위 수식의 AD에 1982를 넣으면, AH는 1402가 되므로 서력 1982년은 헤지라 기원 1402년이 됨을 알 수 있다.

이슬람력은 그레오리오력에 비해 1년이 11일 짧으므로, 태양년보다 11일이나 빨리 다음 해가 온다. 그래서 단식하는 달인 라마단은 3년에 약 1개월의 차이가 있어 계절을 건너뛰어서, 단식의 달이 더운 여름이 되기도 하고 추운 겨울이 되기도 한다.

또한 11일의 혼란은 33년이 지나면 약 1년이 되므로, 이슬람교도의 66세는 우리들 64세에 해당된다.

【 〈이란력〉은 어떠한가 】

이란에서는 서력 1925년에 오랫동안 사용해 온 이슬람력을 개정하고 〈이란력〉을 새롭게 만들어서 현재 공용달력으로 사용하고 있다. 이슬람력은 종교행사 때에만 사용한다고 한다. 또한 1976년에 기원전 559년을 기원 원년으로 하는 제국 달력을 사용했지만 1978년부터 또다시 이란력을 사용하게 되었다.

이 이란 달력도 조금 바뀐 구조를 갖고 있으므로 소개해 둔다.

이것도 기원 원년을 서력 622년으로 정하여 이슬람력과 같은 〈헤지라 기원〉이지만, 이슬람력이 태음력太陰曆인데 비하여 이란력은 태양력太陽曆이다.

연초는 춘분의 날로 3월 21일이지만, 1개월의 날짜 정하기가 흥미롭게도 전반 6개월은 31일, 후반은 30일이고 12월만 29일로 이루어져 있다. 4년에 한 번 윤년이 있고, 그 해는 12월을 30일로 하고 있다.

또한 달의 이름은 고대 페르시아력의 호칭을 답습한 것이다. 제5장 마지막 도표를 참조하기 바란다.

【〈불멸기원佛滅紀元〉과 〈미얀마력〉】

미얀마에서는 서력 638년부터 정식으로 미얀마력을 사용하고 있다. 외교적으로는 서력을 채용하고 있지만, 국내에서는 미얀마력이 일상생활에 이용되고 있다. 기원 원년은 기원전 544년이나 오래된 것으로 불교의 개조開祖 석가의 열반을 기념해서 그 해를 기원으로 한 것이며, 이를 〈불멸기원佛滅紀元〉이라 한다.

단 최근의 연구에 따르면, 석가가 열반에 든 때는 기원전 383년이 정설로 되어 있는 것 같다.

미얀마력은 완전히 태음력으로 1년은 354일로 이루어져 있고, 홀수달이 30일, 짝수달이 29일로 되어 있다.

한 해의 시작은 대개 봄 4월 무렵의 초하루이고, 1개월은 초하루부터 보름날까지를 〈하얀달〉(白月), 보름 다음날부터 말일까지를 〈검은달〉(黑月)이라 하며, 1개월을 전반과 후반 두 가지로 나누고 있다. 하얀달의 8일과 15일(보름달), 검은달의 8일과 14일 또는 15일(그믐날)이 휴일休日이다.

완전한 태음력은 태양력으로부터 약 11일 늦게 되어 있으므로 계절의 차이가 발생한다.

미얀마에서는 〈19년 7윤법〉이라 하여, 19년 사이에 7회 윤달을 끼워넣어 계절의 차이를 없앴다. 윤달은 30일로 하고, 윤년은 윤달을 여분으로 보충하고 있으므로 1년 13개월이 되어 1년이 384일이 된다.

【〈프랑스 혁명력〉】

1789년 프랑스 혁명으로 프랑스가 공화국이 된 것을 기회로, 국민의회는 기분을 새롭게 하기 위해서 달력에도 혁명을 한다는 이유로 〈공화력共和曆〉을 만들었다.

이것이 이른바 〈혁명력革命曆〉이다.

현재는 물론 사용되지 않지만, 북프랑스의 기후에 어울리게 명명된 달 이름이 매우 시정詩情이 풍부하고 아름답기 때문에 덧붙여 두었다.

이 혁명력은 1년을 365일, 1개월을 대개 30일로 했지만, 1주간을 폐지하고 1개월을 10일씩 세 가지의 〈데카드〉(旬)로 나누고 1일을 10시간, 1시간을 100분, 1분을 100초로 하는 10진법으로 나누었다.

1개월을 30일로 했기 때문에 남은 5일은 〈공화력의 윤일〉, 즉 혁명

【프랑스 혁명력】	
1月 vendémiaire	포도의 달
2月 blumaire	안개의 달
3月 frimaire	서리의 달
4月 nivôse	눈의 달
5月 pluviôse	비의 달
6月 ventôse	바람의 달
7月 germinal	싹이 트는 달
8月 floréal	꽃의 달
9月 prairial	목장의 달
10月 messidor	수확의 달
11月 thermidor	더위의 달
12月 fructidor	과일의 달

당원 윤일로서 연말로 정하여 제1일부터 제5일까지를 〈덕일德日〉〈재능일才能日〉〈노동일〉〈언론일〉〈보수일報酬日〉이라 이름 붙여 국가적인 휴일로 삼았고, 윤년에는 거기에다 제6일을 덧붙였다.

추분秋分을 한 해의 시작으로 삼아서 공화력은 1792년 9월 22일을 기원 원년 1월 1일로 정하였지만, 1806년 나폴레옹이 황제가 되어 그레고리오력으로 바꾸었다. 따라서 공화력은 불과 14년의 운명만을 유지했을 뿐이지만, 각달의 이름에는 〈안개의 달〉〈꽃의 달〉〈더위의 달〉과 같이 인상 깊은 이름이 붙여져 있다.

【〈남아있는 날짜[餘日]〉에 관하여】

1년은 360일이라는 생각을 기본으로 하여 달력을 정하고, 나머지 날을 〈남아있는 날짜〉로 여러 가지 해석을 한 예가 세계에는 종종 있었다.

앞서 서술한 프랑스 혁명력도 그러하듯, 5일의 남은 날짜를 국가의 휴일로 하여 연말에 놓아두었다.

이 남아있는 날짜는 고대 이집트에서 만든 달력에서도 볼 수 있었고, 오리엔트에서는 달의 차고 이지러짐을 중심으로 달력을 생각해냈으나 이집트의 것은 태양력으로서 나일 강의 홍수와 농작물을 중심으로 한 계

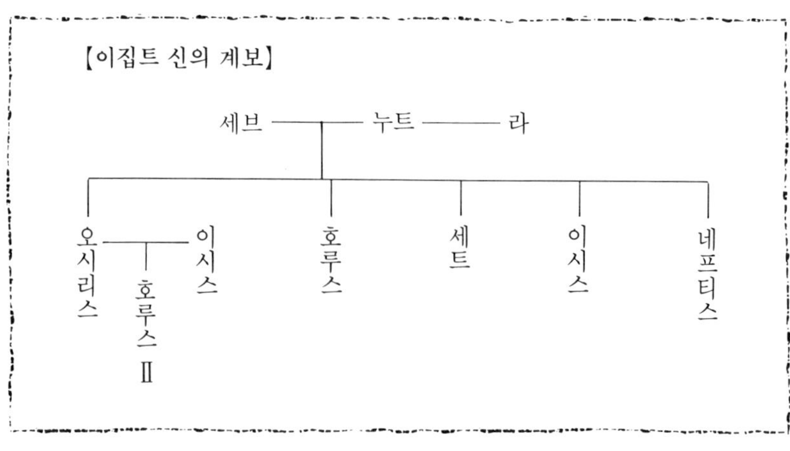

절을 축으로 하여 남아있는 날짜가 있는 달력을 만들었다.

1년을 12개월로 정하고 1개월을 30일로 하면, 진짜 태양력은 365일이 되므로 5일의 남아있는 날이 생긴다. 이 5일을 이집트에서는 〈에파고메네〉라 하여 일을 하지 않는 축제일로 정했다.

태양신 라Ra는 부인인 하늘의 신 누트와 땅의 신 세브가 바람을 피우는 것을 알고,『누트는 없는 해 없는 달에 자식을 낳는다』라고 선고했다. 누트는 라Ra의 주술이 풀리지 않는 동안에 오시리스를 낳았고, 2일째에 호루스, 3일째에 세트, 4일째에 이시스, 5일째에 네프티스를 낳았으므로 에파고메네의 날을 하루씩 신의 날로 정했다고 한다.

누마력에도 남아있는 날짜가 있다.

1년을 1툰이라 하며, 1분은 18위나르[달], 1위나르는 20킨[날]으로 이루어져 있다. 그러면 1년은 360일이 되어서 5일의 남은 날짜가 생긴다. 이것을 〈웨이에브〉라 하여 불길한 날로서 19번째의 달로 하였다.

【〈몰일沒日〉에 관하여】

여분의 날이 있어서 음양이 부족하므로 올바른 날짜가 아니라고 보고, 모든 날을 흉한 날로 하는 것을 〈몰일沒日〉이라 한다. 이것은 나라(奈良)시대에 사용했던 〈의봉력儀鳳曆〉에도 씌어져 있다.

몰일沒日이라는 것은 1년을 360일로 하는 사상에서 생겨난 것으로, 1년을 365.25일로 하면 5.25일이 여분의 날이 된다. 이 여분의 날을 평균하면 365.25÷5.25=69.57……이므로 약 69.57일이 되어서 69일 또는 70일마다에 1일의 여분이 생기므로 이 날이 몰일로서 여분인 날이며, 음양의 조화가 이루어지지 않은 1일이라고 생각했던 것이다.

중국의 달력 속에서도 1년을 360일로 정했던 역사가 있는 것은 흥미롭지만, 일본에서는 스이코(推古) 천황 12년, 기원 604년부터 중국의 원가력元嘉曆을 사용하여 처음으로 달력을 채용하게 되었으므로 그 이후 1천년에 걸쳐서 〈몰일沒日〉이 존재하기에 이르렀다. 1684년 정향력貞享曆이 시부카와 슈카이(澁川春海, 1639~1715. 천문학자)에 의해 만들어지면서부터 몰일没日은 자취를 감추었다.

【〈기원紀元〉에 관하여】

달력의 연월일은 춘분과 새달(新月)을 기점으로 정해졌지만, 시간의 흐름을 받아들여서 문제가 된 것이 기원이다. 기원은 건국이나 독립과 같은 국가적인 행사와 종교적인 축제를 기념해서 만든 예가 많다.

칼데아인은 바빌로니아의 건설자 나보폴랏사르가 즉위한 기원전 747년부터 해를 헤아리기 시작했다. 이것을 〈나보폴랏사르 기원〉이라 한다. 유태인은 기원전 3761년에 세계가 창조되었다고 생각하여 이것을 〈유태 기원〉의 원년으로 삼았다. 이것이 이스라엘에서 현재 사용하고 있는 기원이다. 한편 그리스인은 기원전 776년 제우스의 제전 경기로 제1회 올림픽이 개최된 것을 기념하여 〈올림픽 기원〉을 사용했고, 4년마다로 나누어진 〈올림픽력〉으로 해를 기록했다. 로마에서는 로물루스가 건국한 기원전 753년을 〈로마 기원〉의 원년으로 정하여 해를 계획하는 기점으로 삼았다.

2세기의 천문학자 프톨레마이오스Ptolemaios는 〈나보폴랏사르 기원〉을 사용하여, 당시의 로마 황제 안토니누스 피우스까지의 달력표를 만들었는데, 이 기원은 나중에 로마에서도 사용하게 되었다.

그런데 1백 년 후 디오클레티아누스가 로마황제가 되면서 그는 스스로를 신이라 칭하며 숭배하도록 요구했고, 로마의 질서는 신의 은총에 의한 것으로 간주하였으며 더 나아가서 그리스도교를 이단으로 여겨서 교회를 부수고 성서聖書를 몰수하고 그리스도교도의 시민권을 박탈하여 노예로 삼았다. 더욱이 그때까지 사용하고 있던 기년법紀年法을 폐지하고, 자신이 즉위한 기원 284년을 〈디오클레티아누스 기원〉 원년으로 정했기 때문에 연대는 이 해를 기점으로 해서 계산하게 되었다.

그후 그리스도교는 로마의 국교로 융성하였지만, 기년법은 탄압자 디오클레티아누스가 정한 법을 사용하고 있다.

이 기년법에 의심을 품은 사람은 로마의 승원장僧院長 에크시구스 디

오니시우스로서, 그는 그리스도교를 탄압한 디오클레티아누스의 기원을
〈악마가 정한 기원〉이라고 단정하고, 그리스도의 탄생을 기원으로 하는
것이 가장 좋다고 생각했다. 그 결과 디오클레티아누스는 기원 248년을
〈그리스도 기원〉 532년으로 해서 부활제의 날짜를 정하여 달력을 만들
었다.

이 〈그리스도 기원〉(Era of Incarnation)은 로마 법왕 보니파티우스 2
세의 인가를 받아 교회에서 사용하게 되었고[보통 학자들은 로마 기원을
고집하며 역사를 기술하고 있었던 것 같지만], 9세기에는 유럽으로 보급
되었으며 18세기 후반에는 전세계에서 사용하게 되었다고 한다.

그런데 디오니시우스가 그리스도가 탄생하였다고 생각했던 그 해에
정말로 그리스도가 태어났을까?

성서에는 『그리스도는 헤롯왕 때에 나셨다』라고 기록되어 있다.《마태
복음》 그러나 헤롯왕은 기원전 4년에 사망하였다. 그렇다면 그리스도는
그 이전에 태어났어야만 되므로 〈그리스도 기원〉의 이치가 맞지 않는다.

또한 그리스도가 탄생할 때 『동방의 박사들이 별에게 인도되어 가니
그리스도가 태어나는 지점에서 멈추었나』라는 기록이 있다.《마태복음》
이 별은 〈베들레헴의 별〉이라 일컬어지며, 천문학과 역사의 측면에서도
연구되고 있지만 토성[이스라엘의 수호성]과 행운의 별 목성이 그 해 같
은 물고기자리에 들어있었기 때문에 밝게 보였던 것이라는 유명한 논증
이 있다. 그 학설에 따르면 그리스도는 기원전 7년생이 된다.

마지막으로 『마리아는 요셉과 함께 호적戸籍하러 베들레헴에 왔다가
마굿간에서 그리스도를 낳았다』《누가복음》라고 성서에 기록되어 있지
만, 이 호적戸籍은 기원전 7년 무렵의 황제 아우구스투스에 의한 것과 기
원 6년 무렵의 시리아 총독에 의한 것 등 두 가지의 해석이 있고, 명령이
전달되는 시간을 고려하면 기원전 5년 무렵이 되든가 아니면 기원 7년
무렵이 된다. 결국 디오니시우스의 학설은 그릇된 학설로 판명되고, 정
확한 탄생 연도는 기원전 4년 무렵이라는 것이 정설이 된다.

덧붙여 밝혀둘 것은 서력 기원을 의미하는 A.D.는 〈Anno Domini〉
(During the year of the Lord)의 약자이다.

자연력自然曆—24절기

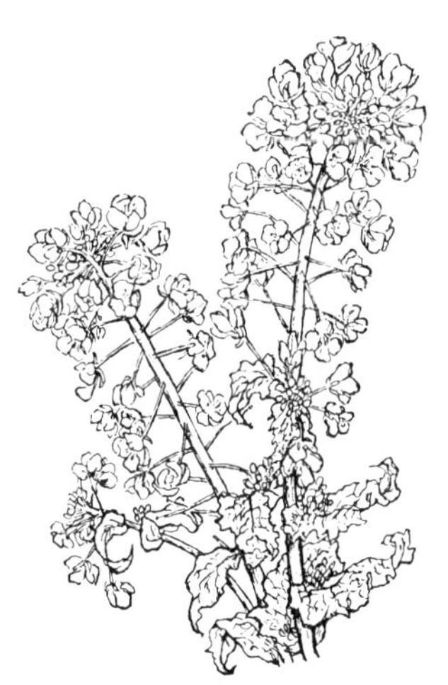

【 자연의 계절에 맞춘 달력의 기준 】

〈24절기〉라는 말은 기성세대들은 친숙한 단어일 것이고 젊은 사람이라도 〈입춘〉〈경칩〉〈입추〉 등과 같은 말을 들은 적이 있으리라 생각한다. 그러나 이 명칭이 2천 년 전 중국의 《전한서율력지前漢書律曆志》라는 책에 기록되어 있다는 점, 또한 그 분류가 어떻게 이루어져 있는가를 알면 놀라지 않을 수 없을 것이다.

이와 같은 단어의 풍부한 표현법과 아름다운 언어는, 오랫동안 생명을 유지하며 현재 일본에도 전해지고 있다.

농경민족에게 있어서 계절을 정확하게 파악하는 일이 무엇보다도 중요했음은 말할 필요조차 없다. 이는 한란건습寒暖乾濕한 계절의 변화를 정확히 파악하는 일이 보다 나은 수확을 보장해 주었기 때문이다. 단지 이미 서술한 대로 달의 차고 이지러짐으로 계절을 감지하게 되면, 1년에 약 11일의 혼란이 생긴다.

중국에서는 옛날부터 1개월의 시작은 새달의 첫날, 즉 〈초하루〉였다. 1년의 시작은 나중에 서술하겠지만, 처음에는 동지였으나 후대에는 입춘으로 정해졌다. 1년이 시작된다는 것은 태양의 부활이며 농사의 시작, 봄의 시작을 의미한다.

물론 달의 부활을 1개월의 시작으로 하고, 〈윤년〉을 첨가하면 달력의 날수와 기후의 차이는 30일 이상은 아니라 하더라도 10일·20일 정도의 차이는 자연을 상대로 하는 농경과 수확에 커다란 지장을 주었다.

【 〈24절기〉란 】

그런데 계절의 변화와 일치하면서 몇 년이 지나도 틀리지 않는 기준은 1년 중에서 밤낮의 길이가 같은 날과 일조시간이 가장 긴 날과 가장 짧은 날, 즉 〈춘분〉〈추분〉〈하지〉〈동지〉 등이다. 특히 중국에서는 1년의 시작을 동지나 입춘으로 정하였다.

이와 같이 기후와 합치하는 기준점을 근원으로 달력의 날을 나눈 것이 〈24절기〉이다. 이것은 약간 어딘지 모르게 옛스러운 이미지가 있으면서도 의외로 과학성을 지니고 있는 점에 놀라지 않을 수 없다.

【입춘立春】 현재의 2월 4일 무렵으로 입춘부터 봄이 시작되며, 그것은 또한 한 해의 시작이기도 하다.

입춘을 연초로 하는 사고방식은 중국에서는 한나라시대에 시작되었다. 〈春〉이라는 한자에는 흙 속에서 씨앗이 싹을 틔우면서, 아직 땅 위로 나오지 않고 꿈틀거리고 있는 것으로 태양이 떠올라서 풀이 생긴다는 의미가 담겨있다. 생기있는 지하의 활력이 이제부터 펄펄 용솟음쳐 나오려는 시기이다.

그렇지만 그 이전의 전한前漢시대에는 봄이 동지부터라고 생각했다.

당시의 철학자 유안劉安의 《회남자淮南子》에는 다음과 같이 서술되어 있다.

『여름이 되면 음은 양으로 올라간다. 겨울이 되면 양은 음으로 올라간다. 낮은 양으로 밤은 음으로 분리한다. 양의 기운이 이기면 낮이 길어지고 밤이 짧아지며, 음의 기운이 이기면 낮이 짧아지고 밤이 길어져서 동

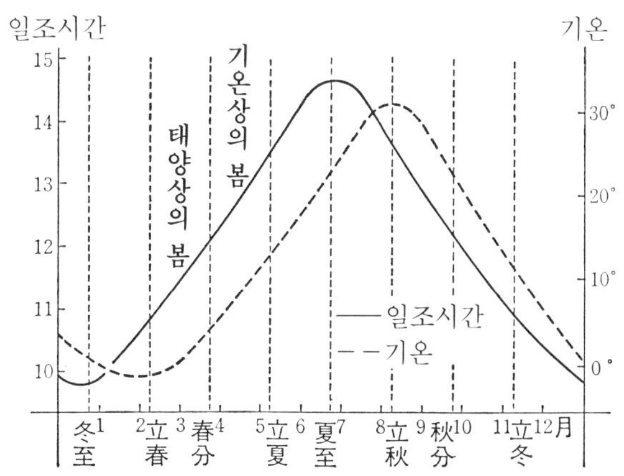

지에는 음의 기운이 극에 달하여 양의 기운이 싹트고, 하지에는 양의 기운이 극에 달하여 음의 기운이 싹튼다.』

그것은 하루의 일조시간을 근본으로 생각하면, 동지는 일조시간이 가장 적은 날이라서 1년 중에서 낮이 가장 짧고 밤이 가장 길다. 음의 기운이 극에 달해서 여기서부터 양의 기운이 싹튼다고 하며, 음에서 양으로 변화되는 일양래복—陽來復(음陰인 겨울이 끝나고 양陽인 봄이 돌아온다는 뜻. 음력 11월 또는 동지의 별칭)의 날이므로 〈동지〉부터 봄이 시작된다고 생각했다.

그러나 이번에는 기온을 근원으로 생각해 보면, 계절적으로 가장 기온이 내려가는 추운 날은 〈입춘〉이고, 입춘부터 점차적으로 따뜻해져서 봄이 된다. 확실히 동지부터 일조시간은 길어지지만『동지 겨울이 비로소 겨울의 시작이다』라는 말이 있는 것과 같이, 동지는 겨울의 한가운데이며 그때부터 본격적인 겨울철이 된다.

시간상의 봄보다 기온상의 봄을 보면 가장 추운 날이지만, 그후는 따

【이십사절 일람표】

아래의 날짜는 현재의 태양력에 의한 것이다.

正月節	입춘立春	2월 4일경
正月中	우수雨水	2월 19일경
二月節	경칩驚蟄	3월 6일경
二月中	춘분春分	3월 21일경
三月節	청명清明	4월 5일경
三月中	곡우穀雨	4월 20일경
四月節	입하立夏	5월 6일경
四月中	소만小滿	5월 21일경
五月節	망종芒種	6월 6일경
五月中	하지夏至	6월 21일경
六月節	소서小暑	7월 7일경
六月中	대서大暑	7월 23일경

스한 햇살이 피부로 느껴지는 〈입춘〉을 두고 봄이라 칭하는 것은 자연스
럽다. 이처럼 한대漢代로 들어오면, 일양래복一陽來復의 날로 입춘이 연
초로 정해지게 된다. 이 〈입춘연초立春年初〉는 그로부터 2천 년 가까이
지속되어 일본에서도 메이지 6년에 태양력으로 개정하기까지 입춘을 연
초로 삼았다. 현재 우리들이 〈구력舊曆〉으로 말하고 있는 태음태양력의
연초는 모두 입춘연초로써, 점占의 세계에서는 지금까지도 입춘을 한 해
의 시작으로 삼고 있다.

　여담이지만 가장 기온이 낮은 시기를 〈입춘〉이라 부르고 있기 때문에,
자주 서간문의 예문집 등에 등장하는 『계절은 벌써 입춘이 지났는데도
밖은 아직 춥습니다』라는 문구는 이론적으로는 약간 이상한 감이 있지
만, 그렇게 쓰는 것이 오히려 인간적인 진솔한 표현일지도 모른다.

　어쨌든 입춘을 연초로 잡았던 흔적으로는 입춘을 기준으로 날을 헤아
리는 풍습이 아직도 있으며, 여름이 가까우면 파종시기의 표준이 되는
《하치쥬하치야八十八夜》(입춘부터 88일째. 5월 2일경으로 파종의 적기), 중

七月節	입추立秋	8월　8일경
七月中	처서處暑	8월 23일경
八月節	백로白露	9월　8일경
八月中	추분秋分	9월 23일경
九月節	한로寒露	10월　8일경
九月中	상강霜降	10월 23일경
十月節	입동立冬	11월　7일경
十月中	소설小雪	11월 22일경
十一月節	대설大雪	12월　7일경
十一月中	동지冬至	12월 22일경
十二月節	소한小寒	1월　5일경
十二月中	대한大寒	1월 20일경

올벼(中稻)의 개화기이며 태풍이 많은 〈210일〉[『210일의 갈라져 나온 물』이라 하여 논의 물을 빼는 표준에서], 또한 태풍이 습격해 오는 액일 厄日로 되어 있는 〈220일〉 따위의 말도 남아있다.

【우수雨水】 현재의 2월 19일 무렵. 눈과 얼음이 녹기 시작하고 비가 오게 되는 시기.

【경칩驚蟄】(啓蟄) 현재의 3월 6일 무렵. 계啓는 〈열리다〉, 칩蟄은 〈벌레가 움츠리다〉라는 뜻으로, 구멍에 틀어박혀서 겨울잠을 자고 있던 벌레가 지상으로 기어나오는 시기를 말한다.

【춘분春分】 현재의 3월 21일 무렵. 봄을 가운데로 하여 앞뒤 두 개로 나누는 시점이라는 의미이다. 낮밤의 길이가 같아지는 날로써 이 날부터 일조시간이 길어진다.

앞에서 서술한 대로 로마에서는 만물이 생동하는 봄을 연초로 생각했다. 로마 최초의 달력 〈로물루스력〉도 춘분을 포함하는 마르스의 달 〈마르티우스〉[영어의 March, 프랑스어의 mars]를 연초의 제1월이라 했다.

춘분을 1년의 기점으로 생각하는 발상은 태양력을 사용하게 된 이후에도 서양에 남아 전해지고 있다. 그리스도교에서 그리스도의 부활을 축하하는 〈부활제〉(Easter)라는 것이 그러한 일례로, 이것은 『춘분春分 뒤에 오는 만월滿月 직후의 일요일』로 결정되어 있고, 이 〈부활제〉가

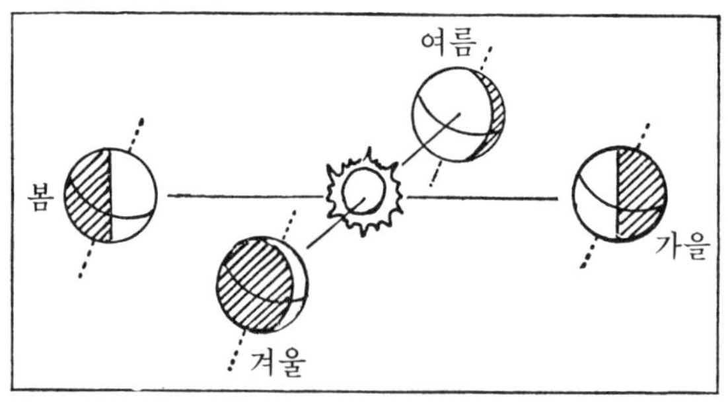

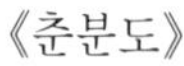

《춘분도》

부활제

기준이 되어서 부활제전의 40일간을 말하는 〈사순절四旬節〉[Lent, 봄날이 길어진다는 뜻]과, 사순절의 〈제1일째〉(Quadragesima) 등의 중요한 축제날이 결정되어 있기 때문이다.

불교에서는 〈서방정토西方浄土〉라 하여, 서방 십만억토十萬億土에 아미타불이 사는 정토가 있다고 설하는 〈피안회彼岸會〉(춘분이나 추분 전후의 7일간에 행하는 불교의 행사)가 열렸으며, 현재도 〈피안〉 기간의 맨 한가운데 날에 서방정토에 있는 선조의 영령을 위로하기 위해 참묘 등의 불교행사가 행해지고 있다. 그것은 태양이 저무는 방향에 정토가 있는데, 춘분날에는 태양이 서쪽으로 똑바로 지므로 분명이 그 방향이라고 생각했기 때문이다.

덧붙여서 〈피안〉이란 깨달음의 세계이다. 또한 〈열반涅槃〉을 말하기도 하며, 『생사生死의 이승을 버리고 열반의 피안에 다다르다』라는 말에서 유래되었다. 이것도 앞에서 서술한 바와 같이 이란에서는 일상생활에 이용되는 달력으로 현재에도 춘분을 연초로 삼고 있다.

현재 일본의 법률에 춘분날은 『자연을 찬양하고 생물을 사랑하는 날』로 징해져 있다.

또한 입춘부터 춘분까지를 〈태양상의 봄〉이라 말하고 있다.

【청명清明】 현재의 4월 5일 무렵. 산뜻하게 밝아지는 시절.

【곡우穀雨】 4월 20일 무렵. 모든 곡식을 자라게 하는 비라는 의미로, 곡물에 필요한 비가 내리는 시기를 말한다.

【입하立夏】 5월 6일 무렵. 〈夏〉라는 한자는 대지가 풀로 덮이고 나무에 잎이 돋아 성장해가는 시기를 나타내며, 이때부터 달력상으로 여름에 들어간다. 고대 중국에 〈하夏〉라는 국가가 있었는데, 그 이름의 기원은 사람이 옷을 입고 머리에 관을 쓴다는 뜻으로, 문명의 시작을 문자로 나타낸 것이다.

그러나 입하도 실제로는 덥지 않고, 춘분부터 입하까지는 〈기온상으로는 봄〉이라서 기후가 가장 좋은 계절이다.

【소만小満】 현재의 5월 21일 무렵. 보리가 이삭이 패여서 약간 만족할 수 있는 시절이라 말하는 것은, 일본의 도작문화稲作文化에 비해서, 중국의 농경문화가 북방의 황하문화를 중심으로 주로 외래의 보리농사를

행했기 때문일 것이다.

【망종芒種】6월 6일 무렵. 망芒이란 [벼·보리 등의] 까끄라기를 가리키는 말이기도 하며, 보리는 익어 먹게 되고 볏모는 자라서 심게 된 시기이기도 하다. 〈망종〉 5일 후, 즉 1주일 남짓 지난 6월 11일 무렵이 〈입매入梅〉로 곧 장마철이 된다. 〈매우梅雨〉는 말 그대로 매실이 익는 무렵에 비가 내리고 곰팡이가 피는 계절이다. 이 시절이 되면 태양이 북회귀선에 아주 가까워지므로, 수분증발이 왕성해져서 건조하게 된다.

【하지夏至】6월 21일 무렵. 낮이 가장 긴 날로써 일조시간이 가장 길지만, 기온적으로는 이제부터 여름이 되는 시기를 말한다.

【소서小暑】7월 7일 무렵. 약간 더워지는 시기.

【대서大暑】7월 23일 무렵. 매우 무더운 시기.

【입추立秋】현재의 8월 8일 무렵. 〈秋〉라는 한자는 여문 작물을 수확하여 태양과 불에 건조시키는 시기를 나타내고 있다고 한다. 기온은 양陽이 극에 달한 지독하게 더운 시기로『입추란 말뿐이고』라는 인사의 문귀 그대로 여름의 가장 극성기를 말한다. 그래도 입추가 지나면 아무리 무더워도 〈잔서殘暑〉라 말한다. 확실히 글자만 보아도 시원한 느낌이 드는 것은 이상한 일이다.

【처서處暑】8월 23일 무렵. 〈처處〉라는 것은 머물러 있다는 뜻으로, 여름이 일단락되고 안정되는 시절이다.

【백로白露】9월 8일 무렵. 하얀 이슬이 잎 위에 생기는 시기.

【추분秋分】현재의 9월 23일 무렵. 춘분과 같이 가을을 전후로 이등분하는 의미로 사용되고 낮밤의 길이가 똑같은 날이다. 이 날부터 밤이 길어지고 또한 태양이 동쪽 한가운데서 서쪽 한가운데로 지므로, 피안의 맨 가운데 날로 가을의 〈피안회彼岸會〉가 개최된다. 추분날은 법률에 의하면『조상을 받들고 죽은 사람을 기리는 날』로 정해져 있다.

【한로寒露】10월 8일 무렵. 춥고 냉기가 있어서 이슬이 어는 시기.

【상강霜降】10월 23일 무렵. 문자 그대로 서리가 내리는 시기.

【입동立冬】11월 7일 무렵. 겨울의 입구로 이 날부터 달력상으로 겨울에 들어간다. 〈동冬〉이라는 한자는 수확물을 매단 형태와 차가운 얼음을 본뜬 문자로서 수확물을 매달아서 태양을 쬐고, 보존용 음식물로 저장하

여 충실을 도모하는 시기를 나타낸다고 한다. 아직 춥지 않으므로 이것도 말뿐이다.

【소설小雪】 11월 22일 무렵. 눈이 흩날리는 정도의 시절.

【대설大雪】 12월 7일 무렵. 많은 눈이 내리는 시절.

【동지冬至】 현재의 12월 22일 무렵. 입춘에서도 서술한 바와 같이 1년 중에 일조시간이 가장 적은 날로서『동지부터 아랫목에 햇살이 비친다』고 말하는 것처럼, 동지부터 햇살이 하루하루씩 길어지므로 하루당 2분씩 낮시간이 늘어난다.

동지에는 일본에서도 〈동지제冬至祭〉라 하여 일양래복一陽來復을 축하한다. 농사일도 완전히 끝나고 춥고 긴 밤을 맞이했기 때문에, 찬 술을 마시고 목욕재계를 하기 위해서 유자탕[동지 목욕탕]에서 목욕을 하고, 곤약崑蒻(구약나물의 지하경地下莖을 가루로 만들어 반죽한 것을, 석회유石灰乳를 섞은 끓는 물에 넣어 익힌 식품)을 먹어서 신체의 부정함을 없애고, 잘 보관하고 있던 호박을 먹고 영양을 보충하거나 동지죽을 쑤어먹으며 따뜻하게 지내면서 새로운 기분으로 봄을 맞이하게 된다. 또한 호박뿐만 아니라 〈숫돌〉로 누른 두부나 고추 등을 먹는 습관도 있다.

【소한小寒】 현재의 1월 5일 무렵. 추위도 본격적으로 맹위를 떨치지 않는 시기로 〈추위의 시작〉이라고도 한다.

【대한大寒】 1월 20일 무렵. 가장 추운 시기.

텔리비젼과 라디오의 일기예보에서『오늘은 달력상으로는 입추……』등이라 말하는 것은 꽤 운치있는 표현이지만, 지역에 따라서 계절감과 음식에서 차이가 생기는 것은 이러한 표현의 경로가 앞에서 서술한 바와 같이 중국의 황하 유역에서 시작되었기 때문이다. 일본이라면 아키타(秋田) 현과 같은 위도에 위치하는 풍토의 계절감이므로, 대륙성기후를 고려하여 약간 낮게 해석하면 된다.

【동지제冬至祭와 〈할례연초割禮年初〉】

<24절기>의 구분은 처음에 <동지>를 기점으로 정해진 것으로, 1년을 24등분하여 15일마다 한 절기를 두고, 그 계절에 맞추어서 명칭을 붙였다. 그러나 나중에 구분한 방법은 <춘분>을 기점으로 해서 태양이 보이는 상천구上天球로 움직이는 쾌도, 즉 <황도黃道> 360°를 24등분하여, 태양이 15°씩 황도 위를 움직이는 위치에 해당하는 날을 24절기로 한 것이다.

제3장에서 로마의 <사투르나리아>와 <크리스마스>가 동지를 축하하고, 그 날은 신을 받들기 위해서 생겼다는 것은 설명했지만, 이것은 동지가 봄을 맞이하는 출발점으로 생각했기 때문이다. 영국에서 연초를 동지로 생각하여 1월 1일로 정한 것은 1752년에 태양력을 채용하고 나서부터이다.

야누스의 달을 1월로 쓰는 일본인의 입장에서 보면 1월이 연초인 것은 당연하다고 생각할지 모르지만, 영어의 <January>에도 프랑스어의 <janvier>에도, 본래 제일 첫번째 달이라는 뜻은 전혀 없다는 점을 상기해 주기 바란다.

그리스도는 유대인으로 태어났기 때문에 태어난 지 8일째에 아브라함과 신의 계약인 할례割禮(circumcision)를 받았다. 유대인에게 있어서 할례의식은, 신과의 계약을 지켜서 신의 가호 아래에서 미래의 행복을 약속받는 매우 중요한 의식이다.

그 의식을 12월 25일부터 8일째 되는 날로 정하고, 그 날을 1년의 시작으로 삼은 것이 현재의 1월 1일로, 그것이 세계 각국에 전해져서 현재와 같이 되었다.

현재의 연초는 <할례연초>라 불리고 있다.

【<72후候>란 무엇인가】

기후의 변화는 갑자기 일어나는 현상이 아니다. 5일 정도 지나면 정말로 조금씩 더위·추위·습기 등이 변했구나, 하고 느낄 정도이다. 잔디도 자른 날로부터 5일 정도 지나면 정돈된 모습을 갖추고, 벚꽃도 꽃망울을 터뜨린 날로부터 5일이 지나면 만개하게 된다. 제비가 돌아오는 날도 5일로서 변함이 없다.

$\varDelta x$[델타 엑스]는 미적분에 있는 것으로 이것은 증분增分이라 하여, x가 미량으로 변화한 것을 의미하고 있다. 일상적인 예를 들어보면, 화학조미료를 〈조금〉이라든가 〈약간〉『넣어 주세요』라고 할 때, 이는 정도의 양적 변화를 말하는 것이다. 기후에 대한 $\varDelta x$의 상한을 〈5일〉로 생각하면 정확하게 들어맞는다.

요컨대 기후변화의 최소단위가 〈후候〉가 된다.

1년을 360일로 하면 24등분한 한 절기가 15일이 되고, 그 한 절기를 3등분하여 5일씩 나누면 1년은 72후候로 나뉜다.

그러나 72후候는 세세하게 구분되어 있기 때문에 달력에서는 모습을 감추었지만, 단 한 가지 〈반하생半夏生〉만은 현재도 남아있다.

【반하생半夏生】(반하가 나올 무렵. 하지로부터 11일째, 양력으로 7월 2일경)은 하지의 제2후候로서 하지로부터 약 11일째인 7월 2일 무렵이다.

【후候】(있다는 말의 공손한 말투)

편지와 공문서에 이용되는 〈후문候文〉(후候라는 말을 사용하는 문어체의 일종)이라는 것이 있다. 〈候〉(そうろう)는 〈さもろう〉에서 파생한 것으로 〈さもろう〉는 〈さ守ろう〉, 즉 계속 지속해서 지켜보다, 라는 뜻이라고 한다. 〈さもろう〉→〈さぶろう〉→〈そうろう〉→〈候〉로 변하여 겸양어로 이용되는 것이 후문候文으로, 신중하게 이어지는 말에 〈그렇습니다〉라는 내용을 지니고 있다. 이 〈候〉와 5일을 의미하는 〈후候〉가 의미상으로 유사한 점은 우연치고는 재미있다.

【〈반하생半夏生〉과 〈반하半夏〉】

〈반하생〉은 습지에서 자라는 삼백초과의 다년생 잡초로서, 삼백초와 잎의 양이 똑같다. 여름에 하얀 꽃이 필 무렵, 잎 끝이 반 정도 하얗게 되므로 〈반화장半化粧〉이라 하고 편백초片白草라고도 한다.

〈반하〉는 보통 〈유리국자〉라고도 일컬어지는 약초로 농가의 주부가 농사일을 하는 동안에 말려서 한약방에 팔았기 때문에 사천(주부들이 살림살이 돈에서 절약하거나 해서 남편 모르게 은밀히 모은 돈이라는 뜻)이라고도 불리고 있다.

생략해서 〈반하〉라 하기도 하며, 반하가 생겨서 나오는 계절이라는 뜻으로 모심기 마지막 날의 기준이 되고, 또한 장마가 개인다고도 해서 장마의 끝 무렵을 가리킨다.

반하半夏라는 것은 밭에서 자라나는 토란과의 다년생 잡초로 구역질을 그치게 하는 묘약이지만, 〈반하생〉이라는 삼백초三白草(약초)과의 잡초도 있어서 이야기가 복잡해지고 까다로와져, 결국 이 시절에는 독초가 자란다는 잘못된 말이 전해지게 되었다. 그렇기 때문에 반하생 때는 우물에 뚜껑을 닫는다거나 야채를 먹지 않고 씨를 뿌리지 않는 풍습도 있었다. 또한 술이나 고기를 끊고 색욕을 삼가는 풍습도 있었지만, 이것은 반하생이 석가의 어머니 마야부인摩耶夫人의 중음中陰(사람이 죽어서 다시 태어날 때까지의 49일간 사이)에 해당되기 때문이라는 불교적인 가르침에 의한 것이다.

요컨대 중국에서는 비로소 자연현상을 구획짓는 때를 알았고, 은殷시대에 와서 달을 척도로 태음력을 만들었지만, 더욱더 나아가서 태양을 받아들여 계절에 의해 구분지은 것이 〈24절기〉이다. 즉 24절기는 달력으로 만든 태양력인 셈이다.

제8장

〈음양오행설〉의 원리

【〈4〉와 〈5〉라는 숫자에 관하여】

　지금까지 달력에 관한 이야기를 하면서 〈12〉라든가 〈7〉이라는 숫자를 관찰해 보았는데, 이번에는 〈5〉라는 수를 중심으로 생각해 보자. 만물의 생성과 우주현상이 모든 원소로부터 시작된다는 원리는, 고대 그리스에서 성행하였다.

　당시의 세계에서는『모든 것은 물에서 생겨난다』(탈레스)라든가, 『운동에 의해 어떤 규정할 수 없는 것이 생긴다』(아낙시만드로스)라고 생각하였고, 아낙시메네스는『공기가 모든 근원이 되며 그것이 희화稀化해서 불이 되고 농화濃化해서 물이 되고 그리고 흙이 된다』고 말하며, 흙・물・불・바람과 에테르라는 〈오대五大 요소〉를 만물의 원소로 정했다.

　또한 아리스토텔레스는 두 개의 대립되는 건조함과 습함, 냉冷과 열熱에서 대부분의 물질과 현상이 생긴다는 〈4원설四元說〉을 설파하였다.

　말하자면 건乾과 냉冷은 악惡이고, 습濕과 열熱은 선으로 남성은 건乾이고 태양・토성・목성・화성으로 나타내며, 여성은 습濕이며 달과 금성으로 나타낸다고 생각했다. 한편 수성은 건습 양쪽의 성질을 지니고 있어서 중성으로 간주했다.

　사방위四方位에 관해서는 동쪽이 건, 서쪽은 습, 남쪽이 열, 북쪽은 냉으로 생각했고, 사계절에서도 봄이 습, 여름이 열, 가을이 건, 겨울이 냉으로 대응된다고 생각했다. 달의 모습에 관해서도 초승달부터 상현달까지 습, 상현달부터 보름달까지는 열, 보름달부터 하현달까지 건, 하현달부터 초승달까지 냉이라고 했다.

　4라는 수는 태양숭배를 중심으로 하여 공간을 생각할 때에 생겨난 〈기본적인 수〉라 할 수 있다. 공간을 직관적으로 받아들이면 동서남북이라는 네 방위가 생긴다. 세계는 평면적이고 사방위적이었다고도 말할 수 있겠다.

　인도의 〈카스트 제도〉에서 계급이 브라만・크샤트리아・바이샤・수드라의 네 개로 나누어지는 점도 우연은 아니다. 또한 로물루스력에서 1

월부터 4월까지에 신의 이름을 붙인 것도 성스러운 4신神을 찬미한 흔적이라고 생각해도 좋을 것이다.

피타고라스는 〈4〉를 최초의 제곱수로서 성스러운 숫자로 생각했다. 지구를 사각인 평면으로 생각한 탓인지, 그는 『테트라키스, 성스러운 숫자여. 신과 사람을 낳은 창조의 근원이로다. 만물의 본질이며 불변인 1에서부터 성스러운 4에 이르면 만물의 어머니인 10을 낳는구나』라고 하였다.

일본에서는 예전부터 사방에 신을 배치한 〈시호하이四方排〉라는 의식이 있었다. 스모(씨름)를 하는 씨름판에서는 안쪽에 4의 4배인 16개의 판이 나란히 놓여져 있는 것이 그것이다.

인도에서도 물질을 구성하고 있는 4원소, 흙·물·불·바람을 〈4대四大〉라 말하고 있다.

그리고 인간의 병을 한데 묶어서 〈사백사병四百四病〉이라 하는데, 이것은 인간을 구성하는 4대 중 지대地大가 늘어나기 때문에 발생하는 황병黃病, 수대水大가 쌓여서 발생하는 담병痰病, 화대火大가 성해서 생기는 열병熱病, 풍대風大가 움직이므로 해서 생기는 풍병風病이 각각 1백 가지씩이고, 그것에 흙·물·불·바람을 더해서 사백사병이라 한다.

한편 〈5〉라는 수는 세계를 사방으로 생각하여 공간을 〈4〉로 나타낸 것 위에 중심점을 더해서 자신의 고유위치를 나타낸 것이며, 자신을 포함해서 완전한 세계를 표현한 것이 〈5〉라고 해석할 수 있다. 그것은 이미 서술한 자바의 5일주五日週에도 남아있다.

피타고라스는 〈2〉가 여자, 〈3〉이 남자를 나타낸다고 말하며, 두 가지를 합한 〈5〉가 결혼을 한 인간의 완전한 모습이라고 했다. 피타고라스의 성표聖標는 별 모양의 오각형五角形으로 오른쪽 그림의 문자를 합하면 〈건강〉이라는 의미가 된다.

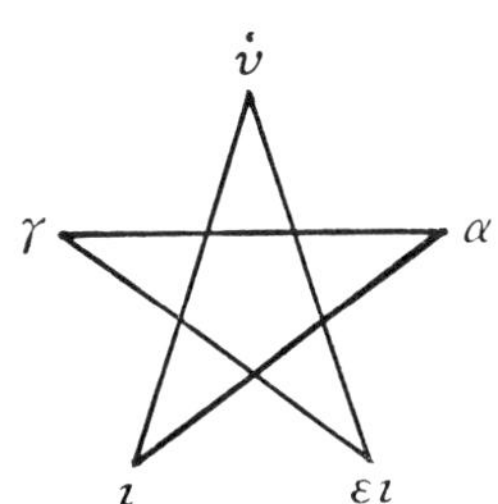

《펜타그램》

이 별 모양의 오각형 〈펜타그램〉은 중세 유럽에서 악마 제거에 이용되었고, 파우스트가 메피스토펠레스를 곤란하게 한 것도 이 펜타그램이다. 이것은 종점이 없고 또한 각각의 선분線分이 다른 선분을 황금분할로 나누고 있으므로, 악마가 갇히게 되면 밖으로 나올 수 없다는 의미를 지니고 있기 때문이다.

인도에서는 4대四大에 하늘을 덧붙여서 〈5대〉 또는 〈5륜〉이라 말하며, 하늘·바람·물·불·흙을 모든 물질을 구성하는 기본원리로 생각했다. 이것은 현재에도 〈오중탑〉과 〈오륜탑〉에 남아있고, 일본에서도 오륜탑은 조상 대대로 묘 등지에서 볼 수 있으며, 우주의 본질적 요소와 천지天地의 법을 나타낸다고 생각하여 위로부터 보옥·반원·삼각·원·방[정방형]의 형태로 나타냈다. 땅은 방형方形으로 지륜地輪, 하늘이 원형인 수륜水輪, 땅에서 생긴 생명은 사각형이 변형된 삼각형으로 화륜火輪, 하늘에서 생긴 생명은 구형球形이 변화해서 반구형半球形을 한 풍륜風輪, 그 천지 상호간의 힘에 의해 생겨난 생명은 삼각형과 반구형을 합한 구슬 모양의 공륜空輪을 각각 의미하고 있다. 오륜탑 등에 범자梵字, 즉 산스크리트어로 〈캬ʻ·카ʻ·라ʻ·바ʻ·아ʻ〉라 씌어있는 것이 그것이다.

그러나 5라는 수가 본질적인 의미를 갖게 된 것은 인간의 손가락의 수

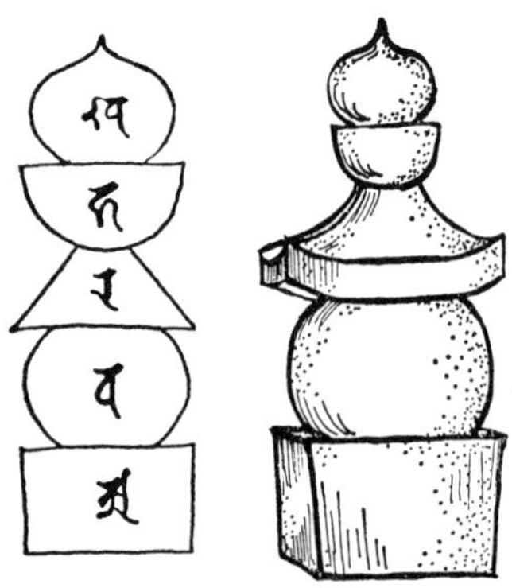

오륜탑五輪塔은 하늘·바람·물·불·흙을 나타낸다.

가 다섯 개라는 점일 것이다. 인간이 다른 동물과 다른 점은 불을 사용하고 도구를 사용하고 웃으며 언어를 갖고 있으며, 문자를 지닌 것 등과 그 밖에도 수를 헤아릴 수 있다는 점도 중요한 요소이다.

손가락을 사용해서 물건과 대응시켜 숫자를 헤아리는 것은 가장 기본적인 조작이라고 하지만, 이 대응원리가 〈수의 본질〉이며 그것을 손가락으로 행한 것이 〈5〉인 것이다. 말하자면 손꼽아 헤아리는 표준이 되는 것이다. 일본인은 손가락을 꼽아서 헤아리지만, 구미인歐美人은 집게손가락으로 다른 한쪽의 새끼손가락부터 순서에 따라서 계산하고 있다. 산스크리트어의 〈5〉(pença)는 페르시아어의 손〈pencha〉과 어원적으로 같으며, 또한 러시아어의 〈5〉(пять)도 〈손바닥〉(пясть)에서 파생된 것처럼, 수는 인체와 깊은 관계가 있다고 할 수 있다.

현재 사용하고 있는 〈10진법〉도 양손의 손가락의 수가 열 개라는 점에서 나온 것이 분명하다.

【〈5진법〉의 세세】

아프리카의 즈니족은 1에서 5까지의 수사밖에 없고, 『토핀테·클리·하이·아이테·오프테』라고 세며 나머지는 그것을 반복할 뿐이라고 한다. 그러나 그것을 원시적이라고만은 말할 수 없다. 현대의 우리들 주변에도 선거의 득표수 등을 흑판에 쓸 때에 〈正〉자를 쓰는 것은 이와 같은 원리이며, 국가간의 차이기는 하지만 구미에서는 正 대신에 〈卌〉를 사용하고 있다.

5진법에 이어서 지금도 시계의 문자판과 올림픽의 표시판 등에서 사용하고 있는 〈로마 숫자〉에 관해 설명하고자 한다.

Ⅰ·Ⅱ·Ⅲ은 설명할 필요도 없지만, Ⅴ는 엄지손가락과 새끼손가락을 세우고 다른 손가락을 구부린 형태이며, 10를 나타낸 Ⅹ는 Ⅴ를 겹친 형태이다.

100을 나타내는 C는 라틴어의 100 centum의 머릿글자로 생각하는 사람이 많지만, 고대 그리스 문자 〈⊙〉 테타의 점을 취하고 오른쪽을 잘라

내서 시력검사 마크처럼 만든 것이다. 1000은 M이지만 이것도 라틴어의 mille이 아니고 고대 그리스 문자 〈①〉, 푸히의 아래쪽을 뜯어내고 M자에 댄 것이다. 50을 나타내는 L도 마찬가지로 고대 문자의 〈→〉, 크히가 ⊥로 되어서 L이 된 것이며, 500의 D는 ① 푸히의 우측 반을 나타내고 있다. 로마 숫자는 5가 되면 새로운 문자를 증가시킨다는 점에 오진법의 특징이 있고, 1982년을 로마 숫자로 쓰면 MCMLXXXII가 된다. 덧셈과 뺄셈을 조립한 흥미로운 표기법이라 할 수 있다.

로마 숫자에는 문자 위에 금을 긋고 그 1천 배를 나타낸다. X̄는 10000, L̄은 50000, C̄는 100000, D̄는 500000, M̄은 1000000이 된다.

그래서 점차 음양오행설로 들어가는데, 여기에서 다시 한 번 더 1주간의 호칭방식을 생각해 주기 바란다. 국어에 따라서 일곱 요일이 신의 이름이나 태양과 달 또는 안식일이라든가 숫자라든가 하는 점을 서술했지만, 우리들이 일상적으로 사용하고 있는 일·월·화·수·목·금·토라는 것은 서양의 요일을 번역한 것이 아니다. 태양과 달은 어찌되었든 화요일이라든가 목요일이라는 것은 대체 어떤 뜻일까. 실제로 이것은 중국의 〈음양오행설〉에서 나온 것이다.

1주간은 7일을 하나의 단위로 정했지만 〈7〉이라는 수는 우주를 지배하는 7개의 혹성이며, 7일마다 모습을 바꾸는 달의 모습이고 종교를 통해

陰陽五行說은 陰陽說＋五行說

성화된 절대적인 수였다.

그러므로 달과 태양이라는 두 개의 별을 〈음양〉으로 하고, 다른 다섯 개의 혹성을 〈오행〉의 별로 여겨 음양오행설로 받아들이면, 2와 5의 합도 꼭 〈7〉이 되므로, 고대 중국에서는 진정한 신의 계시로 받아들였음이 분명하다.

단 음양오행설을 모태로 하여 태양과 달의 두 천체와 〈목·화·토·금·수〉의 다섯 혹성이 7일로 나누어져 있고, 중국에서 1주간의 요일 이름으로 정한 후부터는 이미 혹성의 의미는 완전히 없어졌다. 따라서 화요일이 화성, 수요일이 수성의 날이라기보다는 추상적으로 붙인 단순한 부호에 지나지 않게 되었다고 해도 좋을 것이다.

【〈음양오행설陰陽五行說〉이란 어떠한 사고방식인가】

〈음양오행설〉이라는 말은 주간지와 점술서占術書 등에서 자주 발견할 수 있는데, 이것은 본래 같은 사고방식에서 비롯된 것은 아니다. 이것은 실제로 〈음양설〉과 〈오행설〉이 조합되어서 이루어진 것이다. 그런데 이 두 가지 학설이 따로따로 논할 수 없을 정도로 혼합되어 있으므로 현재

여와女媧와 복희伏羲

는 음양오행설의 한 가지로 생각하고 있다.

〈음양설〉은 일본에 전래되어 음양도陰陽道라 불리고 있다. 그러나 본래는 중국 최고最古의 왕이었던 복희伏羲가 만들었다고 한다.

간단하게 말해서 천지만물은 모두 음과 양으로 이루어져 있다는 사고방식으로, 그 음과 양이 교대로 나타난다고 하는 소위 〈이원론〉의 발상이다.

이것은 세계 속의 사실과 현상이 모두 그 자체로 독립되어서 이루어지는 것이 아니라, 음과 양이라는 대립된 형태로 세계가 형성되어 있다고 생각하는 원리이다. 그리고 음과 양은 서로 영고성쇠를 반복하며, 양이 극에 달하면 음이 싹튼다는 것처럼 새로운 발전을 낳는다는 생각이다.

요컨대 세계라는 것은 명암明暗·냉열冷熱·건습乾濕·화수火水·천지天地·표리表裏·상하上下·凸凹·남녀·강유剛柔·선악·길흉 등과 같이 모두 한 쌍으로 성립되어 있다고 볼 수 있다.

이와 같이 가령 인간의 정신은 하늘의 기氣이므로 양이고 육체는 땅의 기이므로 음이 되며, 생生은 그 정신과 육체의 결합, 사死는 양자의 분리라고 설명한다.

한편 〈오행설〉이라는 것은 하夏나라의 성왕 우禹가 만들었다고 하며, 우의 치세 때에 낙수洛水에서 올라온 한 마리의 거북 껍질에서 지혜를

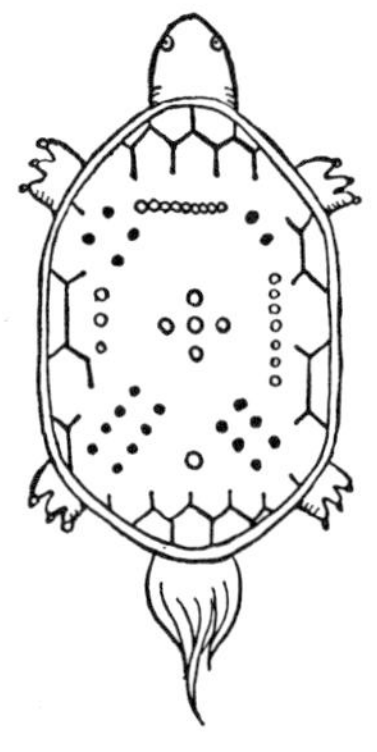

거북 껍질에 나타난 문양

얻게 되었다고 한다. 그 거북 껍질에 씌어진 문양(낙서洛書)에서 5라는 수를 깨달아 나라를 다스리는 데 필요한 다섯 가지 기본원리를 생각해 냈던 것이다.

우禹가 정한 오행이라는 것은 『물[水]은 토지를 윤택하게 하고 곡물을 자라게 하며 모여서 강이 되어 바다로 흘러 들어가서 소금이 된다. 불[火]은 위로 타오르고 눌어서 쓰다. 나무[木]는 구부러진 것과 똑바로 곧은 것이 있고 그 열매는 시큼하다. 쇠[金]는 형태를 바꾸어 칼과 가래가 되고 맛은 맵다. 흙[土]은 씨앗이 자라 열매를 맺게 하고 그 열매는 달다』[물은 윤택하게 아래로 흐르고 불은 타오르며, 나무는 곡직曲直(정과 부정)하고, 금은 가죽을 따르고 흙은 농사짓는다.]

우禹는 이와 같이 〈목화토금수〉와 다섯 가지 〈맛〉, 즉 오행오미五行五味의 조화를 정치의 원칙으로 삼았다.

이와 같은 생각이 나중에 제나라의 음양가 추연鄒衍에 의해 다섯 개의 혹성과 결부되었고, 더 나아가서 만물에 적용시켜 관념적인 오행설로 완성되었다. 추연의 학설은 다음과 같다.

『천지의 시작과 혼돈 속에서, 밝고 가벼운 기운이 양陽의 기운을 만들어 불(火)이 되었다. 어둡고 무거운 기운은 음陰의 기운을 만들어 물(水)이 되었다. 천상에서 불은 태양이 되고 물은 달이 되었고, 이것이 짜맞추어져서 다섯 개의 혹성이 되었다. 지상에서는 불과 물에서 5원소가 만들어졌다.』

즉 〈목화토금수〉라는 오행에서 만물이 이루어졌고, 그것이 쇠하여 줄어감과 성하여 늘어나고 결합하여 빙글빙글 순환함에 따라서 모든 현상이 생겨난다고 생각했다.

그러므로 음양이라는 두 가지의 대립과 다섯 가지의 수를 관념적으로 짜맞추어서 만물에 적용시킨 것이 〈음양오행설〉이다.

【〈오행배당五行配當〉이란 무엇인가】

〈오행설〉에서는 천지만물이 모습을 갖추어 오행이 나타난다고 생각했으므로, 예를 들어 방향으로서는 동서남북과 중앙(五方), 계절로 치면 춘하추동과 토용土用(五時), 색채는 청적황백흑(五色)과 같이 다섯 가지씩의 유형을 오행배당이라 한다.

그러므로 〈오미五味〉라고 하면 신맛·쓴맛·단맛·매운맛·짠맛의 다섯 가지이다. 구미에서는 이것이 달다(sweet)·시다(sour)·짜다(salt)·쓰다(bitter)의 머릿글자를 취해서 맛은 SB로 이루어졌다고 하지만, 중국처럼 맛이 엄밀하고 까다로운 나라에서는 옛날부터 기본적인 미각이 분명히 정해져 있었다.

〈오음五音〉은 오성五聲이라고도 말하며, 중국의 아악 음계의 기초가 되는 다섯 가지 기본음으로, 이 오음음계를 궁宮·상商·각角·치徵·우羽의 순서로 하면, 오늘날의 여선법呂旋法의 도레미솔라, 율선법律旋法의 도레파솔라에 가까운 음계이다.

〈오칙五則〉이란 도량형의 기준이 되는 다섯 가지 도구를 가리키며,

八卦	十二支	十干	五則	五帝	五行神	五神	五蟲	五節句	五金	五菜	五果	五畜	五穀	五刑	五惡	五欲	五倫	五榮
震巽	寅卯	甲乙	規	帝嚳	句句迤馳神	蒼龍	鱗蟲	人日	青鉛	葱	李	犬	黍	大辟	殺生	財欲	義	瓜
離	巳午	丙丁	衡	太皞	軻遇突智神	朱雀	羽蟲	上巳	赤銅	薤	杏	羊	稷	宮刑	偸盜	色欲	親	色
艮坤	丑辰未戌	戊己	繩	黃帝	埴山姬神	黃龍	裸蟲	端午	黃金	葵	棗	牛	稗	荆刑	邪淫	食欲	別	唇
乾兌	申酉	庚辛	矩	少昊	罔象女神	白虎	毛蟲	七夕	白銀	菲	桃	雞	秫	劓刑	妄語	名譽欲	序	毛
坎	子亥	壬癸	權	顓頊	金山彥神	玄武	介蟲	重陽	黑鐵	藿	栗	馬	粟	墨刑	飲酒	睡眠欲	信	髮

<규規>는 컴퍼스, <형衡>은 저울대에서 전와하여 저울 그 자체를 말한다. <승繩>이란 목수가 직선을 긋는 데 사용하는 도구, <구矩>는 곱자·곡척 등 직각으로 구부러진 자, <권權>은 저울의 추 곧 분동分銅을 말한다.

<오욕五欲>이란, 재욕財欲·색욕色欲·식욕食欲·명예욕·수면욕을 가리키는데 이것은 불교의 영향이 있는 듯하며, 색욕과 식욕의 계율을 거스르면 축생畜生과 아귀餓鬼가 되며, 재욕과 명예욕의 계율에 대항하면 <아수라阿修羅[전투를 좋아하는 신]와 같이> 수라修羅[인도의 귀신]가 된다고 하는 인간관에서 오욕이 생겨난 듯하다.

<오형五刑>이란 사형의 대벽大辟, 남성의 성기를 자르고 여성을 감방에 유폐하는 궁형宮刑, 발을 자르는 비형剕刑, 코를 베는 의형劓刑, 문신을 새기는 묵형墨刑을 말한다. 또한 태笞·장杖·도徒·류流·사형死刑을 오형이라고도 한다.

【五行配當目錄】

五行	五星	五方	五時	五色	五味	五臭	五感	五音	五臟	五德	五常	五合
木	歲星(木星)	東	春	青	酸	羶(肉臭)	視	角	肝臟	明(朗)	仁	筋
火	熒惑(火星)	南	夏	赤	苦	焦(焦臭)	聽	徵	心臟	徒(順)	禮	血
土	塡星(土星)	中央	土用	黃	甘	香(芳香)	嗅	宮	脾臟	睿(寬)	信	肉
金	太白(金星)	西	秋	白	辛	腥(魚臭)	味	商	肺臟	聰(明)	義	皮
水	辰星(水星)	北	冬	黑	鹹	朽(腐臭)	觸	羽	腎膓	恭(虔)	智	骨

〈오곡五穀〉이란 중국에서는 기장·고량(수수)·피(稗)·차조(秫)·벼이었으며, 나중에는 기장·고량(수수)·마麻·보리·콩(팥)으로 바뀌게 되었다. 일본에서는 쌀·보리·좁쌀·콩·수수(고량)를 가리킨다. 고대 중국에서는 황하와 양자강 사이를 흐르는 회하淮河를 경계로, 북방은 기장과 고량, 남방에서는 쌀이 주식이었는데 나중에 보리가 서방에서 건너와 보리 작물이 중심이 되었다. 보리라는 한자(麥)는, 보리의 이삭과 운반해 온 다리 모양을 짜맞춘 것이라고 한다.

〈오충五蟲〉은 벌레를 의미하는 충蟲이 들어갔어도 곤충은 아니다. 인충鱗蟲이란 비늘이 있는 동물로, 그 첫번째가 우리와 친숙한 용龍이다. 깊은 연못에 살며 구름을 부르고 번개를 타고 승천한다고 한다. 우충羽蟲은 날개를 지닌 동물로 그 대표적인 것이 봉황이다. 몸에 오색 문양이 있고 길조로서 존경받고 있다. 오동나무에 살며 대나무 열매를 먹는다고 한다. 나충裸蟲이란 털이 없는 동물, 즉 인간으로서 특히 성인聖人을 가리키고 있다. 모충毛蟲은 털이 있는 동물로 그 대표격으로는 기린을 들수 있다. 딱딱한 껍질을 뒤집어쓴 동물이 개충介蟲으로 그 우두머리가 장수長壽의 대표인 거북이다.

【오절구五節句(명절)에 관하여】

《오충五蟲》왼쪽에서부터 기린, 용, 봉황

절구節句(명절)라는 것은 본래 〈절공節供〉이라고 썼으며, 계절이 바뀔 때에 신에게 공양하는 음식물이다. 중국에서는 중일사상重日思想이라 하여 같은 숫자가 겹치는 월일을 꺼렸기 때문에, 신을 맞아 푸닥거리를 하는 것이 정착되어서 다섯 가지의 절구(명절)가 되었다고 한다.

【인일人日】 1월 7일은 소위 〈칠초七草〉로, 어린 싹의 절구(명절)라고도 말한다. 봄의 일곱 가지 풀로 죽을 쑤어먹으면 병과 재난의 막이가 된다고 하여, 미나리·냉이·쑥·별꽃·광대나물·순무·무우를 야산에서 뜯어오는 풍속이 있었지만, 최근에는 인가人家가 늘어나서 보기 힘든 것 같다. 〈인일人日〉이라는 것은 고대 중국에서 정월 초하루에 닭, 2일에는 개, 3일은 돼지, 4일은 양, 5일은 소, 6일은 말을 점치고 7일에는 사람을 점쳤다고 하는 풍습에서 나왔다.

【상사上巳】(일본의 다섯 명절의 가운데 하나. 음력 삼월 삼짇날 계집아이들을 위해 인형을 장식한다) 3월 3일로 최초의 사巳의 날이라는 뜻이다. 중국의 수변水邊에서의 액풀이 행사가 시초이며, 본래는 인형에게 부정함을 옮겨서 강에 흘러보내는 것이 히나인형(雛人形)(히나마츠리의 제단에 진열하는 작은 인형들. 15개가 한 세트)으로 장식하여 여자아이의 성장을 축하하는 행사가 되었다. 악귀를 제거한다고 여기는 복숭아나무에 잎이 돋는 시기이기도 해서〈복숭아의 절구節句〉(삼짇날. 히나마츠리)라고도 한다.

【단오端午】〈첫번째 말의 날〉이었던 것이, 말(午)은 5로 통하므로 5월 5일이 되었다. 절구는 본래 여성에게 노동으로부터 휴식을 주는 날로서, 악마를 제거하는〈창포 명절〉로 처음에는 여자아이의 날이었다. 이것이 창포가 상무尙武로 통하므로 무가사회를 중심으로 남자의 명절로 바뀐 것이다. 중국의 영웅 굴원屈原의 죽음을 맞아서 그 시체를 운반한 잉어를 칭송하던 것이 종이나 헝겊으로 잉어를 만들어 단오날에 다는 깃발이 되었고, 띠나 대나무 잎으로 밀아서 찐 떡(단오날에 먹음)은 잉어에게 주는 먹이를 표현했다고 한다.

【칠석七夕】 7월 7일의 성제星祭,〈칠석제〉는 베를 짜는 여자가 그 본뜻으로 직녀를 말한다. 직녀성 베가Vega과 견우성[아르타일Altair ; 독수리좌의 알파성]의 이야기가 일본인의 공감을 불러일으켜서, 그것이 서

도書道와 베짜는 일이 능숙해지기를 바라는 걸교전乞巧奠(칠석날 밤에 여자들이 견우성과 직녀성에게 길쌈과 바느질을 잘하게 해달라고 재주를 비는 의식)의 풍습과 혼합된 행사이다.

【중양重陽】9월 9일로 〈국화의 절구〉이다. 선인仙人 팽조彭祖를 받들어서 국화주를 마셨고, 오랫동안 장수를 누린 위나라의 문제文帝를 본받아 불로장수를 기원했던 행사이다.

【 오신五神과 오제五帝에 관하여 】

오신五神에 관하여

이것은 사방위四方位와 중앙을 담당하는 신神으로, 마작에서 『동록東綠에 따라다니는 것』이라 말하면, 동東과 녹발綠發의 뽕(刻子)이 양립하는 국면이 많은 것을 말하는 단어이다. 〈창룡蒼龍〉은 동방을 담당하는 용신이지만, 발發이라고 하는 패牌가 녹색문자로 씌어져 있으며, 록綠과 용龍의 중국 발음이 똑같이 〈류〉이기 때문에, 동東과 공존한다고 하는 오행의 관념을 나타내고 있다. 〈주작朱雀〉은 주조朱鳥라고도 일컬으며, 봉황을 상징하는 붉은 새로 남쪽을 담당한다. 헤이안경(平安京)의 붉은 주작문은 천황이 사는 대궐의 남쪽에 있었다. 〈백호白虎〉는 서쪽을 담당하는 하얀 호랑이 신이고, 〈현무玄武〉는 거북에 뱀이 감겨져 있는 모양의 동물로 표현되어 있으며, 북쪽을 담당하는 신이다.

토지土地에 오신상응五神相應의 상相이 있는데, 이것은 오신五神에 어울리는 훌륭한 지상地相(지형으로 판단되는 길흉)을 가리킨다. 동쪽으로 흐르고 있는 것을 창룡蒼龍, 서쪽으로 커다란 길이 있는 것을 백호白虎, 남쪽으로 우묵하게 들어가 있는 곳을 주작朱雀, 북쪽으로 언덕을 짊어지고 있는 것을 현무玄武, 중앙이 평탄한 것을 황룡黃龍이라 하여 가장 좋은 지형으로 삼았다.

오행신五行神

일본의 오행신은 《일본서기日本書紀》에 나열되어 있다.

〈구쿠노치노가미句句廼馳神〉는 목신木神으로, 《고사기古事記》에는 〈구구노치가미久久能智神〉라고 기록되어 있다. 여기서 구구久久란 줄기(莖)의 의미이며, 이자나기·이자나미 사이에서 태어난 신이다. 〈가구츠치노가미軻遇突智神〉는 불의 신으로, 이 신을 낳기 위해 어머니인 이자나미 노미코토가 화상을 입고 죽어서 요미노구니(黃泉國;저승)로 떨어졌다는 이야기는 유명하다. 《고사기》에서는 〈호노카구츠치노가미火之迦具土神〉로 되어 있다. 다음의 세 신神도 이자나미가 불의 신 다음에 낳은 소위 네번째 아이이다.

〈하니야마 히메노가미埴山姬神〉는 흙의 신, 〈미즈하노 메노가미罔象女神〉는 물의 신으로 모두 변소(뒷간)을 담당하는 신이며, 《고사기》에서는 각각 〈하니야스 히메노가미波邇夜須毘賣神〉, 〈야츠하 노메노가미彌都波能賣神〉로 기록되어 있다. 〈하니야스〉란 점토, 〈야츠하〉란 물이 움직인다는 뜻이며 〈카나야마히코가미金山彦神〉는 금·광산鑛山의 신으로 《고사기》에서는 히코(彦)가 히코(毘古)로 기록되어 있다.

중국의 오제五帝에 관하어

중국에는 천하의 왕이 될 사람은 오행의 덕을 갖추지 않으면 안 된다고 생각했으므로, 그와 같은 덕이 있는 제왕帝王을 〈오제五帝〉라 했다.

〈태호太皡〉는 복희伏羲 또는 포희庖犧로도 일컬어지며, 어머니 화서華胥가 거인의 발자취를 밟았기 때문에 태어났다고 하는 신화가 있다. 사신인면蛇身人面(몸은 뱀의 모습이고 얼굴은 사람 모습), 우수호미牛首虎尾(소 머리에 호랑이 꼬리)였다는 설도 있으며, 동쪽을 담당하는 신으로 되어 있다. 음양설과 8괘를 만든 것을 비롯하여 문자의 기원인 결승結繩(글자가 없던 시대에 새끼를 매는 모양과 수로 의사를 소통하고 기억의 방편으로 삼았던 일)의 발명자이고, 또한 결혼제도를 만든 어버이라고도 일컬어진다.

이 복희伏羲가 만든 8괘를 64괘로 만들었다는 사람이 〈황제黃帝〉와 이복형제인 신농神農이다. 신농은 수인燧人이라고도 불리었고, 〈화로〉의 신 염제炎帝와 동일시되어 있지만, 어머니 여등女登이 신룡神龍의 머리를 만져서 태어났고, 이 세상에 불과 농기구 사용·농업·시장·교역·

상업을 가르친 신이다. 또한 약초를 가려내어 정하고 의술의 길을 연
의신醫神이기도 하며, 더욱이 오현금五弦琴을 발명하여 음악을 개발한
신으로서도 숭배되어 온 남쪽을 담당하는 신이기도 하다. 이 64괘는 현
재 역점易占에 사용하고 있는 〈괘〉와 같은 것으로, 신농은 역신易神이
기도 하다.

복희의 부인 여와女媧에게는 매우 흥미로운 인간의 창조신화가 있는
데, 이 여신이 황하의 흙을 단단하게 만들어서 인간을 창조하는 동안에
한 사람 한 사람 손으로 반죽하는 것이 귀찮아서, 진흙이 넉넉하게 달라
붙은 줄(새끼줄)을 휘두르자 진흙이 사방으로 흩어져서 인간이 되었다고
한다. 더욱이 여신의 손으로 만든 것이 고귀한 인간이고 나머지는 모두
줄에 달라붙은 진흙에서 생겨난 인간이라고 한다.

오늘날에도 〈손으로 만든 맛〉이라고 말하지만, 인간의 생각도 그다지
진보하지 않은 듯하다. 그렇지만 중국에서 이처럼 처음부터 인간에게 귀
천의 차이가 있었다는 점은 흥미롭다.

【중국의 창세신화】

중국의 창세신화를 정리해 보면, 천지가 나누어지기 전에는 달걀, 천
지는 알처럼 되어 있었다. 그 알에서 반고盤古가 태어났는데 반고는 하
루에 9번 변신하며 성장했고, 키가 하루에 1척씩 자랄 때마다 하늘과
땅이 1척씩 떨어졌다고 한다.

1만8천 년이 지나 천지는 현재와 같은
모양이 되었고, 반고는 죽어서 머리는 4
개의 산이 되고, 왼쪽 눈은 태양, 오른쪽
눈은 달, 지방이 바다, 눈물이 강, 머리카
락이 별, 가죽이 초목, 숨소리가 바람, 눈
동자가 번개, 목소리가 번개소리, 살은
흙, 땀은 비, 이빨이 금이 되었다. 반고
가 기쁘면 하늘이 맑고, 노하면 비가 내
린다. 천지만물의 시조, 음양의 시초는
반고였다고 한다.

반고盤古

〈황제黃帝〉는 추연鄒衍이, 중국 최고最古의 제후는 황제黃帝라고 한 후부터 황황과 황黃의 발음이 같은 점도 있어 가장 위대한 선조신으로 생각하게 되었다.

본래 〈제帝〉라는 것은 죽은 왕의 영혼을 의미했지만, 그것이 재천在天의 선조신이 되었고 그 다음에 우주를 지배하는 천신天神을 가리키게 된 것이다. 그러므로 본래는 인격신이었다고 말할 수 있다. 그것을 천자天子·국왕의 칭호로 삼은 것은 진秦의 시황제始皇帝[기원전 3세기]가 처음이다. 더욱이 〈영군英君〉을 나타내는 〈황황〉과 〈제帝〉가 합해져서, 삼황오제三皇五帝보다도 우수하다는 의미로 명명되었다.

덧붙여서 시황제가 만든 대제국 〈진秦〉의 이름이 China의 어원이 된 것은 잘 알려져 있는 사실이다.

황제黃帝의 어머니는 북두성 부근에 번개가 치는 것을 보고 그를 임신하여 25개월이 지나서 낳았으므로, 필시 과숙아過熟兒였음에 틀림없다.

황제黃帝는 태어나면서부터 영력靈力이 갖추어져 있었기 때문에 이복

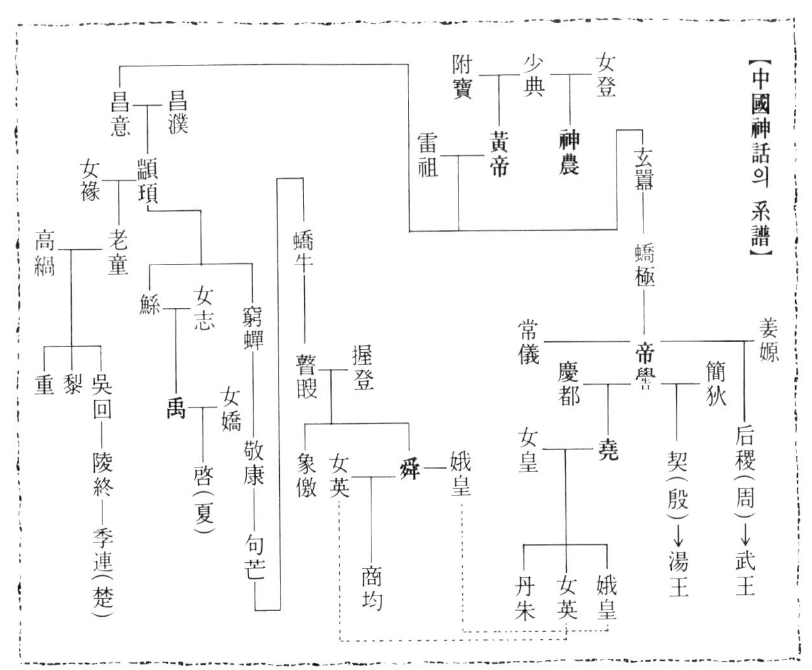

형 신농(염제炎帝)의 대代가 쇠퇴했을 때, 군신軍神 치우蚩尤를 쓰러뜨리고 최초의 제왕이 되었다고 하며, 마麻로 된 의복, 오곡 재배, 주거 축조, 우차牛車와 마차, 화폐와 도량형, 의복으로 귀천의 차이를 나타내는 예제禮制를 고안하였다. 그밖에도 십간십이지와 오음五音·한자 등도 만들었다고 한다. 또한 도교사상에서는 최종적으로 황제黃帝가 그 시조로 되어 있고, 신선술神仙術도 황제에 의해 만들어졌다고 여기고 있다.

〈소호少昊〉는 김천金天이라 불리며, 태백금성太白金星의 아들이라고도 하고, 서방의 장류산長留山에 살며 저녁 해를 담당하고 있다고 한다.

〈전욱顓頊〉은 고양高陽이라 하며 갈비뼈 한 대로도 힘이 세며, 북방을 담당하고 사람을 사랑하는 평화주의자로, 오행설의 기초를 수립했다고 한다.

〈제곡帝嚳〉은 고신高辛이라고도 하며, 태어나면서부터 신과 같은 지혜가 있었고 목덕木德을 지닌 성제聖帝로 존경받고 있다.

오장육부五臟六腑에 관하여

본래는 오행설에 따라서 오장오부五臟五腑라 했지만, 나중에 음양설의 영향을 받아서 오부五腑에 〈삼초三焦〉(음식물의 흡수·소화·배설을 맡은 육부의 하나, 상초·중초·하초로 나뉨)가 첨가되어 〈육부〉가 되었다. 장臟이란 속이 채워진 것, 부腑란 속이 빈 것을 가리킨다.

〈오부五腑〉란 〈목화토금수〉의 순서로 쓸개·소장·위·대장·방광을 말하고, 그 중에서 소장을 상화相火의 〈삼초三焦〉[陰]와 군화君火의 〈소장小腸〉[陽]으로 나누어서 〈6부六腑〉로 했다.

〈삼초三焦〉란 고대의 책 《황제내교黃帝內教》에 있는 한방의학 용어로, 당시는 가공架空의 내장으로 생각하고 있었다. 〈초焦〉란 소위 〈열원熱源〉이라는 의미로서 현대적인 표현법으로 말하면, 〈삼초三焦〉라는 것은 순환·소화·배설 등을 도와주는 내분비기관으로 생각된다.

【 오행의 상생相生과 상극相剋이란 】

오행설에는 〈상생相生〉〈상극相剋〉이라는 두 가지 결정적인 관계가 있다. 종종 〈상성相性〉(궁합이 맞음)이 좋다라고 말하는데 그것은 〈상생相生〉이라는 말이다.

예를 들어 혹성의 오행을 보자. 목성과 화성은 그것만으로 단독으로 있는 것이 아니라 각각의 혹성이 서로 관계를 갖고 작용하고 있다고 생각하여, 그 혹성과 혹성 사이에 좋은 관계와 나쁜 관계가 있다고 정해진 것이 〈상생相生, 상극相剋의 원리〉라 말해도 좋다.

이 관계를 〈역易〉의 길흉과 연결시켜서『상성相性이 좋으므로 길하다』『만사가 순조롭게 진행된다』든가, 『상성相性이 나쁘므로 흉하다』『만사가 순조롭지 못해 나쁜 결과가 된다』라는 식으로 단계적으로 확대해서 과학시대에 역행하여 커다란 영향을 주고 있다.

오행상생五行相生에 관하여

한마디로 말하면『나무(木)는 불(火)을 낳고, 불(火)은 흙(土)을 낳고, 흙(土)은 쇠(金)를 낳고, 쇠(金)는 물(水)을 낳고, 물(水)은 나무(木)를 낳는다』는 관계를 〈오행상생〉이라 한다.

【나무(木)는 불(火)을 낳는다】　이것은 〈목생화木生火〉라 하며, 나무가 타서 불이 되고, 나무와 나무가 부딪쳐서 불이 되어 탄다는 관계(木

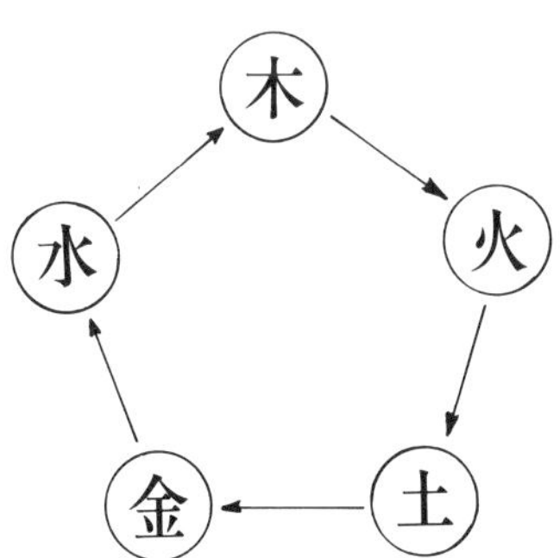

오행상생五行相生이란, 木→火→土→金→水의 순서

→火의 관계)이다.

【불(火)은 흙(土)을 낳는다】　〈화생토火生土〉라 하며, 불이 탄 후에는 반드시 재가 남는다. 재란 곧 흙이 되는 셈이다.(火→土의 관계) 한민족漢民族이 거주했던 황하 유역은 문자 그대로 일대가 황토와 누런 먼지와 황색의 탁류를 이루고 있다. 그 황토와 회색 재를 동일시했을 따름이지만, 어쨌든 재를 흙으로 생각했던 것이다.

【흙(土)은 쇠(金)를 낳는다】　〈토생금土生金〉이란 흙이 모여서 산을 이루고 산에서 광물(금속)이 산출되는 관계(土→金의 관계)를 말한다.

【쇠(金)는 물(水)을 낳는다】　〈금생수金生水〉라는 것은 광물(금속)은 부식하여 물로 되돌아가고, 또한 녹이면 액체(물)가 된다는 관계(金→水의 관계)를 말한다.

【물(水)은 나무(木)를 낳는다】　〈수생목水生木〉은 물을 양분으로 해서 나무가 생육하는 모습을 나타낸다.(水→木의 관계)

이와 같은 오행의 〈상생〉관계를 그림으로 나타낸 것이 앞페이지의 그림이며, 이 순서를 〈목화토금수〉라 한다.

이처럼 오행이 〈목화토금수〉 순서가 되면 『서로 도와주는 좋은 관계에 있다』고 하며, 이것이 바로 〈오행상생〉이다. 따라서 『나무는 썩어서 흙으로 돌아간다』 혹은 『불의 발명으로 금속문화가 생겨났다』는 등등의 생각은 옳지 못한 것이다.

오행상극五行相剋에 관하여

〈목화토금수〉의 〈상생〉 순서에 대해서 『물(水)은 불(火)을 이기고, 불(火)은 쇠(金)를 이기고, 쇠(金)는 나무(木)를 이기고, 나무(木)는 흙(土)을 이기고, 흙(土)은 물(水)을 이긴다』고 하는 관계를 〈오행상극〉이라 한다.

【물(水)은 불(火)을 이긴다】　〈수승화水勝火〉라 하며, 타오르는 불에 물을 끼얹으면 꺼진다고 하는 관계.(水×火의 관계)

【불(火)은 쇠(金)를 이긴다】　〈화승금火勝金〉은 불 속에 금속을 넣으면 용해되어 버린다고 하는 관계.(火×金의 관계)

【쇠(金)는 나무(木)를 이긴다】　〈금승목金勝木〉이라는 것은 금속물

인 도끼와 칼 종류는 커다란 나무도 베어서 쓰러뜨린다고 하는 관계. (金×木의 관계)

【나무(木)는 흙(土)을 이긴다】 〈목승토木勝土〉란 아무리 단단한 토지라도 나무는 그것을 누르고 자라난다는 관계.(木×土의 관계)

【흙(土)은 물(水)을 이긴다】 〈토승수土勝水〉라 하며, 흙은 흘러서 물을 막고, 또는 대지에 흡수되어 버린다는 관계.(土×水의 관계)

이와 같은 서로의 순서관계를 〈오행상극五行相剋〉이라 한다.

본래 이것은 〈오행상승五行相勝〉으로 표현했지만, 〈상생相生〉과 〈상승相勝〉은 발음이 유사하므로 상승相勝은 상극相克으로 바뀌었고, 현재는 〈상극相剋〉이 되었다.

단 〈극剋〉에는 〈이기다〉 외에 〈새기다〉라는 의미가 있고, 〈각刻〉에는 〈해치다〉는 의미가 있으므로, 결국에는 〈죽이다〉라는 의미로까지 발전하게 된 것이다. 어딘지 상업상(commercial) 상대방의 뻔뻔스러움에 질려서 도리어 이쪽이 무안해서 확대해석을 하고 있는 점에 반대로 특징이 있다고 할 수 있다.

그것은 그렇다치고 〈오행상극〉이라는 것은, 오행이 〈목도수화금〉의 순서로 있으면 서로 등을 돌리고, 결국에는 살육殺戮할 정도의 나쁜 관계에 있다고 하는 관점이다. 〈수화水火〉라는 말은 오늘날의 말로 하면

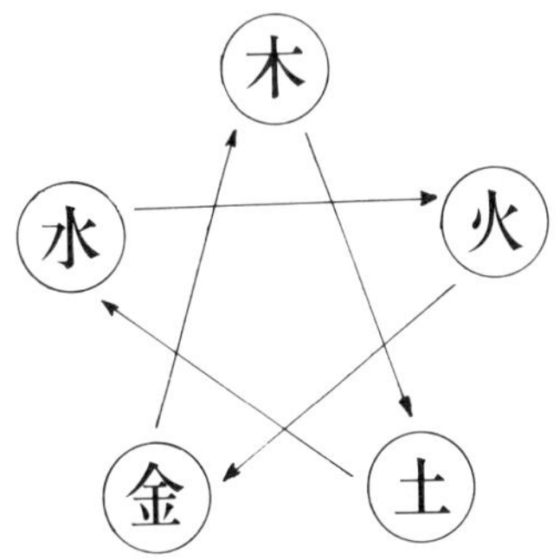

오행상극五行相剋의 관계

〈물과 기름〉으로, 이집트 신화의 마루타와 시리우스의 슬픈 사랑 이야기를 떠오르게 한다.

그런데 이 오행상생의 관계가 나중에 〈상성相性〉(궁합이 맞음. 성격이 잘 맞음)으로 바뀌고, 또다시 〈합성合性〉되어서 『남녀의 성격이 일치하고 있다』든가 『혼담이 성립되다』와 같은 말로 사용하게 되었다.

결국 『합성合性이 좋다』라는 것은 단순히 오행설상에서 『상생관계에 있다』는 정도의 말에 지나지 않는다. 그 정도의 의미를 갖고 있는 것에 지극히 깊고 복잡한 이론이 있는 것처럼 지나치게 내세우는 것은, 과학적인 사고방식이라 말하기 어렵다. 물론 그 단순한 원리에 살을 붙인 인간관 속에는, 오랜 인류의 역사를 근거로 삼은 철학적인 통찰이 내포되어 있다고도 말할 수 있을 것이다. 그러나 적어도 그곳에는 수학적인 〈놀이〉가 있다는 점은 확실하다.

여담이지만, 다도茶道에도 오행五行이 있으므로 여기에서 한마디 언급해 두고자 한다.

다도에서는 난로 속에 오행이 가두어져 있다고 하며, 난롯가를 목木, 숯불을 화火, 난로 받침대를 토土, 차 끓이는 솥을 금金, 차 끓이는 솥 속의 물을 수水라 하며, 이것을 난로의 오행이라 한다. 이것으로

화로의 오행

다도茶道에는 완전한 우주관이 있다고 설명되어 오고 있다.

【계절의 오행배당】

서양에서는 춘하추동은 각각 〈춘분〉 〈하지〉 〈추분〉 〈동지〉로부터 시작되지만, 중국과 일본에서는 구력舊曆의 봄은 〈입춘〉부터, 여름은 〈입하立夏〉, 가을은 〈입추〉, 겨울은 〈입동〉부터 시작된다.

이 사계四季에 오행을 적용시키는 것에 관하여, 전한前漢의 유학자 동중서董仲舒는 다음과 같이 생각했다. 요컨대 사계 이외에 〈계하季夏〉를 넣으려 했던 것이다.

『나무(木)는 봄, 생의 근원, 농업의 근본이다. 불(火)은 여름, 성장의 근원이다. 흙(土)은 계하季夏(만하晩夏), 백 가지 씨앗을 성숙하게 한다. 쇠(金)는 가을, 살기殺氣의 시작이다. 물(水)은 겨울, 곳간에 들어가서 음陰으로 된다.』

오행을 시계에 배당하는 데는 4는 5로 나눌 수 없으므로, 여름의 끝에 토(土)를 끼워넣은 것이다. 이것은 나중에 후한後漢의 역사가 반고班固에 의해 다음과 같이 바뀌었다.

『목·화·금·수가 낳은 72일은 무엇인가. 토는 사계 각 18일에 생긴다. 합해서 90일, 1시로 한다. 토가 4시에 생겨나는 까닭은 무엇인가. 나무는 흙이 없으면 생겨나지 못하고, 불은 흙이 없으면 영위하지 못하며, 쇠는 흙이 없으면 자라지 못하고, 물은 흙이 없으면 강해지지 못한다. 그러므로 오행이 교대로 생겨나는 요소도 흙에서 이루어진다. 흙을 사계에 두고, 나뉘어져서 4시에 생겨난다.』

즉 이것은 목화금수는 흙에서 나와서 흙으로 돌아가므로, 흙이 오행의 근본이며 사계는 모두 흙을 포함하고 있는 셈이다.

1년을 360일로 하면, 그 4분의 1을 1시라 하고 90일로 이루어지게 된다. 그 5분의 1이 18일이므로 사계의 마지막 18일간에는 흙의 기운을 낳고, 흙이 사물을 변화시킨다는 의미에서 〈토왕용사土旺用事〉라 하며, 이를 생략해서 〈토용土用〉이라 한다. 따라서 본래 토용이란 입하·입추·

입동·입춘 전의 18일간을 말하며, 1년에 4회 있는 것이 된다.

그러나 분명히 달력상으로는 봄의 토용, 여름의 토용, 가을의 토용, 겨울의 토용으로 네 가지 〈토용〉이 있는데, 실제로는 〈여름의 토용〉만이 주목받고 있는 것은 무엇 때문일까.

계절의 오행배당도(그림 上)를 보기 바란다.

오행을 그림의 위쪽에서부터 오른쪽으로 돌아서 서로 이웃되는 두 가지를 각각 상생相生·상극相剋으로 보면, 〈수토水土〉는 상극, 〈토목土木〉은 상극, 〈목토木土〉는 상극, 〈목화木火〉는 상생, 〈화토火土〉는 상생, 〈토금土金〉은 상생, 〈금토金土〉는 상생, 〈토수土水〉는 상극이 된다.

즉 〈여름의 토용〉만이 양측의 여름·가을과 상생관계에 있고, 다른 토용은 모두 양측과 상생이 되지 않음을 알 수 있다. 그래서 여름의 토용만이 남아서 다른 것을 제거하면 아래표와 같이 된다.

이 오른쪽 아래 그림에서 보는 바와 같이, 위쪽에서 오른쪽으로 돌면 〈수목화토금〉이 되어 모두가 상생관계가 된다. 그러므로 여름의 토용만이 관념적으로 중시되어서, 오늘날에는 토용이라 하면 여름의 토용을 가리키게 되었다.

그렇지만 우연히도 이것은 처음에 인용한 동중서董仲舒의 오행배당과 같은 것이 된다. 이론적으로는 반고班固, 실용적으로는 동중서라는 결론이 가능해진다.

【토용土用에 관하여】 여름의 토용만이 실용화되어 있으므로, 여기서는 여름에 한하였다. 토용은 입추부터 18일 전에 시작되므로 현재는 7월 20일 무렵이 토용의 첫날, 입추 전날이 토용의 직후가 된다.

토용축土用丑의 날이라 해서 종종 뱀장어를 먹는데, 아리스토텔레스도 『뱀장어는 진흙에서 생겨난다』라고 말하고 있는 것처럼, 옛날부터 알려져 있으며 일본에서도 만뇨우시대(万葉時代)부터 있었던 것 같다.

『이시마로(石麻呂) 씨에게 삼가 말씀 올립니다. 여름에 여위는 데 효과가 좋은 뱀장어를 잡아서 드십시오』(万葉笑 3853번. 大伴家持 句, 韓昌欠 詩歌)라고 하는 오오도모노 야카모치(大伴家持)의 노래는 요리집에서 자주볼 수 있고, 토용축土用丑의 날과 뱀장어의 관계도 에도시대(江戸時代)의

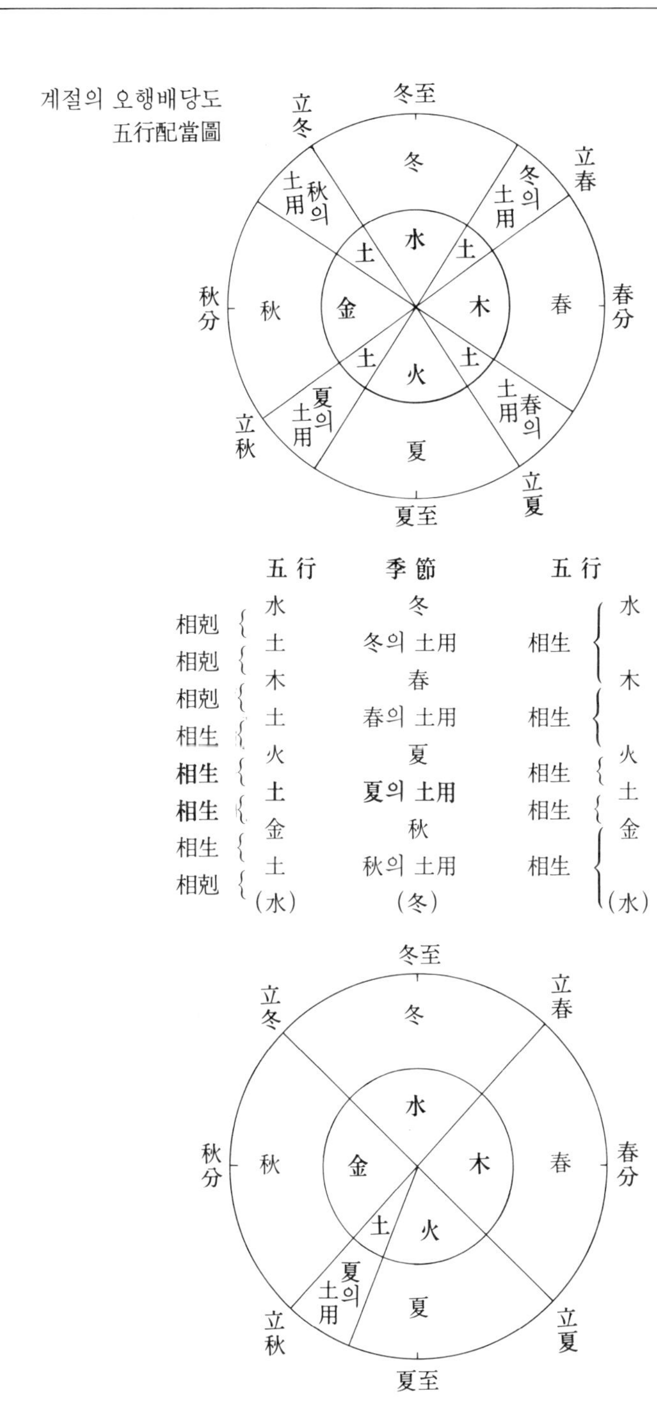
계절의 오행배당도
五行配當圖

冬至
立冬
立春
秋의 土用
冬
冬의 土用
土
水
土
金
木
秋分
秋
春
春分
土
火
土
立秋
夏의 土用
春의 土用
立夏
夏
夏至

五 行 季 節 五 行
相剋 水 冬 相生 水
相剋 土 冬의 土用 木
相剋 木 春 相生
相生 土 春의 土用 火
相生 火 夏 相生 土
相生 土 夏의 土用 相生 金
相生 金 秋
相剋 土 秋의 土用 相生
(水) (冬) (水)

冬至
立冬
立春
秋分
秋
水
春
春分
金
木
土
火
夏의 土用
夏
立秋
立夏
夏至

과학자 히라가 겐나이(平賀源內)가 장사가 부진한 뱀장어 가게에 〈금일 토용축土用丑의 날〉이라 써붙인 것에서 비롯되었다고 하는 속설俗說은 잘 알려져 있다.

토용에 더위 먹는 것을 막기 위해서, 뱀장어(우나기:일본어 발음)뿐만 아니라 〈우〉자가 붙은 참외와 쇠고기(牛肉)와 우동을 먹는 습관도 있으며, 〈토용의 떡〉〈토용 가막조개〉〈토용란土用卵〉을 먹는 것도 더위 먹는 것을 막기 위함이다.

또한 토용의 3일째를 〈도요우 사부로土用三郞〉(여름 토용의 사흘째 날. 옛날부터 이 날의 날씨 여하로 그 해 농사의 풍흉을 점쳤다고 한다)라 하여 농가의 액일厄日로 삼고 있으며, 그 다음에 4액일四厄日이라는 것도 있고, 그외에 〈매우태랑梅雨太郞〉(장마가 시작되는 첫날)〈팔전이랑八專二郞〉〈한사랑寒四郞〉이 들어 있다. [팔전八專이란 60간지의 49번째 임자壬子에서부터 60번째의 계해癸亥까지 12일간. 팔전八專 동안의 8일간은 간지의 오행이 서로 화합하여 같은 기질이 겹쳐 있기 때문에, 천지의 조화가 이루어지지 않아서 기후가 불순한 시기라 말하며, 이랑二郞이란 그 2일째, 계축癸丑의 날이다. 한사랑寒四郞이란 추위가 시작된 지 4일째를 말한다.]

제 9 장

—

간지干支와 성수聖數의 논리

【〈간지干支〉에는 이런 의미가 있다】

종종 우리들은 『당신의 띠는 무엇이냐』라고 하면, 『저는 원숭이 띠입니다』라고 대답하기도 하는 것처럼 〈띠〉라는 말을 하는데, 〈간지〉라 쓰고 〈에토〉(간지의 일본어 발음)라 읽는 것은 왜 그럴까. 우선 그와 같은 의문에 답해 나가면서 간지의 구조를 보도록 하자.

본래 〈간干〉이라는 문자는 약간若干과 같이 물건을 헤아리는 말로, 1개·2개라고 헤아릴 때의 〈개個〉와 같은 의미가 있다. 한편 〈지支〉는 지류支流라든가 지급支給하다 등과 같이 한 개의 모태에서 퍼져나와서 구분이라는 의미가 되었다. 그밖의 의미를 생각해 보더라도 도저히 〈간지〉는 〈에토〉라고 읽을 수 없다.

대부분 알려져 있는 것처럼 간지라는 것은 십간十干과 십이지十二支, 또는 그것을 짜맞춘 것이지만, 이 십간이나 십이지 모두 처음부터 날과 달을 헤아리는 데 사용하던 수사數詞로, 전설적으로는 황제黃帝가 대요大撓에게 명해서 만든 것이라고 한다. 분명한 점으로는 이미 은나라 시대에 사용했다고 생각해도 무방하지만, 당초에는 〈십일 십이진十日十二辰〉이었던 것이 〈십모십이자十母十二子〉와 결부되어 어감이 강해져서 현재의 〈십간십이지十干十二支〉로 정착되었다고 한다.

따라서 십간이란

갑甲·을乙·병丙·정丁·무戊·기己·경庚·신辛·임壬·계癸

를 말하고, 십이지는 다음과 같다.

자子·축丑·인寅·묘卯·진辰·사巳·오午·미未·신申·유酉·술戌·해亥

십간이 날을 헤아리는 수사로 사용된 데 대해서는, 양손의 손가락 수가 열 개라는 것이 결정적인 요인이 되었다고 할 수 있다. 양손의 손가락 수가 열 개이므로, 날짜를 헤아리는 단위도 그것을 모방했다는 생각은 그다지 저항을 일으키지 않는다. 물건을 계산하는 것과 수를 헤아린다고 하는 것은 물건과 수를 대응시키는 일이지만, 실제로 이것이 가장 기본적인 〈수의 원리〉인 것이다. 더욱이 주판과 전자계산기가 없었던 고대인이 물건과 수를 대응시키는 데 양손의 손가락을 사용했다는 점은, 그것이 가장 손쉬운 방법이었기 때문이다.

고대의 중국에서도 10일을 한 단위로 했던 점은, 10일을 나타내는 〈순旬〉이 〈차있다〉〈10일로 완료되다〉라는 의미라는 점에서도 수긍이 가지만, 이 〈순旬〉은 상순上旬·중순中旬 등 그밖에도 과일·야채·물고기를 먹을 즈음 가장 맛이 깃든 시기라는 뜻의 〈순〉이라고 하는 표현법이 남아있다.

그리고 십간의 원의原義나 자의字義에도 갖가지 해석이 있지만, 여기에서는 이하의 원의原義를 취하였다. 십간이라는 수가 달력과 관계되어 있는 이상, 농경생활과 관련이 있었다고 생각하기 때문이다.

【갑甲】 갑주甲冑(갑옷과 투구)라는 말로, 씨앗이 발아하여 아직 두꺼운 껍질에 싸여있는 상태이다.

【을乙】 조각칼의 구부러진 형태로, 초목이 자라지 않고 굴곡되어 있는 상태를 나타낸다.

【병丙】 신에게 산제물을 바쳐 올리는 책상이라는 형태로, 산제물을 불에 빨갛게 굽고 초목이 뻗어나가는 형태를 분명히 보여주는 상태.

【정丁】 못의 형태이며, 또한 물건을 헤아리는 수사로 생각할 수 있다.

【무戊】 나무와 쌍날칼을 꽂은 창과 비슷한 무기로 창과 같은 의미. 초목이 무성하게 자라나서 잘라주지 않으면 안 될 정도로 왕성한 상태.

【기己】 기다란 실의 끝이 구부러진 형태로 기起의 원래 글자. 초목이 충분히 자라있는 상태.

【경庚】 단단한 심지라는 말로 경更과 같은 의미. 충분하게 성숙되어 새로이 개선된 상태.

【신辛】 문신을 하는 바늘로, 날카로와져 있는 물건을 자극한다는 점에

서 초목이 시들어가는 상태.

【임壬】 여성이 임신한 형태로, 초목이 씨앗의 내부에 새로운 생명을 잉태한 상태.

【계癸】 사방으로 칼이 날카롭게 솟아있는 창의 형태로 이것을 사용하여 측량하는 것을 의미하며, 씨앗의 내부를 측량할 수 있을 정도로 성숙한 상태를 나타낸다.

즉 〈십간〉이라는 것은 반드시 식물에 한정되어 있지 않아서 좋을지도 모르지만, 초목이 두꺼운 껍질을 뒤집어쓴 씨앗에서 점차적으로 성장하여 잎이 무성하게 자라고, 이윽고 다음 세대로 씨앗을 남기고 시들어가는 대신에, 그 종자種子가 분명히 알 수 있을 정도로 크게 성숙한 모습을 나타내고 있다고 해도 좋을 것이다. 그러한 일련의 생활주기(life cycle)가 농경을 주체로 하는 한민족의 수사數詞 순서로 싹텄다고 해석하는 것이 자연스럽다.

물론 이것은 어디까지나 한 가지 해석에 불과하여, 십간 그 자체의 생명은 날짜를 세는 추상적인 수사의 역할을 수행하는 문자에 지나지 않는다는 점을 분명히 하고 싶다.

그렇지만 이 날짜를 세는 수사에 지나지 않는 십간에 본래 아무런 관계가 없는 음양오행설을 적용시켜서 다음과 같이 정리한 발상發想이 출현하였다. 중국의 전국시대에 여불위呂不韋라는 학자가 편집한 《여씨춘추呂氏春秋》가 그것이다.

갑을甲乙을 목木　　　　　　〈키〉
병정丙丁을 화火　　　　　　〈히〉
무기戊己를 토土　　라 정하고 〈츠치〉　　라고 읽는다.
경신庚辛을 금金　　　　　　〈가네〉
임계壬癸를 수水　　　　　　〈미즈〉

그리고 십간의 전반(양간陽干)과 후반(음간陰干)을 음양의 대립으로 간주하여

甲丙戊庚壬을 양陽 } 으로　정하여　형兄이라고 } 읽는다.
乙丁己辛癸를 음陰 }　　　　　　　　　제第라고 }

라고 정하였다. 그렇게 하면 음양의 2와 오행의 5가 합치하게 되고, 그 2와 5의 공배수公倍數가 10이 되는데, 이것은 십간과 음양오행설을 결부시키는 데 안성마춤이었다.

　양陽과 음陰이 강剛과 유柔, 남男과 여女 등과 같이 대립적인 발상이라는 것은 이미 서술하였지만, 십간의 음양을 형제兄弟로 대립시켜서 〈형〉과 〈제〉로 표기하고, 오행의 〈목화토금수〉를 각각 훈으로 읽은 것이,

<table>
<tr><td>갑甲</td><td>키노에(木の兄)</td><td>을乙</td><td>키노토(木の弟)</td></tr>
<tr><td>병丙</td><td>히노에(火の兄)</td><td>정丁</td><td>히노토(火の弟)</td></tr>
<tr><td>무戊</td><td>츠치노에(土の兄)</td><td>기己</td><td>츠치노토(土の弟)</td></tr>
<tr><td>경庚</td><td>가노에(金の兄)</td><td>신辛</td><td>가노토(金の弟)</td></tr>
<tr><td>임壬</td><td>미즈노에(水の兄)</td><td>계癸</td><td>미즈노토(水の弟)</td></tr>
</table>

이다. 따라서 〈에토〉(간지)란 형제에서 유래하였다. 결국 음양이라는 말

키노에	원숭이	木의 兄
키노토	닭	木의 弟
히노에	개	火의 兄
히노토	돼지	火의 弟
츠치노에	쥐	土의 兄
츠치노토	소	土의 弟
가노에	호랑이	金의 兄
가노토	토끼	金의 弟
미즈노에	용	水의 兄
미즈노토	뱀	水의 弟
…………	………	………

이며, 음과 양으로 분류한 십간이라든가 십간의 총칭이라 해도 괜찮다. 그러므로 엄밀하게 말하면 십이지와는 관계가 없다. 관계가 없는데 간지를 〈에토〉라 읽는 것은 조금 이론적이지 못하다. 다만 간지의 달력을 옆으로 읽으면 〈에토, 에토, 에토……〉로 이어지므로 〈에토〉 달력이라 부르게 되었을 것이다.

【〈갑을甲乙〉과 〈ABC〉의 순위매김】

이 십간을 현재도 단순히 추상적인 기호 혹은 번호로 이용하고 있는 예가 있다.

수학문제에도 종종 『갑甲은 을乙보다 세 살이나 위이고……』라고 쓰이고, 또한 일상생활 속에서 부동산매매와 보험계약 때에 계약서를 교환하는데, 그와 같은 계약서에 『물건을 파는 사람을 갑甲으로 하고 사는 사

【십간十干의 이칭】

십간은 족자나 책 또는 시詩 등의 옛날 표현에 사용되었다. 《이아爾雅》에서 문인이 즐겨 사용한 것으로 여기에 소개하고자 한다.

갑甲	알봉閼逢	을乙	전몽栴蒙
병丙	유조柔兆 유조遊兆(史記)	정丁	강어強圉
무戊	저옹著雍	기己	도유屠維
경庚	상장上章	신辛	중광重光 소양昭陽(史記)
임壬	현익玄黓	계癸	소양昭陽

【십이지十二支의 이칭】

12지에도 옛날 표현이 남아 있다. 이것도 《이아爾雅》에 실려 있다.

자子	곤돈困敦 곤돈困頓	축丑	적분약赤奮若
인寅	섭제격攝提格	묘卯	단알單閼
진辰	집제執除	사巳	대황락大荒落
오午	돈장敦牂	미未	협흡協洽
신申	군탄涒灘	유酉	작악作噩
술戌	엄무閹茂	해亥	대연헌大淵獻

람을 을乙로 한다』와 같은 데서 나오는 것이 그것이다. 이것은 인물에게 십간을 대응시켜서 수사數詞의 역할을 지우고 있을 뿐이다. 웬지 고풍스러운 느낌이 없는 것은 아니지만, 특별히 다른 방법도 없기 때문에 쓰고 있을 것이다.

또한 『갑을甲乙을 구별하기 힘들다』라는 말이 있는데, 이것은 우열을 가리기 힘들다는 말로서 〈갑을〉이란 〈우열〉이라는 뜻인데, 그렇다면 〈비슷비슷〉(일본어 발음으로 옷츠캇츠로 읽는다. 이것은 갑을에서 나온 말이라고도 한다)이라는 말은 어떻게 이루어진 것일까. 이것은 〈을갑〉을 말하는 것으로서 좋은 승부였다든가 거의 비슷하다고 하는 의미이므로, 을갑이 역전逆轉되어 『우열이 없다』라는 의미로 바뀌었다. 을乙이 갑甲 위에 오면, 본래 열등한 수치인 을乙이 갑甲을 누르게 되니까 우열을 알 수 없게 되는 것일지도 모른다.

그건 그렇고 필자가 구제舊制 시절의 중학에 다닐 무렵에는, 성적이 갑을병정甲乙丙丁으로 매겨졌다. 오늘날에는 ABCD라든가 54321과 같이 순위를 정하는데, 당시는 갑을 전신주電信株, 을을 집오리, 병을 가방이나 군대, 정을 쇠망치라 칭하였다. 물론 이것은 우열의 순서로 불합격이 정丁이었다. 나중에는 〈우優·양良·가可·불가不可〉라는 채점방식으로 바뀌었다. 표기가 우열을 그대로 나타내는 것이 좋은지 나쁜지는 알 수 없지만 우에서 양으로 그리고 가可로, 글자 획수가 17획·7획·5획으로 점차 감소하여 대우待遇가 나빠지는 점은 우연이라 하더라도, 추상적인 순위나 계급을 나타내는 것만이 아니라는 느낌이 드는 것은 필자만의 생각은 아닐 것이다.

그후 우優 위에 〈수秀〉라는 순위가 생겨 〈가장 낫다〉 또는 〈최고〉라는 의미를 지니게 되었지만, 이것은 〈우優〉 중에서도 특히 우수한 자에게 특별한 평가를 부여하고 싶어하는 인간의 본성인 원망願望의 표현이며, 또한 구별의식의 표현이라 말할 수 있다.

음식점과 식당 등의 위생보증서에는 현재에도 〈수秀〉가 사용되고 있다. 커다란 액자 속에 〈수秀〉라고 쓴 글자가 가게 안에 자랑스럽게 장식되어 있는데, 실제로 〈수〉라는 말은 〈우優〉보다 상위에 있는 것이 아니라, 특별히 선택된 평가이며 〈우優〉 순위와 다를 바가 없다고 생각하는 것이 올바르다. 그러나 〈수秀〉가 〈우優〉보다 상위에 있다고 생각하는 편이 현실적인 감각일 것이다.

오늘날에는 성적평가에 ABCD를 채용한 곳이 많아졌는데, 현실문제로 불합격인 D 순위는 쓰이지 않는 경우가 많다. 이것은 불합격이라든가 그 학과를 이수하지 못했을 때 구별이 가지 않도록 배려한 고육지책苦肉之策일 것이다.

【세 가지로 구분하느냐, 네 가지로 구분하느냐】

더욱이 합격과 불합격으로 나누는 것은 그렇다치고, 합격을 구분할 때의 수가 문제가 된다. ABCD와 갑을병정과 같이 네 가지로 구분하느냐, ABC 또는 우양가優良可 세 가지로 구분하느냐 하는 점이다.

약간 딱딱한 표현법으로 말하면 〈사치논리四値論理〉인가 〈삼치논리三値論理〉인가 하는 것이 된다. 여기서 등장하는 것이 〈성수聖數 3〉이다. 성수 3은 완전한 형태로 받아들이므로, 〈ABC〉〈우양가〉〈갑을병〉과 같은 형태로 완결을 지었다. 이와 같은 〈삼분법〉은 그 자체로도 완전한 표현이 된다.

따라서 일반적으로는 ABCD라든가 갑을병정까지를 합격으로 쓰진 않지만, 합격을 3등분하기보다는 4등분하는 쪽이 좀더 정확한 분류가 될 수 있다고 하는 발상과의 타협점으로, 전시戰時 동안에 징병검사에서는 갑종甲種, 제1을종第一乙種, 제2을종第二乙種, 병종丙種의 네 가지 합격 분류가 있었던 것이다.

물론 〈성수 3〉이 완전한 형태라 하더라도, 인간은 3분법만으로는 만족하지 못했다.

음악회에 음악을 들으러 가면, 홀hall 좌석에는 ABC석 이외에 S석이 있다. 급유給油 판매대(stand)를 보면, 표준(regular) 가솔린 이외에 수퍼 가솔린이 있다. 새로운 차가 발매發賣되면, 일반 순위 이외에 스페샬special이라는 것 등이 있는데, 여기서는 바로 〈울트라ultra〉(극단적), 〈스페샬special〉(특별), 〈수퍼super〉(특대의), 〈엑스트러extra〉(임시의)

등의 경연이 벌어지고 있다.

한 마디 덧붙여서, 최상의·최고의와 같은 뜻을 강조하고 싶어하는 것이 인간이며, 삼분법을 지배하는 다른 하나의 지위를 요구하는 것이 인간이다. 이와 같이 완전한 〈3〉을 지배하고, 그것을 초월하려고 생각하여 그 위에 덧붙인 것이 〈가상이론加上理論〉이다.

예를 들어 고대 중국의 〈천자天子〉도 가상이론加上理論으로서, 〈천자〉는 천天·지地·인人을 지배한다고 하는 사고방식으로 사분법된 것이 아니라 그 위에 존재하던 것이었는데, 드디어 추락해서 삼분법에서 사분법으로 이어졌다는 점을 부정할 수 없다.

우양가優良可 위에 수秀를 놓은 것도 같은 발상이며, 씨름의 〈삼역〉(三役), 즉 오오세키(大關 : 직업 씨름꾼의 등급 중 하나. 요코즈나橫綱의 다음, 세키와케關脇의 위, 옛날에는 오오세키가 씨름꾼의 최고 위치였으므로 같은 무리 중 가장 뛰어난 사람이라는 뜻도 있다), 세키와케(關脇), 고무스비(少結 : 三役의 최하위로 세키와케의 다음가는 지위) 위에 〈요코즈나〉(橫綱 ; 씨름꾼의 최고위. 또는 그 씨름꾼이 성장盛裝할 때 허리에 두르는 참바로 된 띠)를 만든 것도 같은 예라 할 수 있다. 요코즈나라는 것은 본래 오오세키 가운데 씨름판 위에서 의식을 지낼 때 등에 두르는 아름답게 수놓인 짧은 앞치마 모양의 드림 위에 굵은 〈요코즈나〉를 매는 것이 허락된 역

가상이론加上理論

사力士를 말하고, 오오세키의 일부였던 것이 독립해서 하나의 지위를 획득한 예이다.

체조경기의 난도難度와 같이 기술의 난이도難易度를 ABC로 표현하여 평가한다. A에서 C로, 쉬운 기술에서 어려운 기술이 있는데 종종 〈울트라ultra C〉라는 말을 듣게 된다. 이것은 어디까지나 원칙적으로는 C에 속하는 기술이면서도, 그 중에 특히 난이도가 높은 기술을 울트라 C라 부르며, 서양적인 감각으로 사용하는 듯한데 일본인의 감각으로는 C보다도 높은 이미지를 느끼게 한다.

또 한 가지 일본 술의 분류에서 이급주二級酒 · 일급주 · 특급주가 있는데, 그곳에다 초특급주를 첨가하는 것도 가상이론加上理論일 것이다. 술집에서 이급주二級酒를 〈오사케〉(술의 미칭)라든가 〈오쵸우시〉(술의 미칭)라 부르며 일급 · 특급과 구별을 짓지 않으려는 점도 일종의 대중적인 〈가상이론〉일지도 모른다.

위로, 보다 더 위로 향하는 표현으로 〈특特〉이라든가 〈초超〉를 붙이는 것은 우월감이나 만족감을 찾는 데는 충분할지 모르지만, 웬지 모르게일본어적인 표현으로 흘러가고 있는 느낌이 든다.

분명히 삼분법에는 〈성수 3〉의 성질이 작용하고 있으며, 완전한 표현으로 안정된 일면을 갖추고 있다. 그러면 최근 젊은이들의 오락 프로그램에 『좋은 아이, 나쁜 아이, 보통 아이』라는 것이 있는데, 〈좋은 것〉〈나쁜 것〉으로 이분二分하는 것이 아니라, 그 어느쪽에도 속하지 않는 〈중간의 것〉에 하나의 존재를 인정하는 점에 〈삼분법〉의 가치가 있는 것은 아닐까. 아니면 〈중간의 것〉은 그 양쪽의 성질을 지닌 까닭에 그 어느 경우에도 속하지 않을 따름이며, 그 점에 하나의 평가를 내리는 것이 삼분법일지도 모른다.

이와 같은 면에서 볼 때 삼분법은 이분二分하는 냉혹한 세계에 대항하기 위한 일종의 논리정립이든가, 아니면 인간다움이 배어있다고 해도 좋을 것이다.

그런데 〈성수 3〉은 종교적으로나 역사적으로도 세계 각민족에게 인정받고 있는 숫자이다. 그러나 〈3〉 혹은 〈삼분법〉을 신성화시키더라도 그곳에 영원한 안정이 있다고는 말할 수 없다.

그것은 첫째로 지금 서술한 〈가상加上의 이론〉으로, 위에 또 그 위에 덧붙여서 야망을 늘리고 있기 때문이다.

둘째로 인간에게는 삼분법을 더욱더 상세하게 삼분三分하려는 경향이 있는데, 이것은 삼분법에 또 삼분법, 즉 3×3분법을 뜻하는데 진정 인간이 안주하고 싶어하는 바람의 표현이라고 말할 수 있다.

예를 들어 리포트 채점에서의 A´·B° 등의 순위와, 글씨를 익힐 때의 〈갑상甲上〉〈을상乙上〉 등과 같은 평가가 그것인데, 그곳에는 폭넓은 일반적인 의미에서의 〈3×3분법〉이 얼굴을 감추고 있다. 3을 더욱더 삼분三分함에 따라서 안정도가 높아진다고 생각하기 때문이다.

예전에 신문사가 국민의 의식조사를 했을 때, 자신은 중류 정도의 생활을 하고 있다고 하는 〈중류의식〉이 80퍼센트 이상이었던 것이 화제가 되었는데, 사람들은 일반적으로 분명히 사물을 막연히 평가할 때 〈상중하〉로 삼분할하여 생각하며, 그 평가는 한 가지 구분방법으로 안정되었다. 그러나 그것을 더욱더 삼분三分해 보면 실제로 몸으로 실감할 수 있는 경우가 많다.

실제로 3×3분법에서는 〈중中의 중中〉〈하下의 중中〉 등과 같이 상중하를 더욱더 세 가지로 나누어서, 『월급이 상上에서 하下이다』라든가 『저 음식점은 하의 하이다』라든가 『저 선수는 상의 상이다』라고 생각하는 쪽이 구체적인 이미지를 파악할 수 있을 것이다. 그렇지만 최근 의식조사에서는 〈중류의 하〉 의식의 퍼센트가 많아진 듯하다.

그것은 예를 들어 구분법으로 나눈 순위의 제6위라기보다 삼분법으로 나눈 〈중류〉의 하下에 있더라도 〈중류〉라고 하는 의식 쪽이 강하게 작용하여, 좀더 논리적인 정밀도를 높이면서 감정적인 순위매김에 들어가려고 하기 때문일 것이다.

그러므로 아홉 가지 전부가 기능을 발휘하지 않고, 어떤 순위는 표현력이 강하게, 어떤 순위는 표현력이 약하게 작용하여 그 사람 그 사람 속에서 심리적인 안정이 생기게 되는 것이다.

〈삼분법〉의 성스러운 논리는, 여기에서 나아가 〈3×3분법〉에 의해 더욱 성화聖化된다. 아니 좀더 인간화되고 세속화된다고 하는 쪽이 적절할 것이다. 물론 가상加上의 논리 〈수秀〉〈초超〉〈특特〉에 비교하면 너무 보잘것 없는 〈속俗〉이기는 하지만…….

그러면 〈3×3×3분법〉이라는 것은 어떠한 것인가 하면, 같은 것이라고는 말할 수 없다. 예를 들어 〈상上의 중中의 하下〉라든가 〈중의 하의 상〉 등과 같이 말하면 구체적인 이미지가 와닿지 않고 혼란스러워진다. 이미 인간의 일반적인 논리적 사고의 한계를 초월해 버린 셈이다. 〈성수 3〉이 아무리 완전한 것이라 하더라도 그것을 반복해서 써야 할 것은 아니다. 〈3×3〉이 하나의 한계이며, 더욱이 그것은 완전한 모습이 아니다.

어쨌든 〈3×3〉에는 그곳에 인간의 꿈과 세속됨을 끌어넣어서, 〈3〉을 더욱 성스럽게 하려고 하는 불가사의한 세계가 있는 것처럼 생각해서는 안 된다.

【성수 〈3〉의 의미】

〈3〉은 전세계에서 가장 성스러운 수로 생각해 왔는데, 일본에서도 가장 오래된 책인 《고사기》에는, 천지개벽 때 다카마가하라(高天原 ; 일본 신화에서 하늘 위에 있으며 신들이 산다고 하는 나라를 말한다)에 처음 등장한 신으로 삼신三神[아메노미나카누시노가미(天之御中主神)·다카미무스비노가미(高御産巣日神)·가미무스비노가미(神産巣日神)]이 기록되어 있다. 이 창세신화에 세 신神이 나타났다고 하는 그 점이 수의 논리에서 보면, 한 역사의 완성을 의미한다고 생각할 수 있다.

본래 〈1〉은 절대불변이며, 만물의 근원이라는 뜻으로 인류에게 받아들여졌고, 〈2〉는 1에 대하여 대립되는 세계라고 생각해 왔다. 대칭적이며 상반되는 형태로 명암·선악·표리表裏·남녀·강유剛柔·광암光闇·길흉·음양 등으로 생각되는 본질이 〈2〉라 말할 수 있겠다.

그것에 대해 〈3〉은 다시 통일을 이룬 새로운 완성을 의미하고 있다. 즉 고정된 세계가 아니라 움직임 속에서 생겨난 세계이다. 새싹이 밖으로 내뿜어져서 고정된 것에서 새로이 부풀어 올라 창조된 완성의 세계이며, 두 개의 대립을 초월할 수 있는 완전한 조화로 그것이 성스러운 수

〈3〉을 낳은 것이다.

그런데 원시시대의 미개인은 물건을 셀 때 〈1〉과 〈2〉만으로 계산했다는 연구가 있다.

남미의 보롤로족도 1을 코나이 2를 마코나이라 하며, 세이론 섬의 원주민은 1을 엑카메이 2를 데카메이라 하고, 그 이상의 수사數詞는 없었다고 한다. 보롤로족이 3 이상을 어떻게 헤아렸는가 하면 1은 코나이, 2는 마코나이, 3은 코나이·마코나이, 4는 마코나이·마코나이, 5는 코나이·마코나이·마코나이, 6은 마코나이·마코나이·마코나이와 같은 식으로 마코나이를 조합해서 부른 것 같다.

대단히 재미있는 일로 이것은 현재 우리들이 컴퓨터에서 사용하고 있는 플러스와 마이너스(혹은 1과 0)의 〈이진법〉과 언뜻 보기에 비슷하다. 이진법이라면, 1은 코나이(＋), 2는 마코나이(－), 3은 마코나이·코나이(－＋), 4는 마코나이·마코나이(－－), 5는 마코나이·코나이·코나이(－＋＋), 6은 마코나이·코나이·마코나이(－＋－)가 되어서, 보롤로족의 3·5·6과는 일치하지 않는다.

두 가지 수밖에 구별하지 못했던 원시인들은 수를 인식하는 직관력도 없고, 또한 거기에서부터 새로운 것을 만드는 창조력도 없이 단지 구체적으로 수를 나열해 놓는 데 지나지 않았다. 이것은 수數라고 하는 추상적인 것이 아니라 〈1〉에 대해서는 신神, 〈2〉에 대해서는 부정과 대립시켜서 그것이 전부였다고 말할 수 있다.

그러므로 그곳에서 빠져나와서 〈3〉을 생각해냈다고 하는 점은, 〈많다〉를 의미하는 것이다. 물론 직관적으로 〈3〉을 받아들이지 않고 단순히 막연하게 〈많은 수〉로 받아들였다 하더라도, 그곳에는 하나로 포괄하는 전체가 있었음이 틀림없다. 그러나 〈3〉 이상은 대부분 〈많다〉는 뜻이 있었으므로, 직관적으로는 〈1·2·많다〉라는 이미지의 세계이다. 이곳에는 새로운 전체, 재통일로서의 생명 〈3〉이 있다.

프랑스인이 종종 〈Très bien!〉(대단히 훌륭해!)이라 말하는데, 이 〈대단히〉(très)와 숫자 〈3〉(trois)이란, 같은 라틴어의 tres(3)에서 생겨난 것으로, 영어의 thrice(세 번)에도 〈몇 번이고〉라는 의미가 있는 점을 보면, 〈3〉이라는 개념에는 〈다수〉의 개념이 있다고 생각해도 좋을 것이다.

3을 〈많다〉로 이해하고 그것을 1개의 사물로 생각하면, 그곳에서 전체가 구성될 뿐만 아니라 하나의 새로운 창조물이 생긴다고 생각된다. 그것이 〈3〉이다.

어쨌든 세계의 모든 민족이 3을 〈성스러운 수〉로 삼은 것은, 동서고금을 막론하고 어느곳에서나 볼 수 있다.

중국에서는 〈천지인天地人〉을 삼원三元이라 하며, 그들 사상의 핵을 이루고 있다. 노자老子도 『도道는 1을 낳고, 2를 낳고, 3은 만물을 낳는다』고 하였다.

그리스도교에서 말하는 〈삼위일체〉도 인간 가족적인 발상에 의한 3의 성화聖化이며, 그리스 신화에 운명의 신으로 나오는 크로트·아트로포스·라케시스 3신神도, 북유럽 신화의 과거·현재·미래를 담당하고 있는 〈스쿠루드의 세 여신〉도 같은 발상에서 나왔다고 해도 좋을 것이다. 이슬람교도는 신에게 기도드릴 때, 세 번 얼굴을 씻고 세 번 기도를 올린다고 한다. 또한 인도 신화의 창조신 브라흐마, 유지신 비쉬누, 파괴신 시바가 우주원리의 근원으로 되어 있는 점도, 불교에서 삼보三寶〈불법승佛法僧〉을 가르침의 기본으로 삼고 있는 것도 같은 원리이다.

조금 전 《고사기》에 기록된 삼신三神뿐만 아니라, 《일본서기》에도 창조 삼신三神이 있으며, 또한 현재의 꽃꽂이의 예도에서 말하는 〈진첨공眞添控〉이나, 다도茶道의 〈진행초眞行草〉라는 표현에도 성스러운 수 〈3〉의 발상이 들어있다.

최근에는 호텔에서 결혼식을 올리는 사람이 늘어나고 있는데, 그 의식만은 대부분 신전神前에서 하는 것처럼 거행하는 〈산산쿠도三三九度〉(결혼식의 헌배獻盃의 예. 신랑·신부가 하나의 잔으로 술을 세 번씩 마시고, 세 개의 잔으로 합계 아홉 번 마시는 일)의 배盃[삼헌三獻의 의식]도 성수 〈3〉에서 유래했음은 두말할 것도 없다. 신성한 배사盃事(술잔을 주거니 받거니하며 술을 마시는 것)를 신 앞에서 거행하여 신에게 영원의 계약을 맹서하는 것도 성스러운 수 〈3〉이 만물을 포함하는 것으로 느꼈던 역사가 있었기 때문일 것이다.

【〈산스쿠미(三竦)〉와 〈가위바위보〉】

　요즈음의 어린이 가운데는 활유蛞蝓(괄태충)를 모르는 어린이가 있다고 하니까, 〈산스쿠미三竦〉(삼자가 서로 견제하여 셋이 다 꼼짝 못하게 됨. 즉 뱀이 개구리를, 개구리가 괄태충을 잡아먹으려 하나, 반대로 뱀은 괄태충을, 괄태충은 개구리를, 개구리는 뱀을 무서워하여 셋 다 서로 꼼짝 못함)라 해도 하나하나 설명하지 않으면 알지 못하는 시대가 올지도 모른다.

　『산스쿠미라는 것은, 삼자三者가 서로 견제하여 그 어느것도 자유로이 행동할 수 없는 것을 가리키는 말로 뱀은 괄태충을, 괄태충은 개구리를, 개구리는 뱀을 무서워하는 것이다』라고 설명하는 것도 썩 명쾌한 설명은 아니지만, 이 〈산스쿠미〉라는 말은 중국의 관윤자關尹子가 《문시진경文始眞經》이라는 책 속에서 논한 것이 그 시작이라고 한다.

　그 속에는 〈지네〉〈뱀〉〈개구리〉를 주역主役으로 삼았지만, 그것이 일본으로 전래되어 〈지네〉가 〈괄태충〉으로 바뀌었다.

　본래 〈산스쿠미〉의 의미는 세 개의 상태가 동시에 존재하며 서로 견제하기 때문에 자유로이 빼앗을 수 없는 것이었다.

　그런데 일본인이 좋아하는 〈가위바위보〉는 본질적으로는 〈산스쿠미〉라 할 수 있지만, 삼자三者가 동시에 존재하지 않으면 산스쿠미가 성립

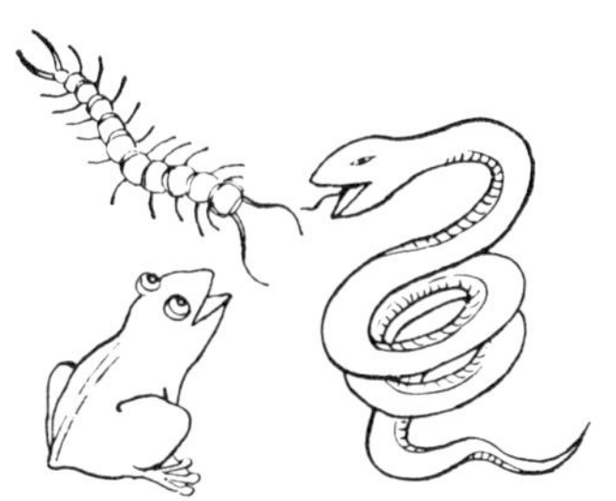

산스쿠미

되지 않는다는 전제를 거꾸로 이용하여, 승패를 정하는 재미가 있다. 즉 〈가위바위보〉에는 각각이 어느것으로도 변화할 수 있는 자유가 있고, 더욱이 산스쿠미에도 있는 것처럼 최강의 것은 없는 셈이며, 협조를 낳고 공평한 질서를 새로 만들어내는 정신과도 연결되어 있는 일본 특유의 게임이라 말할 수 있다.

가위바위보는 〈이시켕石拳〉(가위바위보)이라고도 하며, 그 구호[맞춤소리]도 최근에는 〈쟝켕퐁〉(가위바위보, 퐁은 구호)에서 〈치케타〉(일본어의 발음)〈군함·침몰·하와이〉〈글리코·초콜렛·파인애플〉로 다양화되고 있다.

단 본래의 가위바위보는 〈무시켕虫拳〉(가위바위보의 한 가지. 엄지손가락을 개구리, 인지를 뱀, 새끼손가락을 괄태충으로 삼고 승부를 정함)으로, 엄지손가락을 개구리, 인지를 뱀, 새끼손가락을 괄태충으로 나타냈던 것이다. 그외 무릎에 양손을 얹은 〈이장里長〉(단나旦那;손윗남자에 대한 경칭. 주인), 양손으로 총을 쏘는 모습을 흉내낸 〈사냥꾼〉(총), 양손으로 여우의 귀를 흉내내고 〈여우〉로 행동하는 것이 〈키츠네켕狐拳〉(가위바위보의 한 가지. 양손을 펴서 관자놀이에 올려붙이는 것을 여우, 무릎 위에 얹는 것을 이장, 한 손을 총 쏘듯 내미는 것을 포수로 정하여 여우는 이장에게 이장은 포수에게 포수는 여우에게 이기는 것으로 승부를 가리는 놀이)으로, 여우가 이장보다 강한 것은 이장을 속이기 때문이라는 점이 무엇보다도 재미있다.

모친, 와토우 나이(和唐內), 호랑이로 다투는 〈도라켕虎拳〉은, 지팡이를 든 형태의 〈모친〉, 날카롭게 쏘아보는 〈와토우 나이〉, 양손을 잡고 앞으로 상반신을 구부리고 맞는 〈호랑이〉 모양으로 승패를 정하는 놀이이다. 치카마츠 몬자에몬(近松門左衛門, 1653~1724, 문학가)의 〈인형죠루리人形淨瑠璃〉(죠루리에 맞추어 놀리는 인형극. 죠루리淨瑠璃란 일본의 가면음악극의 대사를 영창咏唱하는 음곡에서 발생한 것으로 음곡에 맞추어서 낭창하는 옛이야기)《국성야합전國性爺合戰》의 주인공 와토우 나이(和唐內)는 명나라 조정의 유신遺臣 정지룡鄭芝龍이 일본으로 망명해 있을 때에 태어난 아들로서, 명明의 회복을 도모하여 활약했던 용자勇者인데, 이 와토우 나이(국성야國性爺)가 당시 일반 민중의 마음을 사로잡고 있었음을 알고 있을 것이다. 이것은 나중에 〈세이쇼우켕淸正拳〉이 되었고, 와토우

나이가 가토우 세이쇼우(加藤清正)로 바뀌어서 창을 찌르며 『야아』라고
구호를 외치면, 호랑이가 『어흥―』하고 호랑이 우는 소리를 내게 되었
다고 한다.

　이 정도에서 다시 한 번 〈십이지〉로 되돌아가도록 하자.

제10장

60 진법의 세계

【〈십이지〉란 무엇인가】

십이지란 본래 달(月)을 세기 위한 서수序數에 사용한 문자로, 구력舊
曆의 11월에서 10월까지 다음과 같이 자子·축丑·인寅이라는 순서로
배당되어 있다.

자子	축丑	인寅	묘卯	진辰	사巳
11월	12월	1월	2월	3월	4월
오午	미未	신申	유酉	술戌	해亥
5월	6월	7월	8월	9월	10월

중국에서도 보름달에서 다음달 보름까지, 즉 15일부터 다음달 15일
까지 달 모양이 변화하는 30일간이 한 주기週期로, 그것을 한 단위로 하
여 1개월이 생겨났다. 태양을 1일로 하고, 달을 1개월로 하는 단위가 새
로 생겨난 점은 황하 유역이나 티그리스·유프라테스 유역이 모두 변
함이 없다. 이미 서술한 바와 같이 달(月)은 척도였던 것이다.

같은 달의 운동을 12회 반복하면 같은 계절이 되고, 또한 자연에서 영
위하는 초목과 동물의 움직임으로 시기의 도래를 알았다고 하는 이른바
자연력自然曆으로 1년을 파악했던 것이 고대인의 역曆의 감각이었다.

중국에서도 1년을 달의 참과 이지러짐에 따라서 12로 구분하여 십이지
에 대응시켰다. 〈지支〉란 구분한다는 의미이다.

앞에서 십간의 의미를 조사한 것처럼 〈십이지〉에 관해서 탐색해 보면,
그것이 자연력 그 자체의 이미지 나열임을 알 수 있다.

【자子】(쥐) 갓난아기가 양손을 움직이는 모양. 자孶(새끼치다)라는 한
자와 같은 뜻이며, 초목의 종자가 점점 자라나서 싹트기 시작하는 상태
를 나타내고 있다. 네즈미잔(鼠算;쥐가 번식하듯 급속도로 불어남의 비유)
이라 말하는 것처럼, 쥐는 번식력이 강한 동물이므로 〈자子〉에 쥐를 배
당시킨 것이다.

【축丑】(소) 본래 〈뉴紐〉와 같은 의미이며, 끈으로 묶는다는 말인데, 초목의 싹이 꽃망울 속에서 단단하게 맺어진 채로 충분히 자라나지 않은 모습을 나타낸다. 중국에서 〈우牛〉와 〈뉴紐〉가 발음상 비슷하기 때문에, 소가 〈축丑〉에 적용되었다고 생각된다.

【인寅】(호랑이) 공경하고 경의를 표시하는 상태를 나타내는 말로, 초목이 땅 속에서 쑥 성장 시기를 기다리고 있는 상태이다. 고대 중국인이 공경하며 두려워했던 동물은 백수百獸의 왕 호랑이[중국에는 사자가 없다]였으므로, 호랑이에게 〈인寅〉이 배당되었다.

【묘卯】(토끼) 문짝이 좌우로 열려진 형태를 나타내며, 초목이 지면을 밀어젖히고 지상으로 나온 상태를 나타내고 있다. 글자 형태가 양측으로 열려진 토끼의 귀와 비슷하다고 하는 발상에서 〈묘卯〉에 토끼가 결부되었다.

【진辰】(용) 커다란 조개를 손으로 벌리는 형태로 〈흔들다〉와 같은 뜻. 초목이 활력있게 자라나는 상태를 나타낸다. 진辰이라는 것은 중국에서 큰불·안타레스를 가리키는 말인데, 이 별은 전갈자리에 있고, 이 전갈의 모양을 하늘에 있는 용으로 생각해서 배당했다고 생각할 수 있다. 이 안타레스는 은나라 시대에는 5월을 정하는 척도가 된 가장 중요한 별이었기 때문에, 그것이 하늘에 있는 용의 심장을 나타낸다고 생각했던 것이다.

【사巳】(뱀) 뱀의 모양으로 꾸불꾸불한 모습을 나타낸다. 옛날 글자체에서는 이巳는 사巳였고, 사巳는 〈멈추다〉라는 의미가 있으며, 초목의 활동이 극에 달하여 멈추어 있는 상태를 가리키고 있다. 덧붙여서 사巳는 이巳[그만두다·이미·뿐·아아라고 훈독訓讀]나 기己[자기 자신, 기 — 오행설에서 토土에 속함 — 로 읽는다]와 너무도 비슷해서 혼동하기 쉬우므로 주의해 주기 바란다.

【오午】(말) 나무 목변(木)에 오午라고 쓰면 저杵(절굿공이)의 모양이 되는데, 오午는 그 저杵의 원래 글자이다. 관통하다 또는 되접어 반대편으로 꺾는다는 의미가 있고, 초목이 왕성한 상태에서 쇠퇴하기 시작하여 되접어 꺾이는 시점을 나타내고 있다. 오午는 호互와 같은 음(ご)으로 무리를 부르며 무리지어서 생활하는 말에게 배당되었다.

【미未】(양) 오음吳音에서는 〈미〉로 읽혔으며, 나뭇가지의 잎이 무성

함을 의미하고 초목이 성숙한 상태를 나타낸다. 〈미未〉의 중국음이 〈웨이〉이므로 양이 우는 소리와 비슷하다는 점에서 〈미未〉를 양에 적용시켰다.

【신申】(원숭이) 사람이 올바르게 자라난 형태. 번개를 나타내는 모양이기도 하며, 초목이 충분하게 자란 상태를 나타낸다. 원숭이가 번개처럼 손을 뻗치는 행위를 하기 때문에, 원숭이가 〈신申〉에 배당되었다.

【유酉】(닭) 술을 넣는 항아리 모양으로 〈짜다〉라는 의미가 있으며, 초목의 숙성한 열매를 항아리에 넣어서 쥐어짜는 시절을 나타내고 있다. 〈유酉〉와 닭과 어떤 이유로 연결되었는지 확실치 않지만, 생활에서 가장 밀착된 동물로 닭을 배당시켰을 것이다.

【술戌】(개) 창과 도끼 모양이므로 나무가 벌채되고 초목이 죽어가는 상태를 나타내고 있다. 농경이 일단락된 시기에, 사냥에 개를 사용하기 때문이었으리라 생각된다.

【해亥】(돼지) 뼈대 모양으로 닫는다고 하는 의미가 있는데, 초목이 생명을 마감하고 땅 속으로 되돌아가는 상태이다. 〈해亥〉는 갓태어난 돼지새끼를 의미하는 〈시豕〉와 글자 형태가 비슷하다는 점에서 〈해亥〉에서 시豕로, 그리고 돼지로 연결된 것이다.

물론 〈십이지〉의 원의原義나 자의字義에 관해서는 이외에도 여러 가지 해석이 있지만, 역시 농경생활을 반영하는 자연력自然曆의 발상을 모태로 초목의 싹트기부터 성장·성숙·수확으로 옮아가서, 다시 대지에 내장內藏되는 경로로 생각하는 것이 자연스럽기 때문에 이 해석을 취하였다.

이 십이지를 나중에 쥐·소·호랑이 등의 열두 동물에 배당한 것은, 전국시대[기원전 403～기원전 221]였을 것이라고 일컬어지지만, 후한後漢의 왕충王充에 의해《논형論衡》속에 인용된 것이 그 최초이다.

추상적인 발상이 골치 아팠던 고대인이 신변 가까이에 있는 동물을 선택하여 배당한 것은 당연하지만, 이것은 이미 칼데아 시대에 만들어졌던 〈황도12궁黃道十二宮〉이라는 오리엔트 사상과, 그후의 서양적 발상을 덧붙인 것으로 생각할 수 있다.

　　중국에서 가장 가까이에 있던 동물인 고양이가 십이지에 들어가지 않은 점에 관해서는 알고 있는 바와 같이, 고양이가 쥐에게 속아서 천제天帝 앞에 나아갈 수 없었기 때문이라는 중국에서 전해졌으리라 생각되는 설화가 있다.

　　일본에서도 남부 모리오카(盛岡)의〈맹력盲曆〉(문맹자를 위해 만든 그림 달력)이 현존하며, 문자를 읽지 못하더라도 그림만으로 1년의 달력을 알 수 있도록 고안하였다.

【〈십이지〉의 오행배당】

　　달을 헤아리는〈십이지十二支〉에도 음양오행설을 적용시켜서 다음과 같이 정했다.

　　이 경우도 십간十干의 경우와 마찬가지로 전반이 양陽, 후반이 음陰으로 되어 있다.

　　오행을 십이지로 배당하는 데 있어서《논형論衡》에서는『인寅·묘卯는 목木이 된다. 사巳·오午는 화火가 된다. 신申·유酉는 금金이 된다. 해亥·자子는 수水가 된다』라고 했는데 축丑·진辰·미未·술戌이 해당

십이지와 달月의 배당표(달은 음력을 나타낸다)

되지 않았고, 또한 오행의 〈토土〉에 무엇이 해당되는가에 관해서도 씌어져 있지 않다. 그러나 축·진·미·술에 토土를 배당하는 수밖에 달리 해석할 수 없다. 혹은 여기서도 십이지를 다섯 가지로 나누려는 무리가 있었을지도 모른다.

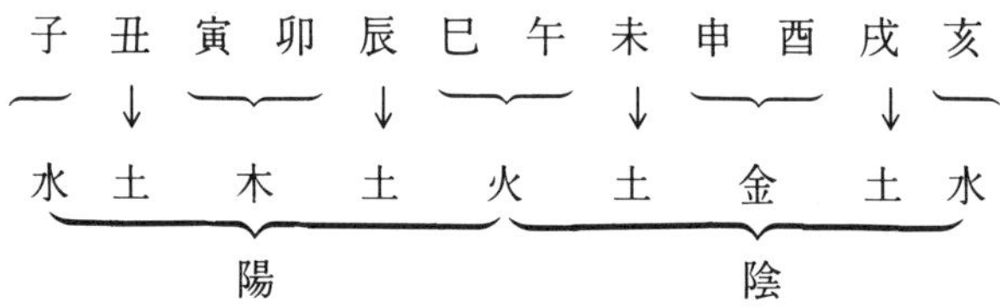

이 십이지는 또한 방위에도 배당되었다. 이것은 360°를 30°씩 12방위로 나누고, 예를 들어 345°에서는 15°까지를 〈자子의 방위〉[오행에서는 수水], 15°부터 45°까지를 〈축丑의 방위〉[토土], 45°부터 75°까지를 〈인寅의 방위〉[목木]와 같은 방식으로 정했던 것이다. 〈건문乾門〉이란 황거皇居의 서북西北[건乾의 방향]에 해당하며, 에도(江戸) 후카가와(深川)의 유곽遊廓을 『진사辰巳의 리里』라고 불렀던 것은 후카가와(深川)가 에도성(江戸城)의 동남방에 있었기 때문이다. 이렇게 해서 이루어진

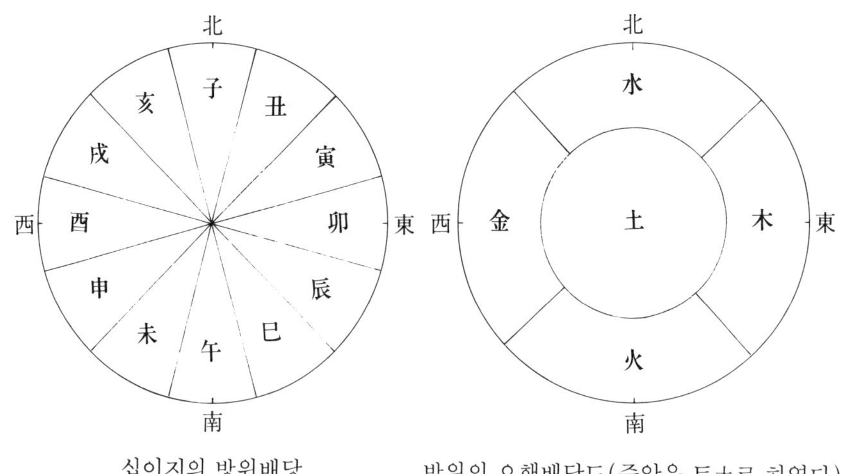

십이지의 방위배당   방위의 오행배당도(중앙을 토土로 하였다)

〈십이지와 방위의 오행배당〉이 아래의 그림이다.

　그렇지만 오행설에서는 이미 방위를 다른 방식으로 오행배당해 놓았다. 옆면의 사방위 오행배당도를 보기 바란다.

　〈사방위 오행배당〉에서는 십이지 방위와 달리 360°의 어느곳에도 〈토土〉는 배당되어 있지 않다. 〈토土〉는 사방위의 중앙에 배당되었다.

　〈십이지방위〉와 〈사방위〉의 오행배당이 같다면 문제될 것이 없지만, 예를 들어 한쪽에서는 북북동[축丑]의 방위가 〈토土〉로 되어 있는데, 다른 한쪽에서는 같은 방위가 〈수水〉로 되어 있다고 하는 대단한 모순이 생기게 되는 것이다.

　이 모순은 사방위에 무리하게 중앙을 첨가하여 오행으로 배당했기 때문에 발생된다고 생각되며, 또한 십이지를 5로 나누려는 무리한 배당에서 생겨났다고도 생각할 수 있을 것이다. 어찌되었거나 오행설을 만능의 원리로, 무엇에서부터 무엇까지 모두를 받아들이려고 한 점에서 무리가 생긴 듯하다.

　이 모순을 제거하기 위해서 중국인은 이 두 가지 배당에 우선순위를 정했다. 생활의 지혜라 할 수 있을지도 모르지만 『십이지방위의 오행을 우선하라』고 정했던 것이다. 그러므로 단순한 방위에서 오행배당을 생각하면 북북동北北東의 방위각이 〈수水〉이지만, 십이지 오행을 우선 적용

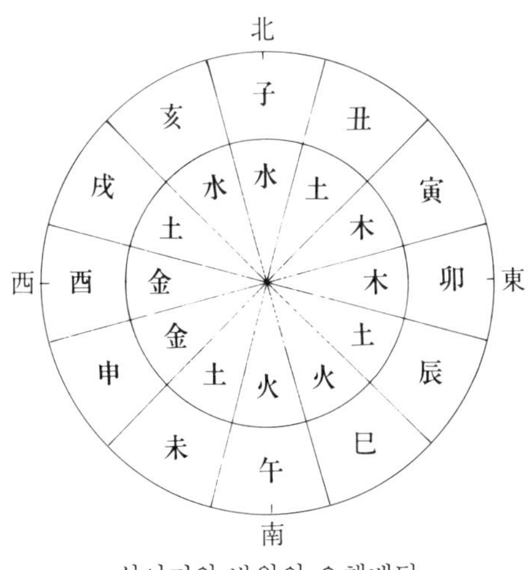

십이지와 방위의 오행배당

시키면 〈축丑〉의 방위가 되므로 〈토土〉가 된다.

이어서 십이지와 계절의 오행배당에 관해 조사해 보면, 이곳에도 오행배당에 모순이 있음을 알게 된다.

지금 겨울 토용土用의 전날을 생각해 보자. 그 날을 x일이라 하면, x일은 겨울에 속하므로 오행五行은 〈수水〉이다.(다음 페이지) 그렇지만 x일은 십이지의 〈축丑〉 구력 12월에 속하므로 오행은 〈토土〉가 되는 모순이 생긴다. 그래서 이 경우도 십이지 우선의 원리에 따라서 〈토土〉로 하지 않을 수 없게 된다.

토용土用은 각계절의 마지막의 18일간이며, 십이지는 각 30일씩이므로, 그 차이가 12일간이니 이와 같은 모순이 생기게 된다.

단 겨울 토용이 있는 1일을 y일로 하면, y일 쪽은 토용에 속하므로 계절의 오행은 〈토土〉가 되고, 12월[축丑]의 오행도 〈토土〉가 되어서 모순이 사라진다.

【〈십이지〉의 시각배당】

십이지는 시각에도 배당되었다.

현재 우리들은 〈정시제定時制〉를 채용하고 있으므로 오전 2시라 말하면 그 순간을 나타내는 것이 되지만, 옛날에는 24시간을 12지로 나누어서 120분간[2시간]을 하나의 단위로 막연하게 가리키는 〈부정시제不定時制〉였다. 그러므로 〈자시子時〉란 오후 11시부터 오전 1시까지의 2시간을 나타내고 있다.

검술劍術의 명인 미야모토 무사시(宮本武藏, 1584~1645)라 하면, 오늘날에는 『약속 시간에 늦어서 사람을 기다리게 한 명인』이라는 대명사로 사용되고 있다. 이 미야모토 무사시가 1614년 고쿠라(小倉)의 후네지마(船島)[岸柳島]에서 사사키 키시류우(佐佐木岸柳)와 결투를 할 때, 고지로오(小次郎)와 교대하는 시각을 어기지 않을 리가 없다. 무사시는 분명히 1각刻[2시간] 늦게 도착하였는데, 지정 시각을 시작으로 받아들였는지 끝나는 시각으로 받아들였는지 2시간 늦게 나왔던 것이다. 부정시제不定時制의 흥미로움을 여실히 나타내는 일화라 하겠다.

오午의 시각 한가운데의 시각, 정오正午의 시각[정시定時, 12시]이 현재의 〈정오正午〉이며, 정오를 경계로 해서 그 앞을 〈오전〉 그 뒤를 〈오후〉라 칭하는 말도 현재의 언어에서 생겨났다.

또한 이 〈정오正午〉와 〈정사正巳〉 등 〈정각正刻〉에는 종을 쳐서 시간을 알려주었다는 것이 시대소설 등에서 『황혼녘의 여섯 번』이라든가 『일곱 번의 종소리를 듣고』라고 말하는 시보時報이다.

그리고 정자正子의 시각[오전 0시]과 정오正午의 시각[오전 12시]이 음양의 경계를 이루고 있었기 때문에, 정자正子의 시각에는 종을 아홉 번 쳤다. 그러므로 정축正丑의 시각에는 아홉 번의 두 배인 열여덟 번을 쳐야 하는데, 열여덟 번은 많으므로 열 번을 생략하고 여덟 번을 쳤고, 정인正寅의 시각에는 아홉 번의 세 배 스물일곱 회에서 스물을 빼고 일곱 번을 치는 방식으로, 정묘正卯에는 여섯 번, 정진正辰에는 다섯 번 종을 쳤다.

마찬가지로 정오에는 아홉 번, 정미正未에는 종을 여덟 번 쳤지만, 빨리 치게 되면 듣는 사람이 빼먹고 셀 수도 있을 것이라는 배려에서, 처음에 약하게 세 번 종을 쳐서 사람들의 주의를 환기시킨 후에 강하게 시보

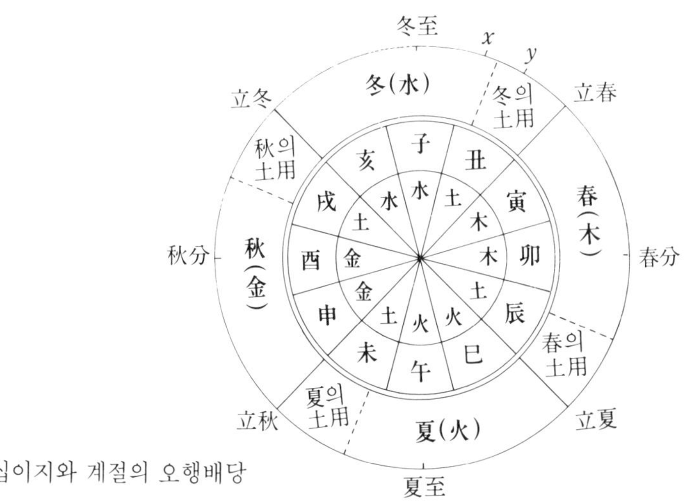

십이지와 계절의 오행배당

時報의 종을 쳤다고 한다.

유명한 만담 《시각 메밀》은, 간이매점의 메밀국수를 다 먹은 손님이 대금을 지불할 때에 엽전 뭉치에서 한 닢씩 메밀장수의 손바닥에 올려놓으며

『몇 시인가?』

『아홉 번이요.』

『10·11·12·13……16』

이라고 하면서 감쪽같이 옆전 한 닢을 속였는데, 그 소리를 듣고 있던 경솔한 사람이 다음 날 그 흉내를 냈는데, 시각이 빨리 지나가 버려서 오히려 손해를 보았다고 하는 이야기가 있다. 이것은 앞의 손님이 메밀을 먹은 때는 오후 12시 무렵이고, 뒤의 남자는 오후 1시 무렵이었기 때문인 것이다.

치카마츠모노(近松物)에도 『이승의 마지막 세상도 마지막, 죽어서 떠날 몸을 비유하면, 아다치가가와(安達斤原) 길 위의 서리, 한 발씩 사라져가서 마지막의 마지막이야말로 가련해지는구나. 저 숫자를 세어보니 새벽의 일곱 번 종소리가 여섯 번 울리고 나머지 한 번이 이생의, 이생의 종소리 마지막으로 듣는 것이니 적멸위락寂滅爲樂으로 울려퍼지는구나』

십이지	시각	종
子	오후 11시 – 오전 1시	9번
丑	오전 1시 – 오전 3시	8번
寅	오전 3시 – 오전 5시	7번
卯	오전 5시 – 오전 7시	새벽녘 6번
辰	오전 7시 – 오전 9시	5번
巳	오전 9시 – 오전 11시	4번
午	오전 11시 – 오후 1시	9번
未	오후 1시 – 오후 3시	8번
申	오후 3시 – 오후 5시	7번
酉	오후 5시 – 오후 7시	황혼녘 6번
戌	오후 7시 – 오후 9시	5번
亥	오후 9시 – 오후 11시	4번

등이 있는데, 이것은 간조干潮가 시작되는 오전 4시 무렵을 가리키고 있다. 현대인은 밤 늦도록 안 자고 깨어있다가 아침 늦잠을 자는 사람이 많으므로 직감적으로 금방 알 수 없을지도 모르지만, 『에도(江戶) 니혼바시(日本矯)에 종소리 일곱 번 울리니……』하는 노래도 있는 것처럼, 여행에 나설 때에도 오전 3시에서 5시 무렵이었으며, 아침에 일어나는 것도 빨랐지만 밤에 자는 것도 빨랐던 당시의 생활을 엿볼 수 있다.

또한 1각刻[2시간]은 네 가지로 나누어져서, 30분씩 〈1〉〈2〉〈3〉〈4〉로 표기되어 있다. 그러므로 유령이 나오는 시간을 종종『초목도 잠든 축丑 3의 시각』이라 하는 것은, 축丑 1이 오전 1시부터 1시 반, 축 2가 1시 반부터 2시까지이므로, 결국 오전 2시부터 2시 반까지의 시간대가 되는 셈이다.

또한 『3시의 간식』이라고 하는 것은 〈8각刻〉[오후 2−4시]에 먹는 간식을 말한다.

그외에 옛날에는 『축우丑雨는 곧 그친다』라고 하였는데, 여기서 〈축우丑雨〉는 축丑의 시각[오전 2시]에 내리는 비를 말하고, 또한 〈묘주卯酒〉란 묘卯의 시각인 새벽 6시에 마시는 술이라는 말로 아침술을 말하며, 미초未草(수련. 미시未時, 즉 오후 2시경에 꽃이 핀다는 데서. 수련은 연꽃

《십이지의 시각배당》

과 비슷하며 꽃은 밤에 오므라들고 낮에 다시 핌)란 아무 일도 없는 미未의
시각에 개화하는 수련睡蓮을 말한다.

【연월일의 간지계산법】

다음에 연월일의 〈간지干支〉를 계산으로 구하는 계산법을 소개하고자
한다. 연월일의 간지 특히 날짜(日)의 간지에 관해서는 달력을 보지 않
으면 알 수 없는 것이 현재의 상태이므로, 기억해두면 아무래도 편리하다.

여기에도 이미 익숙하게 알고 있는 $y \equiv x(mod\ k)$라는 합동식合同式,
$y = kt + x$(t는 정수)를 이용하였다. 아직 생소하여 익숙하지 않은 독자를
위해서 합동식에 관한 한 예를 들고자 하니, 시계를 상기해 주기 바란다.
시계라는 것은 0시에서 13시간이 지나면 실제의 바늘은 1로 되돌아온다.
그러므로 2·3·4로 진행되더라도 역시 25시간째에는 1로 되돌아온다.
이와같이 13번 진행되거나 25번 진행되거나 1번 진행되더라도 같은 상태
일 때에, 13과 25는 12를 법으로 해서 1과 합동이 된다고 말하며, $13 \equiv 1$
$(mod\ 12)$과 $25 \equiv 1(mod\ 12)$로 쓸 수 있다.

또한 y를 3으로 나누면 나머지는 3보다 작으므로 0·1·2 중의 어느
하나이다. 여기에서 나머지 0은 3이라고 생각하면, y를 3으로 나눈 나머
지는 1·2·3 중의 어느 하나가 된다. 그러므로 y를 임의의 자연수라 하
면 y는 나머지 1·2·3의 어느것인가와 『3을 법으로 하여 합동이 된다』
라고 말할 수 있다. y가 어떤 자연수이든 이 합동은 성립된다고 할 수 있
으므로, 모든 자연수는 이 점에서 세 가지로 유별類別된다고 생각할 수
있다.

s	1	2	3	4	5	6	7	8	9	10
十干	甲	乙	丙	丁	戊	己	庚	辛	壬	癸

어떤 사람 A가 다른 사람 B와 같은 십이지에 해당된다면, 연령 차이는 당연히 12의 배수가 된다. 이른바 〈1회 차이〉〈2회 차이〉인 경우이다.

이것은 A의 연령을 12로 나눈 나머지와 B의 연령을 나눈 나머지가 같은 것이기도 하다. 그러므로 A의 연령을 y, B의 연령을 x라 하면 다음과 같다.

$$y \equiv x \pmod{12}, \quad 1 \leqq x \leqq 12$$

그런데 $y \equiv x \pmod{k}$, $1 \leqq x \leqq k$라는 것은 y를 k로 나눈 나머지를 1, 2, 3……, $(k-2)$, $(k-1)$, k로서 y의 집합을 k개의 나머지 그룹으로 나눈 것이기도 하므로, 다른 y가 같은 그룹에 들어올 때 y는 같은 것이라 생각할 수 있다. 이와 같은 x의 그룹[y를 k로 나눈 나머지 그룹]을 〈잉여류剩余類〉라 한다.

이것을 〈십간〉에 적용시키면, 10년 지나면 〈간干〉은 다시 본래로 되돌아가므로, 법法을 10으로 해서 10개의 간干으로 유별할 수 있고, 또한 〈십이지〉에 적용시키면 법을 12로 해서 12개의 지支로 유별할 수 있다.

해年의 〈십간십이지十干十二支〉를 구할 때에는 우선 서력西曆 y년의 〈십간〉을 s라 하면 다음의 식이 성립된다.

$$s \equiv y + 7 \pmod{10}, \quad 1 \leqq s \leqq 10$$

1982년의 십간은 1982에 7을 더해서 그것을 10으로 나누면 나머지가 9가 된다.

t	1	2	3	4	5	6	7	8	9	10	11	12
十二支	子	丑	寅	卯	辰	巳	午	未	申	酉	戌	亥

$$1982 + 7 \equiv 9 \pmod{10}$$

도표에서 9의 십간을 보면 1982년의 〈십간〉은 〈임壬〉이 됨을 알 수 있다.

또한 서력 y년의 〈십이지〉를 t로 하면

$$t \equiv y + 9 \pmod{12}, \quad 1 \leq t \leq 12$$

이 식에서 t를 계산하여 도표에서 t의 십이지를 구하면, 서력 1982년의 십이지는 1982에 9를 더해서 12로 나눈 나머지가 11이므로, 답은 〈술戌〉이 된다.

$$1982 + 9 \equiv 11 \pmod{12}$$

이렇게 해서 1982년의 〈십간십이지〉는 〈임술壬戌〉이 된다. 연하장 등에서 발견할 수 있는 이러한 간지는 〈간지기년법干支紀年法〉으로, 오늘날에도 우리들의 생활 속에 살아있다고 말할 수 있다.

다음으로 달(月)의 〈십간십이지〉를 구하는 방법은, 서력 y년 m월의 십간을 v로 하면 다음과 같다.

$$v \equiv 2y + m + 3 \pmod{10}, \quad 1 \leq v \leq 10$$

v	1	2	3	4	5	6	7	8	9	10
十干	甲	乙	丙	丁	戊	己	庚	辛	壬	癸

서력 1982년 7월의 십간은

$$1982 \times 2 + 7 + 3 = 3974 \equiv 4 (mod\ 10)$$

가 되어 앞의 도표에서 $v=4$를 구하면, 답은 〈정丁〉이 된다.

마찬가지로 서력 y년 m월의 십이지를 u로 하면

$$u \equiv m + 1 (mod\ 12),\ 1 \leq u \leq 12$$

라는 식이 성립된다.

예를 들어 1982년 7월의 〈십이지〉는

$$7 + 1 \equiv 8 (mod\ 12)$$

이므로, 아래의 도표에서 〈미未〉가 됨을 알 수 있고, 앞의 십간과 합하면 1982년 7월의 〈간지〉는 〈정미丁未〉가 된다.

마지막으로 〈일日〉의 〈십간십이지〉를 구하는 방식을 소개하고자 한다.

여기에서도 가우스의 기호 [ ]가 등장한다. 예의 $[-2.6]=-3$, $[-4]=-4$라는 기호를 상기해 주기 바란다.[제1장 〈연월일에서의 요일 계산법〉 참조]

서력 y년 m월 d일의 〈십간십이지〉를 구하려면, 우선 y년을 상上 2항桁과 하 2항으로 나누고 상 2항을 c, 하 2항을 n으로 한다. 이 경우 앞에

u	1	2	3	4	5	6	7	8	9	10	11	12
十二支	子	丑	寅	卯	辰	巳	午	未	申	酉	戌	亥

서 서술한 바와 같이 $1583 \leqq y \leqq 3999$로 해둔다.

또한 1월·2월의 때에는 다음 사항에 주의한다.
(1) 서력 연수 y에서 1을 빼고, $(y-1)$을 식式 속의 y로 생각한다.
(2) 단 1월은 m을 13, 2월은 m을 14로 한다. 3월 이하는 m은 그대로 해도 된다.

먼저 서력 y년 m월 d일의 〈십간〉을 p로 하면 다음의 식式이 된다.

$$p \equiv 4c + \left[\frac{c}{4}\right] + 5n + \left[\frac{n}{4}\right] + \left[\frac{3m+3}{5}\right] + d + 7 \,(mod\ 10),\ 1 \leqq p \leqq 10$$

예를 들어 1982년 7월 7일의 〈십간〉을 구하면,

$$4c = 4 \times 19,\ \left[\frac{c}{4}\right] = 4,\ 5n = 5 \times 82,\ \left[\frac{n}{4}\right] = 20,\ \left[\frac{3m+3}{5}\right]$$

$$= [4.8] = 4,\ d = 7$$

$$518 \equiv 8\ (mod\ 10)$$

이 되며, 아래의 도표로 보아 〈신辛〉이 됨을 알 수 있다.

p	1	2	3	4	5	6	7	8	9	10
十干	甲	乙	丙	丁	戊	己	庚	辛	壬	癸

q	1	2	3	4	5	6	7	8	9	10	11	12
十二支	子	丑	寅	卯	辰	巳	午	未	申	酉	戌	亥

다음에 〈십이지〉를 q로 하면,

$$q \equiv 8c + \left[\frac{c}{4}\right] + 5n + \left[\frac{n}{4}\right] + 6m + \left[\frac{3m+3}{5}\right] + d + 1 \, (mod \ 12),$$

$$1 \leqq q \leqq 12$$

7월 7일의 〈십이지〉는

$$8c = 8 \times 19, \ \left[\frac{c}{4}\right] = [4.75] = 4, \ 5n = 5 \times 82, \ \left[\frac{n}{4}\right] = [20.5] = 20,$$

$$6m = 6 \times 7, \ \left[\frac{3m+3}{5}\right] = [4.8] = 4, \ d = 7$$

$$640 \equiv 4 \, (mod \ 12)$$

가 되어, 구하는 십이지는 〈묘卯〉가 된다.

따라서 1982년 7월 7일의 〈간지〉는 〈신묘辛卯〉이다.

【〈60간지〉에 관하여】

10과 12의 최소공배수는 60이므로, 십간과 십이지를 짜맞추어 보면 〈갑자甲子〉〈을축乙丑〉〈병인丙寅〉과 같이 60가지로 짜맞출 수 있다. 이것을 〈60간지〉라 한다.

십간십이지는 본래 날짜를 세는 서수사序數詞와 달수를 세는 서수사였다고 앞에서 서술하였지만, 이 두 가지를 짜맞추어서 연월일로 배당하고 달력에서 받아들인 때는, 한漢의 무제武帝시대 기원전 104년의 〈태초력太初曆〉이 최초이다.

일본에서는 서력 602년 스이코(推古) 천황 때에 중국에서 천문서天文書와 역본曆本이 수입되었는데, 그 2년 후인 604년에 처음으로 역일曆日이 채용되어 〈갑자년甲子年〉으로 정해졌다.

일본에서 최초로 달력이 사용된 때는 스이코 천황 때이므로, 그 이후의 역사는 연대적으로 확정되었지만, 그 이전의 연월일은 결국에는 추정하는 수밖에 없다.

또 한 가지 흥미로운 점은 천황에게 시호諡號를 붙인 점이다. 『옛날을 추측하다』에서 글자를 따 스이코(推古) 천황이라 이름 붙인 점이 매우 재미있는 발상이라 여겨진다.

그리고 해마다 〈60간지〉를 배당시키자 매우 곤란한 관념이 싹텄다. 간지가 지닌 〈오행설〉의 내용을 각각의 해(年)에 적용시켜서, 그 해가 좋다든가 나쁘다는 등의 해석을 내리는 풍조가 나타났던 것이다. 여기서 중국의 〈참위설讖緯說〉의 영향도 빠뜨릴 수는 없다.

【고대 중국의 예언설 참위설讖緯說】

이 〈참위설〉이란 간단하게 말하면 고대 중국에서 유행한 일종의 예언설로 〈참讖〉이란 예언을 의미하고, 또한 〈위緯〉란 사서오경四書五經 등 유학 경전인 경서經書를 기반으로 하여 화복禍福과 길흉吉凶 등의 예언을 표시해둔 책을 말한다. 중국에서는 이 설이 선진先秦시대에 생겨나서 한나라 말기에는 대단히 성행하였지만 폐단이 많아서 금지되었다. 이것이 일본에도 수입되어 상당히 나쁜 영향을 미치게 된 것이다. 어느 정도는 역사의 흐름 속에서 사라져 버렸지만, 오늘날까지 영향을 끼치고 있는 것도 몇 가지 있다.

이 설에 따르면 예를 들어 〈갑자甲子〉라는 것은 60간지의 최초이므로, 사건의 시발이 되지 않으면 안 된다고 해서 〈갑자혁령甲子革令〉이 행해졌다. 즉 천명天命이 변하여 일단락지어지고 새로운 해가 되었으므로, 연호를 바꾸지 않으면 안 된다고 해서 종종 개원改元을 행하였다. 1864년에 고우메이(孝明) 천황이 원치元治 원년으로 개원한 것도 〈갑자〉년의 일이며, 그 근거가 된 것은 〈갑자혁령〉의 발상이다. 노스트라다무스가 당당하게 예언했던, 1924년에는 이러이러한 일이 일어난다든가, 1984년에는 저러저러한 인간이 나타난다고 말을 했던 인간이 나오지 않는 점은 다행이지만, 옛날에는 서력이라는 편리한 셈방식을 모르고 있었기 때문일 것이다.

그러나 참위설에서는 천명이 바뀌는 때는 〈갑자〉년뿐만이 아니다. 〈신유혁명辛酉革命〉과 같이 〈신유〉해에도 천명이 바뀐다고 되어 있다.

고대 중국에서는 천명을 절대시했기 때문에, 제왕帝王이라 하더라도 천명을 받고 세상을 다스렸으며, 천명을 등지고 국가의 질서를 어지럽혔을 때에는, 하늘이 그 왕위를 박탈하고 새로운 제왕帝王을 즉위시켜야 한다는 사고방식에 젖어있었다. 이것이 바로 〈혁명〉인데, 프랑스 혁명 등과 같은 소위 근대적인 혁명과는 완전히 의미가 다르다. 게다가 연호는 왕의 치세로서 천명을 완수하는 기간으로 생각하고 있었으므로, 혁명 때에 연호를 바꾸고 그것으로 새로운 천명에 따르게 된다고 하는 것이었다.

일본에서도 헤이안(平安) 시대에 미요시키 요유키(三善淸行, 847~918, 平安前期 학자)가 이 설을 받아들이면서부터 〈신유〉의 해에도 종종 개원改元이 행해졌는데, 실제로 〈갑자혁령〉의 3년 전인 1861년에도 고우메이(孝明) 천황은 〈신유〉의 해 만연萬延 2년을 〈문구文久〉로 개정하였다. 신辛은 〈가노토〉(金의 弟)로 목화토금수 중의 금金이며, 유酉의 오행도 금이므로 신유는 금과 금이 겹쳐 있어서 기氣가 무겁게 잠겨있다. 그러므로 천명을 개정하지 않으면 안 된다고 하는 것이 그 근거가 되었다.

【 건국기념일은 언제일까 】

그런데 이 〈신유辛酉〉가 건국기념일의 근거가 되었다고 말한다면 깜짝 놀랄 이도 많지 않을까.

720년에 편찬된 《일본서기》에 『신유년辛酉年 춘정월春正月 경진庚辰 삭朔, 천황 강원橿原 궁宮에서 제위에 오르다』 라고 기술되어 있는 것과 같이 〈신유혁명〉은 60년마다 일어나지만, 이 참위설에서는 60년을 더욱더 일원화하여 21원을 1부蔀로 하면, 1260년마다 돌아오는 신유년에는 대혁명이 발생한다고 하는 예언이 포함되어 있다.

일본에서 처음으로 달력을 채용한 때가 604년 스이코 천황 때이므로, 그곳에서 거슬러 올라가 역산逆算하면 601년이 신유년에 해당된다. 그곳에서 더 나아가 1260년, 즉 1부蔀 거슬러 올라간 해에 대혁명이 있었다고 해서, 그 해가 앞에서 소개한 《일본서기》에 기술되어 있는 〈신유년〉이라는 해석 아래, 그것을 진무(神武) 천황 즉위와 연결시킨 것이다.

이것을 일본의 건국으로 정한 사람은 쇼오토쿠(聖德) 태자였다고 하지만, 그 진실과 허위 정도는 어찌되었든간에, 우치다 마사오(內田正男) 씨가 쓴 논문을 보면 알 수 있듯이《일본서기》에는, 편집할 때에 다분히 달력 날짜를 연장하고, 무엇인가를 더해서 겉으로만 실제 이상으로 보이게 써놓은 점이 있다.《日本書紀曆日原典》

따라서 《일본서기》의 기술이 올바른 것으로 생각하고, 더구나 진무 천황이 실재 천황이었으며 그 즉위한 해를 일본의 건국으로 삼아야 한다는 두 가지의 가설이 실증되지 않는 한, 그 즉위 연월일은 신화의 세계에 머물러 있을 수밖에 없다. 단 이와 같은 가설을 믿는다면, 2월 11일을 건국

【세계 주요 나라의 건국기념일】

영국에는 건국기념일이 없다. 아메리카는 1776년 7월 4일의 독립선언일을 〈독립기념일〉로 하고 있다. 프랑스에는 1789년 〈7월 14일〉 바스타유 감옥 격파일이 프랑스 공화국의 건국기념일이다. 중국에는 1949년 10월 1일, 중화인민공화국이 성립된 날을 〈국경절〉로 하고 있다.

일본에서는 1872년 메이지(明治)5년에 《일본서기》에 기술되어 있는 것을 기반으로 진무(神武) 즉위날을 2월 11일로 정하여, 〈기원절〉이라 부르며 건국기념일로 하였다. 이것은 1945년 제2차대전 종료 후에 폐지되었지만, 1968년에 다시 부활되어 현재에 이르고 있다.

덧붙여서, 《일본서기》《고사기》의 기술을 진실하다고 믿었던 사람 중에 모토오리 노리나가(本居宣長)가 있고, 『신은 사람이다』라고 하며, 그곳에서 역사의 그림자를 본 사람이 아라이 하쿠세키(新井白石)이다. 또한 츠치다 사유키치(津田左右吉)는 그것을 위정자가 천황국가를 만들기 위해서 날조한 가공의 것이라고 자신의 견해를 피력했다.

기념일로 하는 계산은 합당하다고 생각할 수 있을 것이다.

【결혼의 금기사항과 사랑의 금기사항】

과학의 시대라고 하는데 1986년 〈병오丙午〉년에는 출생률이 감소하여 지난 해의 비율에 비하면 25퍼센트를 웃돌 정도였다고 한다. 그러면 이 해에 태어난 사람은 수험전쟁, 입사경쟁에서 승진 마라톤에 이르기까지 라이벌이 적어진다. 차분하게 안정되어 면학과 스포츠에 전렴하면 어느 정도 여유 있는 인격형성이 가능할지도 모른다. 이러한 사람은 결혼 상대로서도 장래성 있고 바람직한 인간상이므로 최고라 할 수 있다.

그렇지만 〈병오丙午〉년 출생 여성들은 불처럼 기질이 강하다든가, 남편을 잡아먹으므로 결혼상대로서 부적합하다고 하는 속설이 현재에도 전해 내려오고 있다. 물론 미신이므로 의미가 없다 할지라도, 마음에 새겨두는 것이 젊은이나 늙은이를 불문하고 일반적인 심정일 것이다.

사실 이와 같은 것도 〈병丙〉은 〈불의 날〉이고 말(馬)도 오행설에 따르면 불이기 때문에 화기가 겹쳐져 있어서 이 해에는 화재가 많이 발생한다든가, 〈병오년丙午年〉생의 여성은 시집을 간다든가 하는 것처럼 단순히 본래의 의미만으로 다루지 않는 경우가 다반사이다.

더욱이 그런 식으로 이론을 확대시켜 나간다면 〈정사생丁巳生〉도 화기火氣가 겹쳐져 있지만, 1917년과 1977년에 출생률이 낮아졌다는 이야기는 들어본 적이 없다.

단 이 미신이 너무 강해서 세력을 얻게 된 데는, 첫째로 에도시대의 야오야오시치(八百屋お七)와 맞부딪혔기 때문이다. 결국 이 야오야오시치라고 하는 나이도 알 수 없는 소녀가 열렬한 사랑으로 태어났다는 사실을 두고, 당시의 시민들이 에도꼬(江戸子; 江戸에서 나서 자라난 사람. 에도 토박이) 기질 때문이라고 떠들어댔고, 야오야오시치가 병오생이므로 기질도 강할 것이라고 생각하였으며, 더욱이 에도(江戸)의 대화재를 계기로 병오의 미신이 오늘날까지 이어지게 되었다.

다음에는 〈경신庚申〉에 관해 다루기로 하자.

최근에는 거의 믿지 않지만, 〈경신〉날 밤에 임신하면 악한 아이가 태어난다고 하는 미신이 있다.

경庚이라는 것은 오행의 금金에 해당하고 신申도 금金이므로, 금金의 기운이 강해져서 만물이 다시 냉혹해진다고 하는 것이 오행설의 골자이지만, 여기에는 중국에서 발생한 도교의 가르침이 들어있다.

그것에 의하면 제석천帝釋天은 밤낮 46시 동안 인간의 언동을 감시하기 위해서 팽후자彭候子·팽상자彭常子·명아자命兒子 세 신神을 하계下界로 파견했다고 한다. 이 삼신三神은 금金의 기운이 차가와진 경신庚申의 깊은 밤, 인간이 잠들어 있는 틈에 하늘로 올라가서 인간의 악행을 모두 보고한다고 한다. 그래서 〈경신〉의 밤에는 삼신이 하늘로 올라가지 못하도록 한밤중에 일어나 있게 되었고, 그것도 마을에 사는 동료가 모두 모여서 이야기하며 밤을 새는 동안에 서로 이야기하던 것이 서로 먹고 마시는 일로 바뀌어서, 소위 〈고우신마치庚申待〉(경신수야庚申守夜; 경신날에 잠을 자면 뱃속에 있는 세 마리의 벌레가 하늘로 올라가 하느님에게 그의 과실을 고한다는 이야기가 있어서 밤을 샘)라는 풍습이 생긴 듯하다.

일설에 의하면, 세 마리의 벌레가 인체의 머리와 배·다리에 각각이 살고 있어서 항상 인간의 생활모습을 보고 있다고 한다. 이 벌레는 상시上尸·중시中尸·하시下尸라고 하는 삼시三尸의 벌레로 되어 있지만, 이와는 달리 청고青姑·백고白姑·혈고血姑라고 하는 〈삼고三姑의 벌레〉가 살고 있다고 하는 학설도 있다.

어찌되었든 〈고우신마치庚申待〉라는 풍습은, 당시 사람들의 운명공동체적인 의식과 연대감을 길러주는 데 도움이 되었고, 상호부조相互扶助의 사상도 덧붙여져서 술을 마시면서 이야기를 나누고, 강론 등에도 이용되어 오랫동안 이어져 왔다.

불교에서는 제석천의 사자使者이며 삼신三神[또는 삼시三尸, 삼고三姑]의 본체로 일컬어지는 원숭이의 얼굴 모습을 한 〈청면금강青面金剛〉을 제사지내고, 그것을 경신당庚申堂이라 이름하여 경신날 밤의 집회장소로 이용했다.

신도神道에서는 〈사루다비 코노가미(猿田彦神)〉를 제사지내고 있다.

사루다비 코노가미는 천손天孫 니니기 노미코토(瓊瓊杵尊)가 다카마가하라(高天原)에서 아시하라노나카츠쿠니(葦原中國)로 향할 때, 팔방으로 길이 나있는 팔차로八叉路에 서서 가이드 역할을 했다고 하는 일본신화에 나오는 길 안내의 신이다. 코의 높이가 4척尺, 신장은 7척, 거울처럼 빛나는 듯한 빨간 눈을 가지고 있어서 알고 있는 바와 같이 〈천구天狗〉로도 일컬어진다.

이 사루다비 코노가미가 〈경신〉과 밀접하게 관계를 맺게 된 것은 원숭이의 이야기와 합해졌기 때문이지만, 앞의 삼신三神에 덧붙여서 『보지 않는다, 말하지 않는다, 듣지 않는다』라고 하는 세 마리의 원숭이가 되었다는 점은 흥미롭다. 이것은 인간의 악행을 제석천에게 보고하지 않기를 원하는 소박한 바람으로 나타났다고 해도 좋을 것이다. 사루다비 코노가미는 가이드 신이었으므로, 도조신道祖神(행신行神·수호신 둘을 합체한 석상으로 행인을 지키는 신)으로도 받들게 되었고, 또한 경신신앙庚申信仰과 밀접하게 맺어져서 길거리에서 종종 볼 수 있는 세 마리의 원숭이 석상으로 남아있다.

이와 같이 처음에는 경신날 밤 한밤중에 깨어있어야 되는 풍습이었던 것이 귓속말 게임과 비슷해져서 점차로 꼬리가 붙게 되었다. 『잠을 자서는 안 된다』『함께 잠을 자서는 안 된다』로 되었고, 더 나아가서『섹스를 해서는 안 된다』로 확대되기도 하였으며, 더 나아가서는『임신해서는 안 된다』라고 하는 속신俗信까지 생겨났다.

이와 관련하여 〈경신생〉은 도둑이 된다고 하는 어이없는 전설이 생긴

사라스바티

것은 이시가와 고에몽(石川五右衛門)이 경신생이었다는 것이 이유가 되었는데, 클레오파트라와 같은 해에 태어났다고 하더라도 누구나가 절세의 미녀가 될 수는 없을 것이다.

그런데 오늘날에는 〈기사己巳〉일이라든가 〈갑자甲子〉일이라 말해도 금방 이해가 가지 않는 사람이 있을지 모르지만, 변재천弁才天(인도의 여신으로 변설弁舌·음악·재복·지혜를 맡음. 칠복신의 하나) 님과 대흑천大黑天 님의 날이라 하면 어쩐지 친숙한 느낌이 들지도 모른다.

〈변재천弁才天〉이라는 것은, 본래는 사라스바티라 하는 인도 북방의 강물의 신이며, 음악과 변설弁舌의 신으로 숭배되었다. 나중에 바티라는 말이 지혜와 재보財寶의 신과 결부되어서, 중국으로 들어와서 〈묘음천妙音天〉〈변재천〉 등으로 번역되었는데, 일본에는 죠무(聖武) 천황 때에 들어와서 연꽃 위에 앉아 비파琵琶를 팅기는 이목구비가 수려한 여신으

【장수長壽의 축복】

[고희古稀] 당나라 시인 두보杜甫의 곡강시曲江詩『인생칠십고래희人生七十古來稀』에서 비롯된 것으로 70세를 말한다.

[희수喜壽] 〈희喜〉의 초서草書 〈㐂〉가 七十七(77)로 읽히므로 희자喜字의 축복이라고 한다.

[산수傘壽] 〈산傘〉이라는 글자가 八(8)과 十(10) 사이에 사람이 있는 글자 모양이라는 점에서 80세를 일컫는다. 〈傘〉의 약자略字는 〈仐〉.

[반수半壽] 글자 그대로 八十一(81)세를 말한다.

[미수米壽] 미米자를 분해하면 八十八(88)이 되므로 88세를 쌀의 축복이라 한다. 8은 〈많다〉는 의미이다.

[졸수卒壽] 〈졸卒〉의 〈속사俗事〉로서 〈卆〉가 사용되는데, 문자 그대로 九十(90)세를 말한다.

[백수白壽] 백百에서 一(1)을 빼면 白자가 되므로 99세를 나타낸다.

[황수皇壽] 〈황皇〉이라는 글자를 분해하면 〈百十一〉이 되므로 101세를 말한다.

【연령의 이칭異稱】

60세를 〈기耆〉, 70세를 〈모耄〉(머리카락이 하얗다), 80세를 〈질耋〉(피부가 푸르죽죽한 빛), 90세를 〈태배鮐背〉(등에 붙은 검버섯)라 한다.

로 인기가 있었다. 후세에 와서 변재천弁才天이 〈변재천弁財天〉으로 씌어지게 되었고, 재능才能의 신에서 오로지 재보財寶와 금전의 운運을 담당하는 신으로 되어 버렸다.

〈기사일己巳日〉이 변재천으로 결부된 것은 일종의 연상게임과 같은 것으로서 기사의 날은 사巳의 날, 사巳는 사蛇, 사蛇는 물의 신, 물(河)의 신은 변재천이라는 도식圖式으로 생각해도 좋을 터이다.

한편 〈대흑천大黑天〉이란 고대 인도의 파괴신으로서, 인도의 3대신의 하나로 일컬어지는 우주의 파괴신 시바의 화신이 된 신이다. 그 이름을 〈마하칼라〉(摩訶迦羅)라 부르며, 산스크리트어로 마하는 〈크다〉, 칼라는 〈검다〉는 의미이므로 글자 그대로 〈대흑大黑〉이지만, 광포狂暴한 분노의 형상을 하고 있으며 매일 밤마다 인간의 혈육血肉을 탐식하는 귀신이었다.

이것이 나중에 불교에 받아들여져서, 불법승佛法僧의 삼보三寶를 수호하고 악마를 굴복시키고 음식을 담당하는 신이 되었고, 분노와 자애의 양면을 나타내는 신이 되었다. 일본에는 전교傳敎 대사에 의해 전해졌고, 처음에는 오른손에 칼과 머리카락, 왼손에 칼과 양가죽을 들고 있었는데, 무로마치(室町)시대에 칠복신으로 신앙되면서 복을 하사하고 재물을 풍부하게 하는 시복신施福神으로서 복덕원만한 모습이 되었다.

이것도 여담이지만 고교야구로 잘 알려진 갑자원구장甲子園球場은 1924년 갑자년에 완성되었으므로 그 해의 명칭으로 이름을 붙인 것이다.

60간지는 이외에도 〈임신壬申의 난〉(672년), 〈무진전쟁戊辰戰爭〉(경응慶應 4년), 〈무신조서戊申詔書〉와 같은 역사적인 사건·사항의 이름으로도 남아있으므로 흥미있는 이들은 조사해 보기 바란다.

마지막으로 〈환력還曆〉에 관하여 설명해둔다.

환력還曆이란 태어난 해의 간지를 본래로 되돌린다는 말인데, 이는 본래 괘로 되돌아간다, 즉 태어난 해의 간지로 되돌아간다는 의미이다. 그러므로 60년이 지나서 또다시 본래의 간지로 되돌아가는 60세를 〈환력〉(환갑·회갑)이라 하며, 그 탄생일에 축하를 하는 풍습이 남아있다.

태어난 해로 되돌아가는 것을 아기로 바뀐 것으로 보고 아이들이 입는 빨간 소매 없는 웃웃과 두건을 선물하는 것은, 상당히 유머 감각이 뛰어난 계획이라 할 수 있다. 그러나 예전의 장수長壽의 축복도, 오늘날의 평균 수명 77세의 시대에는 감각적으로 빗나간 듯한 느낌이 없지는 않다.

또한 아이들이 입는 빨간 소매 없는 웃옷이란, 옛날 중국인의 변발 〈챤챤〉에서 왔는데, 빨강은 갓난아이를 의미하므로 중국의 어린이 장식과 비슷한 소매 없는 웃옷을 챤챤코(아이들의 소매 없는 웃옷)라 부르게 된 것이다.

환력還曆을 〈화갑華甲〉이라 하는 것은 화華라는 글자가 십十을 여섯 번 쓴다는 점에서 60을 나타내며, 갑甲은 십간의 최초로 1을 나타내므로, 현재에도 61세의 의미로 자주 사용되고 있다.

【〈60간지〉 계산법】

여기에서는 해(年)의 60간지를 구하는 계산법을 설명하고자 한다.

여기서도 합동식을 사용하게 되는데, 이제는 모두 익숙해졌으리라 생각하므로 설명은 생략한다.

서력 y년의 60간지를 r이라 하면,

$$r \equiv y-3 \ (mod \ 60), \ 1 \leqq r \leqq 60$$

이 성립되므로 r을 계산하여 60간지표의 번호에 대응하면 간지를 구할 수 있다.

예를 들어 1982년의 간지는

$$r \equiv 1982-3 \ (mod \ 60) \ \text{혹은} \ 1982-3=60t+59(t=32)$$

즉 1982에서 3을 뺀 1979를 60으로 나누면 나머지가 59가 되므로 옆의 표에서와 같이 59번째 〈임술壬戌〉이 답이 된다.

노스트라다무스가 죽은 때는 1566년이므로 간지년干支年은 현명하신 여러분들께서 계산해 보길 바라며, 프랑스 혁명으로 1793년 단두대의 이슬로 사라진 여왕 마리 앙트와네트의 간지년을 계산해 보자.

조금 전과 마찬가지로,

$$r \equiv 1793 - 3\,(mod\ 60)\ \text{혹은}\ 1790 = 60t + 50\,(t = 29)$$

1793에서 3을 뺀 1790을 60으로 나눈 나머지가 50이므로, 아래 도표의 50번째를 보면 〈계축癸丑〉이라는 답이 나온다.

【〈천중살天中殺〉과 〈사주추명四柱推命〉의 이론구조】

간지에 이어서, 다음에 예로 든 〈천중살天中殺〉의 수리數理를 설명하고자 한다.

60간지는 십간과 십이지의 조합으로 만들어졌지만, 여기에서 다시 한

56	51	46	41	36	31	26	21	16	11	6	1
己	甲	己	甲	己	甲	己	甲	己	甲	己	甲
未	寅	酉	辰	亥	午	丑	申	卯	戌	巳	子
57	52	47	42	37	32	27	22	17	12	7	2
庚	乙	庚	乙	庚	乙	庚	乙	庚	乙	庚	乙
申	卯	戌	巳	子	未	寅	酉	辰	亥	午	丑
58	53	48	43	38	33	28	23	18	13	8	3
辛	丙	辛	丙	辛	丙	辛	丙	辛	丙	辛	丙
酉	辰	亥	午	丑	申	卯	戌	巳	子	未	寅
59	54	49	44	39	34	29	24	19	14	9	4
壬	丁	壬	丁	壬	丁	壬	丁	壬	丁	壬	丁
戌	巳	子	未	寅	酉	辰	亥	午	丑	申	卯
60	55	50	45	40	35	30	25	20	15	10	5
癸	戊	癸	戊	癸	戊	癸	戊	癸	戊	癸	戊
亥	午	丑	申	卯	戌	巳	子	未	寅	酉	辰

번 십간과 십이지를 각각 1행으로 써서 똑바로 맞추면, 당연히 십이지가 두 가지 남게 된다.〔표 1〕한 마디로 말하면 이 나머지 부분을 〈천중살〉이라 한다.

다음으로 그 남은 십이지의 것도 보충하면서, 다시 십간을 쓰고 십이지도 다시 계속 반복해서 합하면, 역시 십이지가 두 가지 남게 된다.〔표 2〕

이런 식으로 계속해 보면 〔표 1〕에서 〔표 6〕까지의 간지대응표가 생기는데, 이 표의 각각에 남아있는 십이지 부분이 모두 〈천중살〉이 되는 셈이다.

그러므로 〔표 1〕에서는 〈술戌〉과 〈해亥〉가 갑자甲子·을축乙丑에서 계유癸酉까지의 날의 〈천중살〉이 되고, 이하도 마찬가지로 예를 들어 병오丙午와 무신戊申날의 천중살은 〈인寅〉과 〈묘卯〉이며, 또한 신유辛酉와 정사丁巳날의 천중살은 〈자子〉와 〈축丑〉으로 생각할 수 있다.

천중살에 갖가지 해석을 담아서 한때 대단한 붐을 일으켰던 적이 있다. 또한 〈사주추명四柱推命〉에서는 그 부분을 공망空亡이라 하는데, 어느것이든 모두 동공이곡同工異曲이라 해도 좋을 것이다.

천중살 이론에서는 『그 기간중에 새로운 일을 하지 않는다』고 하며, 공망이론空亡理論에서는 『그 방향과 연월일은 목적을 이루지 못하고 헛

<table>
<tr><td rowspan="2">(表 1)</td><td>甲</td><td>乙</td><td>丙</td><td>丁</td><td>戊</td><td>己</td><td>庚</td><td>辛</td><td>壬</td><td>癸</td><td></td><td></td></tr>
<tr><td>子</td><td>丑</td><td>寅</td><td>卯</td><td>辰</td><td>巳</td><td>午</td><td>未</td><td>申</td><td>酉</td><td>戌</td><td>亥</td></tr>
<tr><td rowspan="2">(表 2)</td><td>甲</td><td>乙</td><td>丙</td><td>丁</td><td>戊</td><td>己</td><td>庚</td><td>辛</td><td>壬</td><td>癸</td><td></td><td></td></tr>
<tr><td>戌</td><td>亥</td><td>子</td><td>丑</td><td>寅</td><td>卯</td><td>辰</td><td>巳</td><td>午</td><td>未</td><td>申</td><td>酉</td></tr>
<tr><td rowspan="2">(表 3)</td><td>甲</td><td>乙</td><td>丙</td><td>丁</td><td>戊</td><td>己</td><td>庚</td><td>辛</td><td>壬</td><td>癸</td><td></td><td></td></tr>
<tr><td>申</td><td>酉</td><td>戌</td><td>亥</td><td>子</td><td>丑</td><td>寅</td><td>卯</td><td>辰</td><td>巳</td><td>午</td><td>未</td></tr>
<tr><td rowspan="2">(表 4)</td><td>甲</td><td>乙</td><td>丙</td><td>丁</td><td>戊</td><td>己</td><td>庚</td><td>辛</td><td>壬</td><td>癸</td><td></td><td></td></tr>
<tr><td>午</td><td>未</td><td>申</td><td>酉</td><td>戌</td><td>亥</td><td>子</td><td>丑</td><td>寅</td><td>卯</td><td>辰</td><td>巳</td></tr>
<tr><td rowspan="2">(表 5)</td><td>甲</td><td>乙</td><td>丙</td><td>丁</td><td>戊</td><td>己</td><td>庚</td><td>辛</td><td>壬</td><td>癸</td><td></td><td></td></tr>
<tr><td>辰</td><td>巳</td><td>午</td><td>未</td><td>申</td><td>酉</td><td>戌</td><td>亥</td><td>子</td><td>丑</td><td>寅</td><td>卯</td></tr>
<tr><td rowspan="2">(表 6)</td><td>甲</td><td>乙</td><td>丙</td><td>丁</td><td>戊</td><td>己</td><td>庚</td><td>辛</td><td>壬</td><td>癸</td><td></td><td></td></tr>
<tr><td>寅</td><td>卯</td><td>辰</td><td>巳</td><td>午</td><td>未</td><td>申</td><td>酉</td><td>戌</td><td>亥</td><td>子</td><td>丑</td></tr>
</table>

수고가 많다』라고 주장하고 있는 듯하다.

계속해서 〈천중살〉을 계산해 보도록 하자.

천중살은 그 사람이 태어난 날의 간지를 모태로 하여 판단하는 것이므로, 우선 태어난 날의 간干을 p, 지支를 q로 하고, 천중살을 T로 하면

$$T \equiv p-q \ (mod \ 12), \ 1 \leq T \leq 12$$

라는 수식이 이루어진다. 그 수 T에 대응하는 두 개의 십이지를 구하면 답이 된다.

예를 들어 1982년 7월 7일생인 사람은 앞에서 계산한 바와 같이, 생일의 간지는 〈신묘辛卯〉이다.

따라서 십간과 십이지의 수치표에서 p와 q의 값을 보면, 8과 4라는 것을 알 수 있으므로 천중살을 구하면

$$8-4 \equiv 4 \ (mod \ 12)$$

가 되어, 천중살 도표에서 〈오午〉〈미未〉가 그 사람의 천중살이 된다고 말할 수 있다.

T	2	4	6	8	10	12
天中殺	申 酉	午 未	辰 巳	寅 卯	子 丑	戌 亥

【〈60진법〉의 세계】

〈60간지〉는 십간과 십이지를 조합해서 만든 하나의 주기週期이며, 60진법의 세계이다.

앞에서 서술한 바와 같이[제1장, 달月과 력曆 ── 칼데아 신화의 세계]

악카드인이 수메르인과 만났을 때에 단위문제에서 60진법을 생각해냈던 것이다.

서양의 점성술에도 역시 60이라는 주기를 사용하여 세계 정세의 흐름을 설명하고 있다.

그 근거로는 목성과 토성의 공전公轉 주기를 받아들이고 있다. 지구상의 인류에게 있어서 가장 영향을 많이 받은 천체는 태양이지만, 다음으로 목성이고 그 다음으로는 토성이라고 한다. 목성은 행운을 가져다 주는 별이라고 부르며, 토성은 처음에는 불행을 부르는 별로 흉성凶星이라 일컬었지만 현재는 노력에 의해 호전好轉하는 별로 되어 있다.

목성의 공전 주기 12년과 토성의 30년을 짜맞추면, 그 최소공배수인 60년마다 두 개의 별은 같은 위치관계에 있기 때문에, 그 영향으로 이 세상의 현상도 그것에 따라서 변한다고 하는 〈60년 주기설〉이 생겨났다.

제11장

팔괘八卦의 논리

　우선 아래의 그림을 보기 바란다. 이것은 플러스(＋)와 마이너스(－)에 의한 분류도이지만, 우성優性 유전자의 유전 패턴으로 생각해도 되고, 남성도男性度나 여성도女性度를 측정하는 테스트용 도표라고 보아도 무방하며, 또는 〈＋·－〉를 〈예·아니오〉라고 읽은 어떤 앙케이트 도표로 생각해도 좋다. 어쨌든 하나의 물건을 두 가지 유형으로 나누고, 그것을 다시 두 가지로 나누면, 이 도표의 유형의 수는 n회째에는 책 첫머리 부분에서 다루었던 2^{n-1}이라는 수로 늘어나는데 n을 4로 멈추면 여덟 가지 유형이 생긴다. 간단하게 말하면 이것이 〈팔괘八卦〉의 기본적인 구조이다.

　앞에서도 서술한 바와 같이 〈팔괘〉는 고대 중국의 왕 복희伏羲에 의해 만들어졌다.

　복희伏羲가 즉위했을 때 황하黃河의 수면에 한 마리의 신마神馬가 모습을 나타냈다고 하는데, 이 신마神馬의 등에 털이 달려있는 것을 보고 그것을 그림으로 그린 것을 〈하도河圖〉라 하며, 그 하도河圖를 기준으로

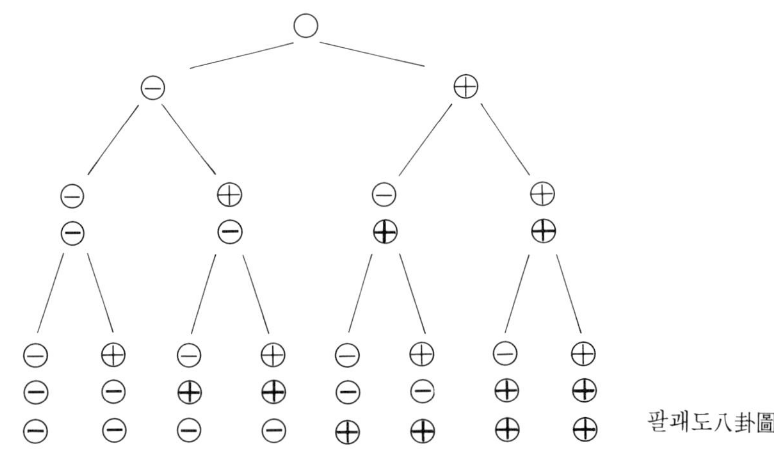

팔괘도八卦圖

삼아서 복희가 원리를 정해 만든 것이 〈팔괘八卦〉라고 한다. 팔괘는 〈핫 가〉(일본어 발음으로 팔괘를 〈하츠케〉라 읽는 데서 비롯됨)로 읽는 것이 올 바르지만, 〈소모消耗〉(쇼오고우로 읽힘)와 〈세척洗滌〉(센데키로 읽힌다) 이 각각 〈쇼오모우〉(센죠우〉(이것은 관용음이다)로 읽히는 것과 마찬가 지로, 일반의 관용慣用에 따라서 〈팔괘〉(하츠케)로 읽고 있다.

그런데 이 〈팔괘〉란, 말하자면 만물의 현상을 여덟 가지 모양으로 나 타낸 것으로, 중국에서는 만물이 〈태극太極〉이라고 하는 그 이전에는 아 무것도 없는 근원으로부터 생겨났다고 생각하고 있다.

〈태극太極〉은 태일太一로도 일컬어지며, 원초 우주 최초의 카오스[혼 돈]로도 생각할 수 있고, 더 나아가서 우주의 지배자로 신격화한 〈하늘〉 (天)이라든가 추상적으로 〈1〉이나 〈절대絶對〉를 나타내는 등 여러 가지 로 생각해 왔다.

이 태극이 〈양의兩儀〉 즉 양陽과 음陰을 낳는다고 생각하여 〈양陽〉은 〈—〉, 〈음陰〉은 〈 -- 〉로 표현하였다. 양의는 〈사상四象〉으로 나누어 졌고, 사상은 더 나아가서 〈팔괘〉로 나누어져서, 천지天地와 일치하고 천지만물이 모든 것을 포함한다고 하는 것이 기본적인 사고방식이다. 따 라서 우주의 혼돈에서 음과 양이 생겼고, 그것이 여러 가지로 발전하여 팔괘가 만사만물萬事萬物이 성쇠盛衰하는 모습을 나타내고 있다고 생각

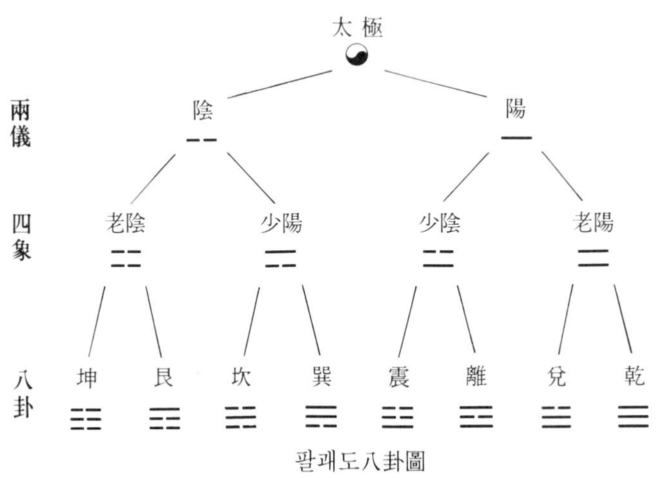

팔괘도八卦圖

해도 된다.

이 여덟 가지 유형은 〈건乾〉〈태兌〉〈이離〉〈진震〉〈손巽〉〈감坎〉〈간艮〉〈곤坤〉으로 일컬어진다. 그 의미를 조사해 보면 다음과 같이 된다.

【건乾】 하늘을 의미하고, 건조하다·말리다·물기가 없는 모습과 태양이 빛나는 상태를 나타낸다.

【태兌】 기쁘게 풀어헤치다, 라는 뜻으로 못의 풀이 자라나서 지나가는 상태이다.

【이離】 한국의 휘파람새를 본딴 글자로, 상식적인 어감과는 반대로 부착한다는 의미가 있다. 물건에 달라붙어 밝아져서 불의 상태를 나타낸다.

【진震】 흔들리다·움직이다, 라는 의미에서 번개가 비를 동반하여 주위를 진동시키는 모습을 나타내고 있다.

【손巽】 사양하고 따르는 의미로 바람에 가볍게 흔들리는 모습.

【감坎】 구멍에 빠지는 것으로, 물이 구멍으로 흘러 떨어지는 모습.

【간艮】 그치다·머무르다, 라는 뜻으로 산이 묵직하게 움직이지 않는 상태를 나타낸다.

【곤坤】 흙·대지를 나타낸다.

【〈핫케요이八卦良い〉(씨름에서 씨름꾼들이 대치만 하고 피차 수를 쓰지 않을 때 심판이 내지르는 소리)와 노곳타(씨름에서 씨름판의 경계선까지는 아직 여지가 남아있다는 심판의 외침 소리)란?】

씨름의 심판이 『핫케요이, 노곳타, 노곳타』라고 씨름꾼에게 외치는 소리에서 〈핫케〉란 〈팔괘八卦〉라는 말이다. 『좋은 팔괘가 되어라』『좋은 팔괘이다』라는 뜻이다. 〈노곳다〉는 『씨름판에 아직 여지가 남아있다』(승부가 아직 안 끝났다)라는 뜻으로, 때는 충분하고 싸우기에 충분하다. 아직 씨름판에 여지가 있으니 열심히 싸워라, 라는 심판의 외침 소리라고 한다.

이와 같이 팔괘는 기본원리로 천지자연의 현상을 내용으로 받아들이고 있지만, 보는 바와 같이 팔괘 속에는 〈바다〉(海)라는 발상이 없다. 자못 중국의 지리적인 조건을 나타내고 있을 뿐이며, 가령 일본이 팔괘의 발상지였다면 당연히 바다가 들어갔을 것이다.

이처럼 근본에 있어서는 자연현상을 본의로 하고 있는 〈팔괘〉이지만, 여기에 목화토금수의 오행이 배당되었고 상의象意로 〈역易〉이 도입되어서, 팔괘는 상당히 복잡한 내용을 갖게 되었다.

〈역易〉이라는 말은 본래 도마뱀(蜥蜴)의 형태와 햇살(日光)의 모양을 연결시킨 회의문자會意文字이지만, 혹은 도마뱀의 신체와 팔다리라는 학설도 있다. 도마뱀이라는 것은 평평하게 자라난 모습을 하고 있으며, 또한 하루에 열두 번이나 몸의 빛깔을 바꾼다는 점에서, 역易은 〈변화한다〉〈바꾼다〉〈쭈욱 자라난다〉〈연속적으로 바뀐다〉와 같은 의미로 사용되고 있다.

즉 역易에는 개역改易이라든가 무역과 같이 〈바꾸다〉〈교환하다〉는 의미가 있다. 한편 평이平易라든가 안이安易와 같이 〈평평해서 손쉽다〉〈간단해서 쉽다〉라는 의미가 있고, 결국 〈변화한다〉와 〈계속해서 자라난다〉와 같은 두 가지 의미로 사용되고 있다.

어느 때 어느 장소에서의 괘卦가 다음의 시각이나 다른 장소에서는 완전히 다르게 나온다. 그와 같은 상태가 계속해서 발생하는 것을 〈역易〉의 모습이라 생각할 수 있다.

여기서 옛날 중국에서 행해졌던 것으로, 신의 의지를 묻는 두 가지 방법을 소개하고자 한다.

【〈복점卜占〉과 점대[서죽筮竹]】

한 가지는 은殷시대에 시작된 수렵민족적인 유형의 〈복점卜占〉이고, 다른 한 가지는 주周시대에 시작된 농경민족적인 유형의 〈점대점〉(筮竹占)이다.

복사卜辭

수렵민족적인 유형이라는 것은, 거북 껍질에 점占치는 글자(占辭)를 새겨서 그것을 불에 쬐든가, 구운 부젓가락을 대면 갑라甲羅에 금이 생기는데, 이것을 〈조兆〉라 하고 그 조의 형태를 보고 신의 뜻을 판단하고 길흉을 정하였다.

〈복卜〉이라는 글자는 거북 껍질에 새긴 문자(복사卜辭)의 균열을 문자로 나타낸 것이고, 〈복〉이라는 소리는 불에 그을려서 거북 껍질이 금이 갈 때의 소리를 그대로 나타냈다고 한다.

한편 〈조兆〉라는 글자도 거북 껍질에서 생긴 균열을 본딴 상형문자로, 〈조짐〉〈전조〉〈점장이〉라는 말이라고 할 수 있다.

수밀도水蜜桃라든가 도화桃花라 하면 웬지 모르게 요염한 이미지가 있는데, 이 〈도桃〉는 조짐을 지니고 있는 나무로 되어 있으며, 조짐을 지

坤	艮	坎	巽	震	離	兌	乾	
地	山	水	風	雷	火	澤	天	自然
土	土	水	木	木	火	金	金	五行
母	少年	中男	長女	長男	中女	少女	父	人間
西南	東北	北	東南	東	南	西	西北	方位
柔	止	陷	入	動	着	悅	剛	性質
腹	手	耳	股	足	目	口	首	身體
六·七	十二·一·二	十一	三·四	二	五	八	九·十	月
陰	陽	陽	陰	陽	陰	陰	陽	陰陽

《팔괘의 상의象意》
(달은 음력을 나타낸다)

닌 나무는 미래를 예지하고 악마를 제거한다고 생각했기 때문에 복숭아 나무는 옛날부터 악마 퇴치에 중요하게 사용되었다. 그렇기 때문에 일본에서도 3월 삼짇날(桃의 節句)에 장식으로 쓰이게 되었고, 모모다로오(桃太郎)라는 귀신 퇴치 이야기의 주인공 이름에도 쓰이게 되었다. 또한 모모다로오(桃太郎)가 두 개로 갈라진 복숭아 속에서 태어났다는 것도, 〈조兆〉가 갈라진 곳을 의미하는 데서 유래했다고 한다.

결국 〈점치다〉라는 것은 문자로도 알 수 있는 것처럼, 복卜을 입으로 말하다, 즉 거북 껍질에서 생겨난 균열을 읽고 그것을 언어로 나타내는 것이었다고 해도 괜찮을 터이다.

더욱이 이 신비한 거북 껍질에 의한 점占은 당연히 거북이 많은 지방에서 행해졌음이 분명하고, 중국에서 거북이 많았던 곳은 내륙부의 강 주변이었으므로 삼라만상을 나타내는 〈팔괘〉의 본래 뜻에 바다가 없는 이유는 여기서도 분명해진다.

또 한 가지 신의 뜻을 묻는 것으로 농경민족적인 방법, 〈서죽筮竹〉(점대, 50개의 대오리로 되어 있음) 점占이라는 것은, 본래 〈시蓍〉라는 풀의 줄기로 계산도구를 만들어서 수리數理에 의해 길흉을 판단하던 것이다.

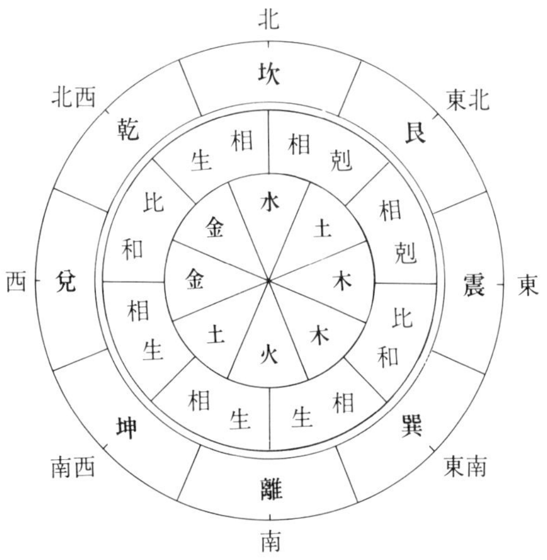

팔괘의 오행배당도

〈시蓍〉는 1백 년이 지나면 동일한 뿌리에서 1백 개의 줄기가 생긴다고 하는 시초, 또는 비수리라 불리는 다년생 장수초長壽草로 진귀하게 여겨 소중히 다루고 있으며, 신령이 깃들어 있다고도 생각하고 있다. 나중에 이 식물이 없어졌기 때문에 중국에서는 그 대신에 대나무를 사용하게 되었고, 그것이 〈점대〉로서 오늘날에도 역점易占에서 빠뜨릴 수 없는 도구가 되었다.

서죽筮竹(점대)의 〈서筮〉라는 것은 신의 뜻을 묻는 무당의 모습과 죽竹을 본딴 상형문자로서 〈비수리〉라고도 하고, 또한 역점구易占具의 의미이다.

요컨대 중국에서 생겨난 이 〈역易〉이란, 거북 껍질과 서죽을 이용하여 신의 뜻을 듣기 위한 원시적인 주술이며, 그 신의 뜻을 삼라만상의 소멸과 성장으로 나타낸 것이 〈팔괘〉인 셈이다.

이 팔괘에도 당연히 〈음양〉과 〈오행〉이 배당되어 있다. 앞페이지의 〈상의도象意圖〉를 보면 더이상 설명할 필요가 없으므로, 다음에는 역易의 골격을 소개하고자 한다.

【역易에 의한 점과 그 논리】

역易에는 〈서죽〉(점대)과 〈산가지〉(算木, 점칠 때 또는 셈할 때 쓰는 산가지)가 사용되고 있다는 것은 이야기할 필요도 없지만, 서죽은 둥근 하늘을 나타내고, 산가지는 사각으로 땅을 나타내고 있다.

고대 중국에서는 점占에 관해서 다음과 같이 엄수해야만 하는 규칙을 제정했다.

(1) 먼저 아무래도 스스로 결정하기 어려운 사항이 없는데 점쳐서는 안 된다. 어떻게 해야만 하는가를 결정하기 위해서만 점을 쳐야 하는 것이다. [점을 쳐서 궁금한 점을 해결한다. 만약 궁금한 것이 없으면 점을 치지 말아야 한다.]

(2) 그 다음에 점은 한 번만 행하라는 것으로, 최초의 점이 생각했던 바대로 되지 않았다고 해서 두세 번 점쳐서는 안 된다. 그 점은 시간과

장소가 중요하기 때문이다. [처음 점대는 자꾸 두세 번 하면 더러워지고, 더러워지면 알려주지 않는다.]

(3) 마지막으로 위험한 일과 부정한 일, 재앙이 미칠 듯한 일을 점쳐서는 안 된다고 되어 있다. [역易으로 위험을 점쳐서는 안 된다.]

그럼 여기에서 실제 〈점서占筮〉, 점대에 의한 점치는 방식을 보기로 하자.

점에 이용하는 〈점대〉는 50개이다. 이것은 하도河圖에 따라서 부동不動의 중앙 5를 제거하면, 주변이 50이라는 점에서 우주 전체를 의미한다고 설하였다.[제8장 첫머리의 작은 삽화 참조]

우선 이 50개에서 1개를 빼서 이것을 〈태극太極〉으로 하고 따로 놓아둔다.

태극이라는 것은 절대적인 근원으로 변하는 것이 아니며, 시간·공간·만물의 변화에 관계가 없는 것으로 따로 떼어놓는 것이다.

그리고 왼손에 49개의 점대를 든 점장이는 마음 속으로 염불을 하면서, 오른손으로 49개 중 몇 개를 나누어 쥐고 왼손에 남아있는 분량을 〈천책天策〉 오른손으로 쥔 분량을 〈지책地策〉으로 한다.

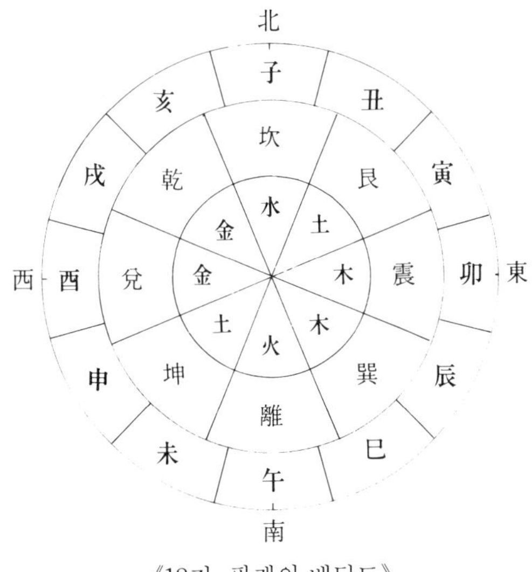

《12지, 팔괘의 배당도》

　오른손의 지책 분량을 겨드랑이에 넣고 지책에서 1개 빼서, 왼손의 약지와 새끼손가락 사이에 끼우고 그것을 〈인책人策〉으로 한다.

　왼손의 천책天策을 오른손으로 8개씩 세면서 빼고, 남은 책策에 조금 전의 인책人策 한 개를 더하여 그 합계를 계산하여 다음과 같이 정한다.

合計	1	2	3	4	5	6	7	8
八卦	乾	兌	離	震	巽	坎	艮	坤

　이것을 수식數式으로 쓰면 다음과 같다.

　x를 오른손 지책地策의 수, z를 나머지[8을 법으로 한 잉여분], y를 대응하는 8괘의 수로 하면

$$(50-1)-x \equiv z \pmod 8$$
$$z+1=y$$

　점대(서죽)를 8개씩 나누어서, 마지막의 나머지 수로 점친다는 것은, 삼라만상이 갖가지로 변화하고 순환되며 마지막에 멈추는 곳이 현재의 〈괘卦〉라는 원리를 나타낸다.

　그러나 수식數式으로 표현하면 위와 같이 간단한 합동식이 된다.

　가령 오른손의 지책地策이 26개 있다고 한다면

$$(50-1)-26 \equiv 7 \pmod 8, \quad 7+1=y$$

가 되고, 8에 대응하는 괘卦가 〈곤坤〉임을 알 수 있다. 이 〈곤〉의 상의象意와 산가지를 나란히 놓은 결과에서 판단하는 것이 〈점〉이다.

　【길吉】 행복이 있다.

　【흉凶】 액이 있다.

　【회悔】 (반길半吉) 후회하게 될 결과가 된다.

　【린吝】 (반흉半凶) 조화가 무너지고 막힌다.

　【재앙이 없다】 지장이 없다.

이것이 일본으로 전해져서 〈길吉〉〈흉凶〉 두 가지가 되었고, 더욱더 상세하게 나누어져서 〈대길大吉〉〈중길中吉〉〈소길小吉〉〈소흉小凶〉 〈대흉大凶〉으로 되었다. 현재 사원과 신사神社 등에서 점으로 이용하고 있는 것은 대부분 이런 유형이다.

길흉이라는 대립적인 음양의 이원二元에서, 〈삼분법〉을 사용하여〈길〉을 대·중·소로 나누고, 〈흉〉을 이분二分하고 있는 것도 매우 재미있다.

결국 점대(서죽)에 의한 점이란, 우주 전체 삼라만상을 〈천·지·인〉으로 포함해서 그 수를 50으로 하고, 8개씩 나눔에 따라서 팔괘의 순환과 변화를 나타내면서, 마지막으로 남은 점대수의 괘의 상의象意를 소급해서 판단하는 수리數理라 말할 수 있다.

한 마디로 말하면, 8의 〈잉여분〉으로 구한 수에 팔괘를 대응시킨 하나의 수리數理라 할 수 있다. 그리고 그 위에서 다양하게 해석을 하면서, 실천적으로 구체적인 형태로 나타낸 것이 점占이다. 그곳에 깊은 인간 추구의 진리가 있는지 어떤지는, 점치는 사람의 인격·교양·체험에 입

【《산해경山海經》의 귀신 설화】

《산해경》에 따르면, 동해의 도삭산度朔山이라고 하는 산의 동북측에는 무수히 많은 귀신이 살고 있었다고 하며, 그곳에는 3천 리에 걸쳐서 가지를 사방으로 확산한 커다란 복숭아나무가 있는데, 그 동북쪽으로 뻗은 가지에 문이 있었다고 한다.

하여 밤이 되면 그 문으로 귀신들이 출입하며 악업惡業을 일삼았으므로, 천제天帝가 신다神荼와 울루鬱壘라고 하는 두 신神을 파견하여 그 문을 지키게 하여 그곳을 드나드는 귀신들을 감시했다고 한다.

천제의 명을 받은 두 신은 악업을 행하는 귀신을 잡아서 갈대 오랏줄로 묶고 복숭아나무로 만든 활로 사살하여 호랑이 먹이로 주었다고 한다.

이러한 이유로 하여 동북 방향은 귀신이 출입하는 문인 〈귀문鬼門〉으로 일컬어졌는데, 이와 같은 설화를 낳고, 한 방향을 귀문鬼門이라 하여 꺼렸던 이유의 그 밑바닥에는 이미 서술한 오행설五行說의 상극相剋의 발상이 있었던 것이다.

각한 그 자세에 있다고 할 수 있다.

【팔괘에 의한 상생相生과 상극相剋】

팔괘의 〈상생相生〉과 〈상극相剋〉도 음양오행설로 간단하게 설명할 수 있다. 앞에서도 서술한 바와 같이 오행五行에는 〈상생〉과 〈상극〉이 있다.

목화토금수라는 오행이 이 순서로 나열되어 있는 관계, 즉 〈목화〉〈화토〉〈토금〉〈금수〉〈수목〉 등의 관계는 각각 상생相生이며, 또한 목화토금수가 하나로 놓여서[목토수화금의 순서로] 나란히 있는 관계, 〈목토〉〈토수〉〈수화〉〈화금〉〈금목〉의 관계는 상극相剋이어서 나쁘다고 되어 있다.

이 오행의 상생·상극을 〈팔괘〉에 적용시켜 보면 아래의 도표와 같이 된다.

八卦	坎	艮	震	巽	離	坤	兌	乾	（坎）
方位	北	東北	東	東南	南	西南	西	西北	（北）
五行	水	土	木	木	火	土	金	金	（水）

相剋　相剋　（比和）　相生　相生　相生　（比和）　相生

수토水土·토목土木→상극相剋
목목木木·금금金金→비화比和
목화木火·화토火土·토금土金·금수金水→상생相生

느낀 바와 같이, 이 〈간艮〉만이 양쪽에 이웃하는 〈감坎〉〈진震〉에 대해서 상극을 이루고 있다.

그러므로 팔괘의 〈간艮〉은 오행설에 따라서 상극의 마지막으로 하고, 그 방향각까지 꺼리고 싫어하게 되었다.

이와 같이 〈간艮〉의 방향각은 사람이 꺼리는 귀신이 오는 곳 〈귀문鬼門〉으로 일컬어지게 되었다.

최근에는 대단위 아파트 단지나 맨션에 거주하는 형태가 일반화되어 있으므로, 그다지 방향이나 가상家相(집의 위치·방향·간살의 배치 등의 모양)과 같은 것은 일컬어지지 않지만, 예전에는 〈귀문鬼門〉에 해당하는 동북 방향은 어디에서나 꺼리던 방향이었다.

가상家相에 있어서 귀문의 방향으로 쑥 나와 있으면 환자가 그칠 날이 없다든가, 동북쪽에 부엌과 화장실이 있으면 가정내에 분쟁이 많다든가 재산 상속에 지장을 준다고 일반에 일컬어져 왔다. 요컨대 이 방향은 귀신이 드나드는 방향으로 되어 있다.

이와 같은 발상도 실은 《산해경山海經》이라는 책에서 귀신이 동북 방향에 있다고 하는 이야기가 있었던 점에서 유래하였는데, 이와 같은 설화를 낳게 한 배경에도 이 오행상극의 발상이 들어있다.

【〈흉凶〉과 귀신의 원형】

그런데 간단하게 말하면, 이 오행상극을 한 몸에 짊어지고 상상의 세계를 낳은 것이 〈귀신〉이다.

〈동북〉 방향은 축인丑寅의 방향이므로, 귀신에게는 우선 소와 호랑이의 특징이 있다. 즉 소와 같은 뿔이 있고, 커다란 호랑이의 이빨이 있으며, 호랑이가죽의 개짐(褌;들보. 남성의 음부를 가리기 위한 폭이 좁고 긴 감), 육식동물의 성향이 있으므로 귀신의 모습은 오행설에 의해 태어났다고 할 수 있으며, 이 이미지를 최초로 그림으로 묘사한 사람이 당대唐代의 화가 오도자吳道子인데, 그 이후 오도자가 그린 특징있는 귀신의 모습이 정착되었다고 한다.

또한 일본에서 귀신은 사도佐渡의 금북산金北山에 있었다고 생각하는 경향이 있는 것 같다. 그 탓인지 〈도사쿠사〉(혼란한 상태)라는 말은 사도

佐渡를 거꾸로 한 말 〈도사〉, 죄인이 사도로 유배되는 것을 두려워했다는 점과 귀신이 산다고 하는 도삭산度朔山이 사도에 있다고 하는 말 등이 덧붙여져서 관련이 생겼다는 설도 있다.

귀신이란 본래 〈은隱〉(於爾)이며, 모습을 감추고 있어서 볼 수 없으므로, 귀신이 그곳에 있다고 하는 〈음陰〉의 상징이었다.

중국에서는 처음에 죽은 조상의 영혼이라는 말이었던 것이 나중에 초인간적인 정령精靈이라는 의미로 바뀌게 되었다.

일본에서는 옛날부터 죽은 자를 〈부정〉〈두려움〉의 양면으로 보는 발상이 있었는데, 그것이 언제부터인가 두려움이 우선하게 되었고, 또한 눈으로 볼 수 없는 거대한 괴물이 되었는데, 〈음陰〉이란 추위·질병·빈곤이며 평화를 어지럽히는 모든 것으로서, 그 상징이 귀신으로 되었다.

물론 〈귀문鬼門〉이 동북 방향에 있다는 점에 관해서는, 황하 유역의 한민족에게는 동북 방향에서의 이민족의 침입이 국가의 안전을 위협한다는 사실에 의한 것임이 분명하다.

농경이 중심이었던 한민족에게 서쪽은 산맥과 사막, 북쪽은 자연의 방

〈축인丑寅〉이란 이민족이 있었던 방향인 듯하다.

벽防壁이라고도 할 수 있는 차가운 툰드라, 남쪽은 농경의 이민족 토지이다. 동북의 강력한 기마 수렵민족이 악마이고 귀신이며, 따라서 그 방향이 귀문이었던 지리적인 배경이 모태가 되었을 뿐이다. 진秦 시황제의 만리장성도 말하자면 귀문을 견고히 하기 위함이었다.

일본에서도 동북 방향은 겨울에 한풍寒風이 몰아쳐 오는 방향이다. 옛날에는 화장실도 뒷간이라 하여 대부분이 강물이 흘러가는 그 위에 만들었으므로, 차갑게 흔들렸음이 분명하다. 부엌만 하더라도 동북 방향에서 불어오는 한풍이 음식을 만드는 여성들의 몸에 스며들었다. 따라서 동북 방향을 추운 방향·음의 방향·귀문이라 하여 피했던 것은 생활의 지혜였다고 말할 수 있다.

어쨌든 오행설에 의해 이론적으로(?) 정착하게 된 신앙은, 더욱 확고한 것이 되어 헤이안(平安)시대부터 현대까지 계승되고 있다.

제12장

구성술九星術의 논리

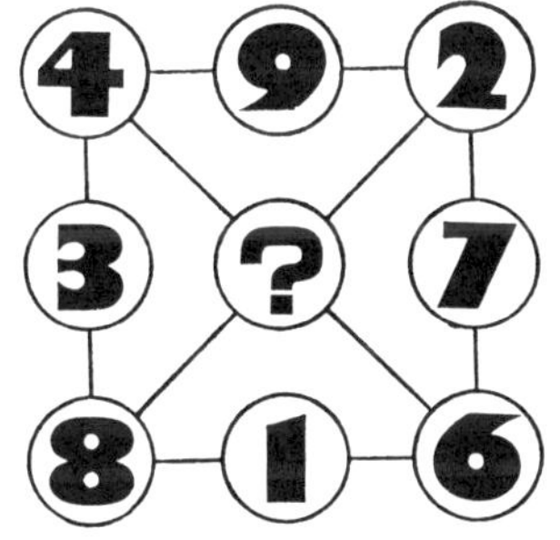

【〈좋은 별자리에 태어난다〉는 것은】

별이라 하면 먼저 머릿속에 떠오르는 것이 밤하늘에 빛나는 별이지만, 성질이 약간 비뚤어진 사람이라면 사찰위성查察衛星을 떠올릴지도 모른다. 바빌로니아인들이 생각했던 태양·달·다섯 개의 혹성에는 신들이 살고 있으면서 하루씩 이 우주를 지배한다고 믿었지만, 현대의 사찰위성은 지상에 있는 사방 25cm의 물체의 움직임을 식별할 수 있다고 한다. 더욱이 현재 수천 개의 인공위성이 지구 주변을 날아다니고 있으므로, 고대의 신들이 보면 기절할지도 모른다.

그러나 고대 세계에서는 바빌로니아인뿐만 아니라, 중국에서도 다섯 개의 혹성의 위치와 운행에 따라 모든 현상이 정해진다고 생각했다.

그런데 앞의 음양오행설에서 하夏나라 국왕 우禹가 거북 껍질에 씌어진 문양 〈낙서洛書〉에서 암시를 얻어 오행설을 주창했다고 서술하였는데, 이 〈낙서洛書〉가 또 하나의 다른 이론을 낳았다.

그것은 낙서洛書의 문양 수數를 정방형으로 나열해 보면, 아래 그림과 같이 가로·세로·경사의 합이 15로 되어 있다. 현대인의 눈으로 보면,

4	9	2
3	5	7
8	1	6

《마법진魔法陣》

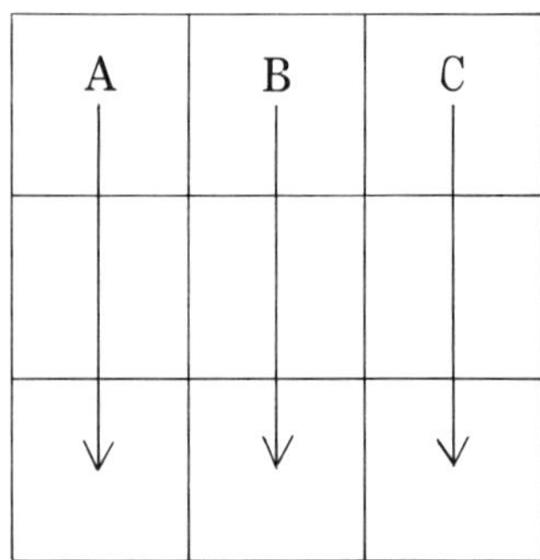

두량斗量의 세로줄을 A, B, C로 한다.

이미 수학에서 해명한 〈마법진魔法陣〉, 정식으로는 〈마방진魔方陣〉이지만 고대 사람들의 눈에는 틀림없이 대단히 신비하게 비쳤을 것이다.

고대 중국에서는 낙서洛書의 수가 천명天命을 말하고 있고, 신의 의지가 낙서 속에 들어있다고 생각하여 이 아홉 가지 배치를 〈구성九星〉이라 이름짓고, 구성九星이 신의 뜻을 이야기한다고 생각했다.

동서양을 불문하고 고대인에게 있어 별은 항상 하늘의 의지意志이며, 만물의 운명을 나타낸다고 생각했던 점에서 별을 둘러싼 낭만이 존재할 수 있었으리라.

【 숫자 수수께끼에 도전하다 】

여기서 기분을 바꾸어 수수께끼에 도전해 보자. 가로·세로·경사의 합이 일정해지는 정방형의 수 배치를 〈마법진魔法陣〉이라 하는 것은 각각의 합이 일정한 점이 신비했기 때문일 것이다.

그런데 1에서 9까지의 숫자를 넣어서 합이 15인 다른 마법진을 만들 수 있을까.

또한 낙서洛書의 마법진과는 달리 중앙을 5로 하지 않은 마법진을 만들 수 있을까.

먼저 합이 15가 되는 다른 마법진이 될 수 있는가 없는가를 조사해 보도록 하자.

앞뒤페이지의 그림처럼 세로줄을 A·B·C, 가로줄을 X·Y·Z, 경사줄을 K·L로 한다.

이 두량斗量(되로 된 양)에 들어있는 숫자를 $a \cdot b \cdot c \cdot d \cdot e \cdot f \cdot g \cdot h \cdot i$로 하면 다음과 같은 식이 성립한다.

$$A=a+d+g, \ B=b+e+h, \ C=c+f+i$$
$$X=a+b+c, \ Y=d+e+f, \ Z=g+h+i$$
$$K=a+e+i, \ L=c+e+g$$

지금 B줄·Y줄·K줄·L줄을 더하면

$$B+Y+K+L=(b+e+h)+(d+e+f)+(a+e+i)+(c+e+g)$$
$$=(a+b+c+d+e+f+g+h+i)+3e=45+3e$$

가 된다.

왜냐하면 a에서 i까지의 합계는 1에서 9까지의 합계 45이기 때문이다. 마법진의 성질에서 가로·세로·경사의 각줄의 합은 모두 같으므로, 1줄의 값을 α로 하면,

$$4\alpha=45+3e=3(15+e)$$

여기서 가정으로 $\alpha=15$이므로 $e=5$가 되며, 마법진의 중앙은 항상 〈5〉가 되지 않으면 안 됨을 알 수 있다.

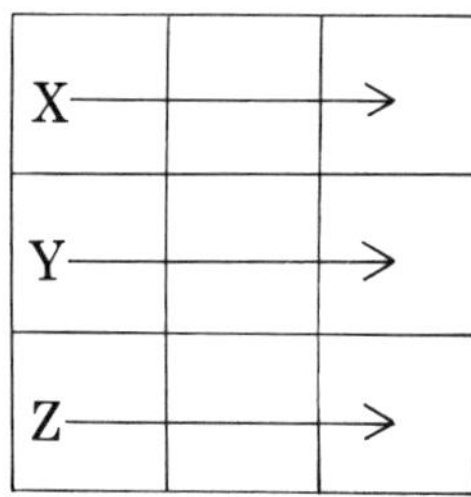

가로줄을 X, Y, Z로 한다.

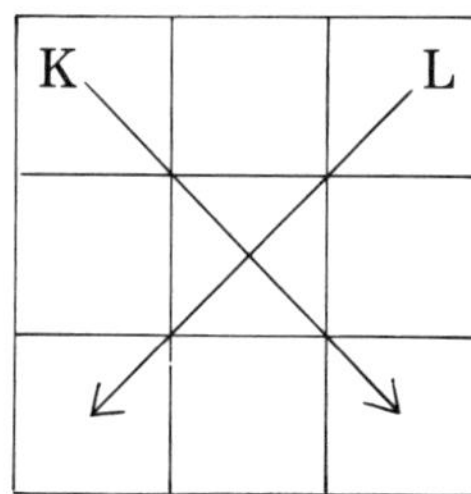

경사줄을 K, L로 한다.

a	b	c
d	e	f
g	h	i

되에 $a{\sim}i$를 넣는다.

1		
	5	
		9

여기에서 a를 1로 하면 i는 9가 되고, c를 2에서 8까지의 어떤 수로 해도 c줄은 15가 되지 않는다. 따라서 a가 1이 될 수 없고, 마찬가지로 c, g, i도 1이 아니다.

다음으로 b를 1로 하면 h는 9가 되고, a는 $6 \cdot 7 \cdot 8$ 중 어느것이 된다.

(1) a가 6인 경우는, 순서대로 $c=8$, $g=2$, $d=7$, $f=3$, $i=4$가 되어서 마법진이 된다.

(2) a가 7이면, $c=7$이 되어 7이 두 번 사용되는 모순이 생긴다.

(3) a가 8이면, $c=6$, $g=4$, $d=3$, $f=7$, $i=2$가 되어서 마법진이 완성된다.

이 두 가지 마법진 (1) (3)은 B줄을 축으로 하여 A줄과 C줄을 교체한 것이므로 본질적으로는 같은 것이며, 또한 $d \cdot h \cdot f$를 1로 할 경우에도 $b=1$의 경우와 같은 논법으로 본질적으로는 (1)과 같다고 할 수 있다.

따라서 가로·세로·경사의 합이 15가 되는 마법진은 본질적으로는 〈1 종류〉임이 증명되었다.

6	1	8
7	5	3
2	9	4

(1)

7	1	7
5	5	5
3	9	3

(2)

8	1	6
3	5	7
4	9	2

(3)

⇦ a를 1로 하면 i는 9가 되고, c에 2에서 9까지의 어떤 숫자를 넣어도 X줄과 C줄은 15가 되지 않는다.

그러면 합이 15가 되지 않는 마법진은 가능할까.

결론부터 말하면 1에서 9까지를 사용한 두량斗量 아홉 가지의 마법진은 합이 15인 경우밖에 성립되지 않는다. 그 증명은 〈합이 15가 아닌 마법진魔法陣을 만들 수 있는가〉에 실어두었으므로 흥미있는 이는 생각해 보기 바란다.

【〈구성九星〉의 이론】

그런데 〈구성九星〉은 낙서洛書에서 힌트를 얻은 것처럼 아홉 가지 수로 이루어져 있었지만, 이것도 당연히 오행五行이 배당되었고 또한 일곱 가지 색이 덧붙여져서 다음과 같이 명명되고 있다.

일백수성一白水星
이흑토성二黑土星
삼벽목성三碧木星
사록목성四綠木星
오황토성五黃土星
육백금성六白金星
칠적금성七赤金星
팔백토성八白土星
구자화성九紫火星

이처럼 구성九星에도 오행의 상의象意가 포함되어 있고, 더 나아가서 〈십간〉〈십이지〉〈팔괘〉와 짜맞추어져 있으므로 조금 복잡하고 신비한 모습을 지니게 되었다.

이것이 중국 점성술의 모태가 되었다. 복잡하게 이루어져 있다는 것은, 예를 들어 구성九星의 〈음양〉을 생각해 보면 곧 알 수 있다. 중국에서는 홀수를 양, 짝수를 음으로 생각하여 일백一白·삼벽三碧·오황五黃·칠적七赤·구자九紫를 양陽으로 하고, 이흑二黑·사록四綠·육백

六白·팔백八白을 음陰이라 하였는데, 색色에 관해서는 백白과 자紫를 양陽, 적赤·흑黑·록綠·황黃을 음陰이라 했다. 그러면 일백수성一白水星은 1이 홀수이니 양陽, 백白도 양이므로 좋지만, 삼벽목성三碧木星이 되면 3이 홀수이니 양陽, 벽碧은 음陰이 되어서 완전히 음양을 알 수 없게 된다. 즉 구성九星의 음양은 결정되어 있지 않다고 할 수 있다.

구성九星의 방위배당은 〈구성九星과 팔괘의 방위배당표〉 그대로이지만, 낙서洛書의 수를 기본으로 했기 때문에 구성九星의 방위는 〈대구리일대구리일戴九履一〉[9가 상上, 1이 하下]이라 하여 남쪽이 상上, 북쪽이 하下로 되어 있다. 보통의 방위와 반대로 되어 있는 점에 주의하기 바란다.

또한 팔괘를 만든 복희는 수에 관해 다음과 같이 정했다.

『천일天一은 물(水)을 낳고, 지륙地六은 물(水)을 이룬다. 지이地二는 불(火)을 낳고, 천칠天七은 불(火)을 이룬다. 천삼天三은 나무(木)를 낳고 지팔地八은 나무(木)를 이룬다. 지사地四는 쇠(金)를 낳고, 천구天九는 쇠(金)를 이룬다. 천오天五는 흙(土)을 낳고 지십地十은 흙(土)을 이룬다.』

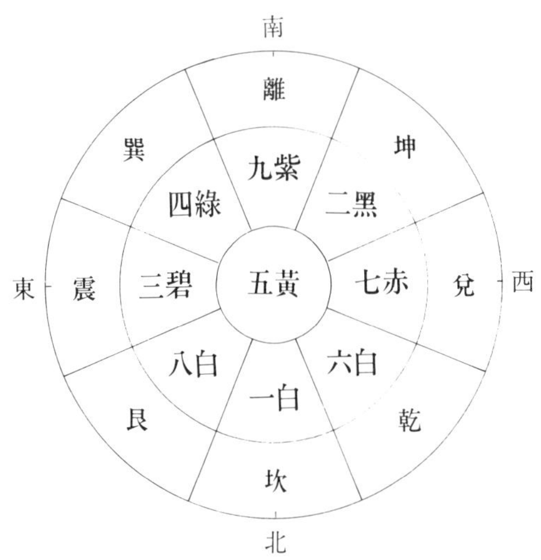

《구성九星과 팔괘八卦의 방위배당표》
북쪽이 아래에 있는 점에 주의.

그러나 이것도 〈오행설〉과 일치되지 않는 점이 나온다.

더구나 팔괘의 경우는 독자를 혼란시키므로 다루지 않았지만, 복희伏義가 팔괘에 배당한 방위에서는 예를 들어 〈간艮〉[동북]이 서북西北으로 되어 있는 점이다. 이것은 〈선천역先天易〉이라 하며 나중에 주周의 문왕文王에 의해 현재와 같이 개정되었는데, 이것이 실제로는 〈구성九星〉의 색배당을 생각하는 데에 필요하다.

이것이 복잡해짐에 따라서 계산을 맞추는 일도 어려워졌는데, 색의 배당은 결국 다음과 같이 정해졌다.

九星	五行	方位	人間	季節	十二支	十干	八卦	色
一白	水	北	中男	冬	子	壬、癸	坎	白
二黑	土	西南	母	晚夏에서 初秋	未、申		坤	黑
三碧	木	東	長男	春	卯	甲、乙	震	碧
四綠	木	東南	長女	晚春에서 初夏	辰、巳		巽	綠
五黃	土	中央		四季의 土用		戊、己		黃
六白	金	西北	父	晚秋에서 初冬	戌、亥		乾	白
七赤	金	西	少女	秋	酉	庚、辛	兌	赤
八白	土	東北	少年	晚冬에서 初春	丑、寅		艮	白
九紫	火	南	中女	夏	午	丙、丁	離	紫

【일백수성一白水星】 일백一白은 그림 1에서 보면 〈감坎〉에 위치하며, 표 2에서 흑黑이 되지만, 〈감坎〉은 그림 3에서는 서西의 방위이며, 서는 표 4에서 백白이 되므로 〈백白〉으로 한다.

【이흑토성二黑土星】 이흑二黑은 그림 1에서 〈곤坤〉에 위치하고, 표 2에서 황黃이 되지만, 〈곤坤〉은 그림 3에서 북北의 방위에 있고 북北은 표 4에서 흑黑이 되므로 〈흑黑〉으로 한다.

【삼벽목성三碧木星】 삼벽三碧은 그림 1에서 〈진震〉에 위치하고, 진震은 표 2에서 청靑으로 되어 있지만, 〈진震〉은 그림 3에서는 방위가 북동

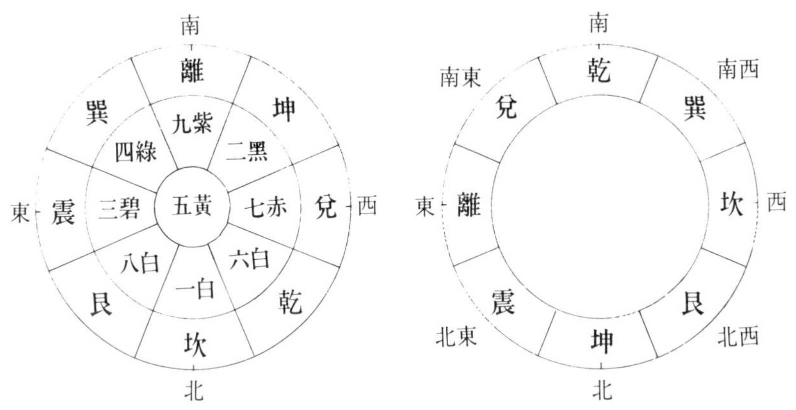

(그림 1) 현재의 팔괘 방위배당도　　(그림 3) 선천역先天易에 의한 방위배당도

(표2)	八卦	乾	兌	離	震	巽	坎	艮	坤
	色	白	白	赤	靑	靑	黑	黃	黃

(표4)	方位	北西	西	東	東	南東	北	北東	南西	中央
	色	白	白	赤	靑	靑	黑	黃	黃	黃

北東으로 되어 있으므로 표 4에서 황黃이 된다. 따라서 청靑과 황黃의 중간에 해당하는 〈벽碧〉으로 한다.

【사록목성四綠木星】 사록四綠은 그림 1에서 〈손巽〉에 위치하고 손巽은 표 2에서 청靑이지만, 〈손巽〉은 그림 3에서 남서南西 방위이므로, 표 4에서 황黃이 된다. 그래서 이것도 청과 황이 혼합한 〈록綠〉으로 한다.

【오황토성五黃土星】 오황五黃은 그림 1에서 중앙에 있기 때문에 표 2·그림 3에는 해당하는 곳이 없다. 표 4에서 〈황黃〉으로 되어 있다.

【육백금성六白金星】 육백六白은 그림 1에서 〈건乾〉에 위치하며, 표 2에서 백白이고 그림 3의 남南에서 표 4의 적赤이 되는데, 이것은 그대로 〈백白〉으로 한다.

【칠적금성七赤金星】 칠적七赤은 그림 1에서 〈태兌〉에 위치하며 표 2에서 백白으로 되고, 더욱이 도표 3, 4에서는 청靑으로 되어야 하므로 앞에서 소개한 복희伏羲의 수에 관한 정의에서 『칠七은 화火를 이룬다』로 되어 있고, 화火는 적赤이므로 〈적赤〉이다.

【합이 15가 아닌 마법진을 만들 수 있는가?】

본문(268쪽) 에 실린 식

$$4\alpha = 45 + 3e$$

를 보면, α는 임의의 줄에서 수數의 합이므로,

$$(1+2+3) \leqq \alpha \leqq (7+8+9)$$

즉 $6 \leqq \alpha \leqq 24$가 된다. 더욱이 α는 3의 배수이므로, α는 6·9·12·15·18·21·24 중 어느것이 되지만, 6·9·21·24는 분명히 모순임을 알 수 있다.

[$\alpha=12$의 경우] $4\alpha=45+3e$이므로 $e=1$이 된다. α를 9로 하면 $i=2$이고 8이 h나 f 중 어느것 속에 들어가지만, 그 어느 경우도 모순이 생긴다. b를 9로 하면 h가 2가 되고, α에 어떠한 수도 들어갈 수 없게 되어서 이것도 모순이 생긴다.

[$\alpha=18$의 경우] $4\alpha=45+3e$이므로 $e=9$가 된다. 이 경우 어느곳에 8을 넣더라도 다음이 이어지지 않는다.

이상의 결과로 보아 $\alpha=15$가 되지 않으면 안 됨을 알 수 있다.

【팔백토성八白土星】팔백八白은 그림 1에서 〈간艮〉에 위치하고, 표 2
에서 황黃이 되지만, 〈간艮〉은 도표 3과 4에서 백白으로 되므로 〈백白〉
으로 한다.

【구자화성九紫火星】구자九紫는 그림 1에서 〈리離〉에 위치하고 표 2
에서 적赤으로 되지만, 〈리離〉는 도표 3, 4에서 청青으로 되므로 적赤과
청青의 혼합색인 〈자紫〉로 되었다.

보는 바와 같이 색의 배당에 있어서 규칙의 침범이 두드러지며, 이것
도 하늘의 뜻이라 하면 그것은 납득할 수 없지만, 확실히 규칙이 수단으
로 쓰이고 있는 느낌을 배제할 수 없음을 느낀 독자들도 많을 것이다.

【〈구성술九星術〉이란 무엇인가】

이 구성九星에 의한 점성술을 〈구성술九星術〉이라 한다. 계속해서 구
성술의 사고방식을 설명하고자 한다.

먼저 구성술九星術에서는 하늘에 구궁九宮이 있다고 생각했다. 그리
고 이 구궁을 여기서 서술한 것처럼 아홉 개의 별이 일정한 순서에 따라

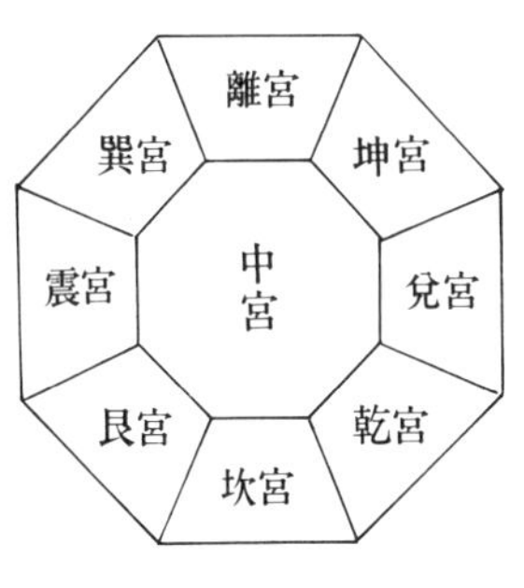

구궁도九宮圖

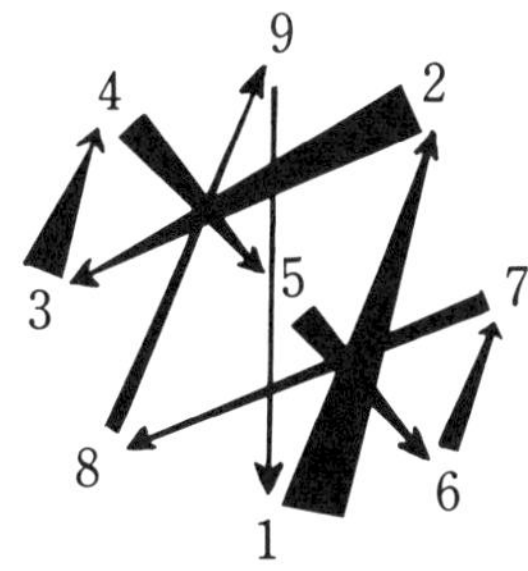

둔갑순서

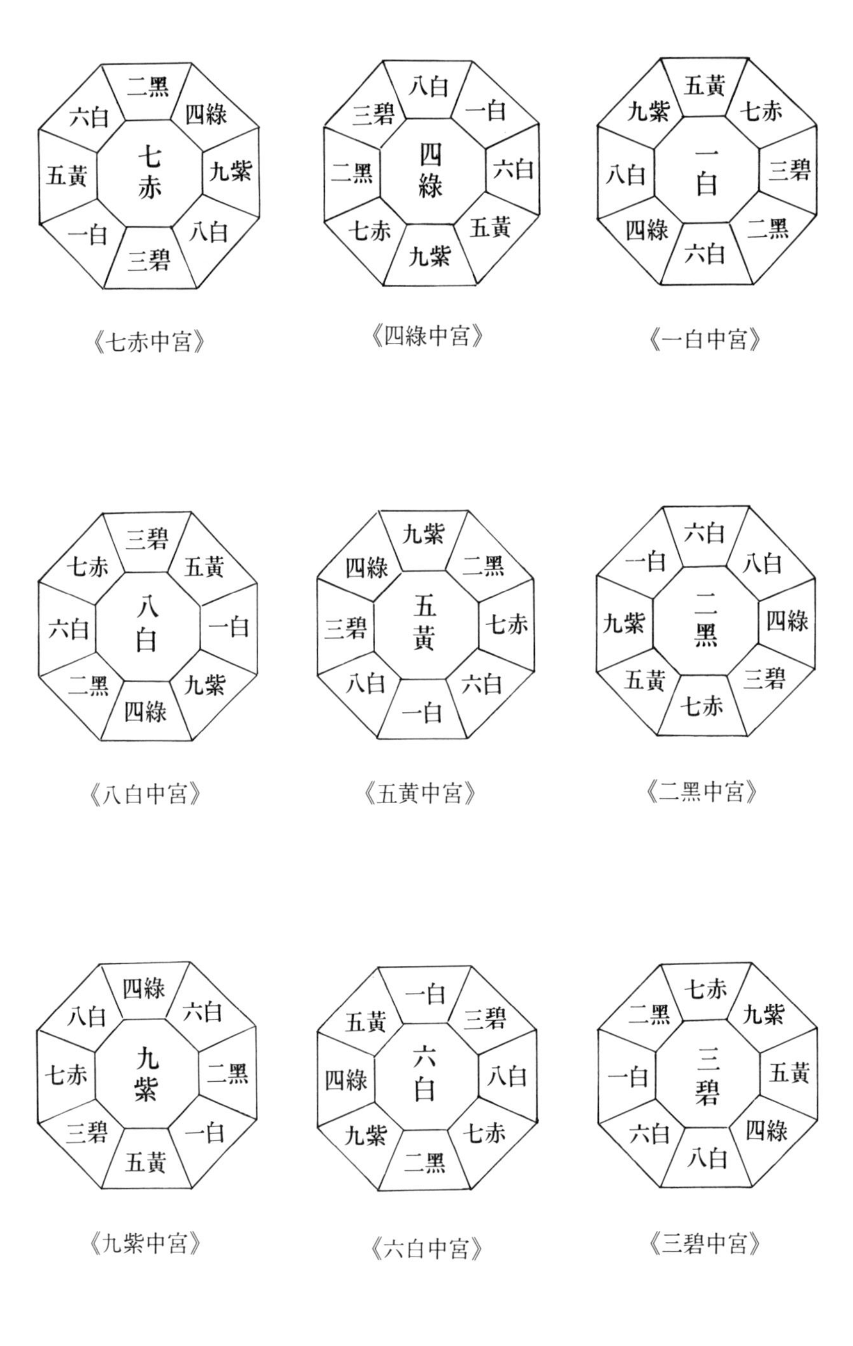
二黑
六白 四綠
五黃 七赤 九紫
一白 八白
三碧
《七赤中宮》

八白
三碧 一白
二黑 四綠 六白
七赤 五黃
九紫
《四綠中宮》

五黃
九紫 七赤
八白 一白 三碧
四綠 二黑
六白
《一白中宮》

三碧
七赤 五黃
六白 八白 一白
二黑 九紫
四綠
《八白中宮》

九紫
四綠 二黑
三碧 五黃 七赤
八白 六白
一白
《五黃中宮》

六白
一白 八白
九紫 二黑 四綠
五黃 三碧
七赤
《二黑中宮》

四綠
八白 六白
七赤 九紫 二黑
三碧 一白
五黃
《九紫中宮》

一白
五黃 三碧
四綠 六白 八白
九紫 七赤
二黑
《六白中宮》

七赤
二黑 九紫
一白 三碧 五黃
六白 四綠
八白
《三碧中宮》

서 〈둔갑遁甲〉하고 있으므로, 태어날 당시의 별이 현재 어떠한 별 주위에 있는가로 점친다.

구성술九星術에서는 낙서洛書에 씌어진 예의 마법진魔法陣의 수를 구궁九宮에 배치하고, 이것을 〈구성九星의 정위定位〉라 했다. 또한 구궁을 일반적으로 이중으로 된 정팔각형으로 나타내고, 구성九星의 팔괘배당과 같은 명칭을 붙였으며, 특히 중앙을 〈중궁中宮〉이라 했다.

역易에서는 세계가 시시각각 변화한다고 하는 사고방식을 지니고 있다. 이 역易의 원리는 구성술九星術에도 받아들여졌고, 간지가 연월일에 의해 바뀌는 것처럼 〈구성九星〉도 연월일에 따라 시시각각 위치를 바꾸고 이동한다고 생각하였다. 이 구성九星의 이동이 조금 전에 말한 〈둔갑遁甲〉이며, 그 순서를 〈둔갑순서遁甲順序〉라 한다.

둔갑遁甲의 순서는, 구성九星과 마찬가지로 그림과 같이 마법진魔法陣 속에서 1에서 9까지 골라내는 것과 같은 순서로 이루어졌다. 더욱이 9까지 오면 다시 1로 되돌아가서 2, 3, 4……로 이동한다.

예를 들어 〈일백수성一白水星〉의 둔갑순서를 추적해 보자.

지금 〈오황중궁五黄中宮〉일 때의 일백수성一白水星을 생각해 보면, 이 별은 둔갑순서에 관한 그림 1의 위치에서 2, 3……으로 이동한다. 일백수성一白水星이 2의 위치에 있는 것은, 구성도九星圖의 〈사록중궁四綠中宮〉이다. 이와 같이 일백수성一白水星은 〈오황중궁五黄中宮〉을 거쳐서 〈사록중궁四綠中宮〉, 계속해서 〈삼벽중궁三碧中宮〉〈이흑중궁二黑中宮〉으로, 〈일백중궁一白中宮〉에서 다시 〈구자중궁九紫中宮〉〈팔백중궁八白中宮〉……의 순서로 움직이고 있다.

둔갑순서는 1, 2, 3, 4……의 순서이지만, 중궁中宮의 별(星) 숫자를 보면 오황五黄・사록四綠・삼벽三碧・이흑二黑・일백一白・구자九紫……의 중궁中宮으로 숫자가 되돌아온다는 점에 주의하기 바란다.

이 이동에 따라서 생겨나는 〈구성도九星圖〉는 옆의 그림과 같이 아홉 가지이다.

【**구성九星의 연월일 배당에 관하여**】

구성九星을 해(年)에 배당하는 데, 중국에서는 수隋의 인수仁壽 4년 (604년)을 기점으로 하였다. 그 영향으로 일본에서는 스이코 천황 12년 갑자년甲子年을 〈일백一白〉으로 정하게 되었다. 그 이후 1년씩 둔갑순서에 따라서 구자九紫·팔백八白·칠적七赤……으로 움직이게 되었는데, 실제로 구성술九星術에서는 여기에 〈십간〉과 〈십이지〉를 짜맞추려고 하는 조작이 있었다.

따라서 〈구성九星〉과 〈십간십이지〉와의 조합은 9와 10과 12의 최소공배수인 180년 후에 다시 같은 〈간지구성년干支九星年〉이 되돌아오는 것이 된다. 가장 최근의 것으로는 1864년의 원치元治 원년元年이 〈갑자일백수성甲子一白水星〉년이다. 1982년은 〈임술구자화성壬戌九紫火星〉년이다.

다음으로 구성九星을 〈월月〉에 배당하는데, 자년子年의 구력舊曆 일월인월一月寅月(현재의 2월)을 〈팔백八白〉으로 정하였다. 이것도 둔갑의 순서대로 팔백八白·칠적七赤·육백六白……으로 이동하게 된다.

그런데 구성九星을 〈날日〉에 배당하는 기점으로는『동지에 가까운 갑자일甲子日』이 〈일백一白〉으로 정해져 있다. 그렇지만 이『동지에 가깝다』고 하는 정의가 실제로는 애매하며, 동지 전인지 후인지가 명확하게 되어 있지 않기 때문에 유파에 따라 달라진 것 같다.

그것은 어찌되었건 〈날〉(日) 배당에 관해서는 처음의 둔갑순서와 반대로 되어 있는 점이 특징이다. 일백一白의 다음날은 이흑二黑, 다음날은 삼벽三碧……으로 이동한다.

처음에 말한 것은 도중에 다시 반대로 되었기 때문에『하지에 가까운 갑자일甲子日』을 〈구자九紫〉로 하고, 다음날은 팔백八白, 그 다음날은 칠적七赤……과 같은 식으로, 후반은 또다시 둔갑순서로 되돌아와서 움직이는 것으로 결정되었다.

구성술九星術에서는 〈중궁中宮〉의 별이 운명의 별로 되어 있고, 이 별이 시간·공간을 포함하며 천지만물을 지배한다는 것이다. 운명의 별로 상의象意되어 있는 것이 신의 뜻이며, 그것이 이 세상의 모든 것을 결정한다고 하는 사고방식이라 할 수 있다.

따라서 그 사람이 태어난 해에 어떠한 별이 중궁中宮에 있었는가에 의해, 그 사람의 일생이 운명지어지는 셈이다. 이 태어난 해의 중궁中宮의 별이 〈본명성本命星〉[생략해서 〈본명本命〉]으로 이른바 『난 해에 해당되는 별』이 되는 셈이다.

이와 같이 구성九星은 둔갑을 하고, 연월일에 따라서 이동하고 있으므로 그 해(年)·달(月)·날(日)에 따라 중궁中宮의 별도 바뀌며, 그때그때의 뜻도 갖가지로 변화한다. 본명성本命星은 태어난 순간의 별이므로 일생 변하지 않지만, 구성九星의 움직임에 따라서 주위 상황이 시시각각으로 변화해간다.

이 본명성本命星과 현재 중궁中宮의 별에 의해 상의관계象意關係가 다양한 의미를 지니고, 해석을 해서 길흉을 판단하는 것이 〈구성술九星術〉의 구조라 말할 수 있다.

【연월일의 구성九星 계산】

연월일의 구성九星을 계산으로 구하는 방법은 다음과 같다.

여기서도 이미 친숙해져 있는 합동식 $y \equiv x (mod\ k)$를 사용하고 있지만, 여기서는 나머지가 0이 될 경우 그 나머지는 9로 생각한다.

서력 y년의 〈구성九星〉을 U라 하면 다음의 합동식이 성립된다.

$$U \equiv (y+7)(mod\ 9),\ 1 \leq U \leq 9$$

U를 계산하여 도표에서 U에 대응하는 구성九星을 구하면 답이 된다. 예를 들어 1982년의 구성九星은,

$$U \equiv -(1982+7) = -1989$$
$$-1989 \div 9 = -221 \cdots\cdots\ 나머지\ 0,\ 또는\ -(1982+7) \equiv 0(mod\ 9)$$

나머지 0은 9로 간주되므로 다음의 도표에 의하면 1982년의 구성九星

은 〈구자九紫〉가 된다.

U (W)	1	2	3	4	5	6	7	8	9
九星	一白	二黑	三碧	四綠	五黃	六白	七赤	八白	九紫

마찬가지로 〈달〉의 구성九星을 구하는 데에는 서력 y년 m월의 구성九星을 W라 하면,

$$W \equiv -(3y+m+5)(mod\ 9),\ 1 \leqq W \leqq 9$$

가 성립되므로 예를 들어 1982년 7월의 구성九星은

$$-(3 \times 1982+7+5) = -5958 \equiv 9(mod\ 9)$$

가 되어 도표로 보아서 〈구자九紫〉가 된다.

〈날〉에 관해서는 정의가 확실치 않으므로 숫자의 범위에 넣지 않는다.

【〈암검살暗劍殺〉에 관하여】

구성술九星術에 의하지 않은 점성술에는 다양한 해석이 있는데, 구성술九星術에서도 흉방위凶方位로서 〈암검살暗劍殺〉이라든가 〈오황살五黃殺〉이라는 것이 있다.

〈암검살暗劍殺〉이란 암흑에서 칼이 갑자기 튀어나오는 듯한 방위라는 말로서, 그 방위를 범하면 우발적으로 또는 타발적으로 급속하게 상해傷害가 발생하여 목적을 달성하지 못하고 나쁜 결과가 일어난다고 하는 것이다.

암검살에는 〈방위方位〉와 〈시기時期〉가 있다.

간단하게 말하면 암검살의 방위란, 앞의 〈구성도九星圖〉의 각각에 있어서, 오황토성五黃土星과 반대쪽의 방위를 말한다.

아래의 도표 〈암검살 방위와 시기의 대응표〉는 암검살暗劍殺의 방위 목록이지만, 이 목록이 없더라도 구성정위도九星定位圖를 생각하면 된다. 구성九星 X년의 암검살暗劍殺은 정위도定位圖에서 X가 있는 방위가 된다. 예를 들어 일백수성년一白水星年의 암검살은 북北이 된다. 또한 오황중궁년五黃中宮年에는 암검살이 없다.

그 다음에 암검살暗劍殺의 시기라는 것은 본명성本命星, 즉 태어난 해의 구성九星이 오황토성五黃土星의 반대쪽, 180°의 방향에 있는 시기를

暗劍殺의 年	本命星
三碧	一白水星
八白	二黑土星
四綠	三碧木星
九紫	四綠木星
없다	五黃土星
一白	六白金星
六白	七赤金星
二黑	八白土星
七赤	九紫火星

暗劍殺의 方位	時期(年)
北	一白
西南	二黑
東	三碧
東南	四綠
없다	五黃
西北	六白
西	七赤
東北	八白
南	九紫

본명성本命星과 암검살년暗劍殺年의 대응표　　암검살 방위와 시기의 대응표

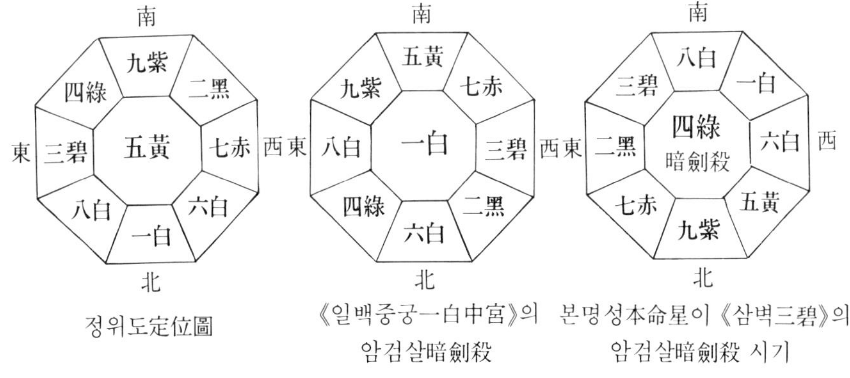

정위도定位圖　　　《일백중궁一白中宮》의 암검살暗劍殺　　　본명성本命星이 《삼벽三碧》의 암검살暗劍殺 시기

말한다.

　예를 들어 본명성本命星이 〈삼벽三碧〉인 사람의 암검살 시기를 조사
해 보면, 구성도九星圖 속에서 〈삼벽三碧〉이 오황五黃의 반대에 있는 것
은 〈사록중궁四綠中宮〉의 시기뿐이다. 이 시기를 암검살이라 부르고 있
다. 본명성本命星이 〈오황토성五黃土星〉의 경우에는 암검살의 시기가
없으므로 이 본명성의 사람은 강하다고 일컬어지고 있다.

【〈오황살五黃殺〉에 관하여 】

　구성술九星術에서 〈오황살五黃殺〉이라는 것은 오황토성五黃土星이
있는 방위를 말하고, 그 방위를 범하면 오황토성의 악화작용惡化作用을
받아서 만성적으로 또는 자발적으로 완만한 상해傷害를 일으키고 목적
을 달성할 수 없으며, 나쁜 결과로 끝난다고 하는 것이다.

　이 오황살五黃殺에도 〈방위〉와 〈시기〉가 있다. 〈오황살五黃殺〉의 방
위란, 구성도九星圖에서 〈오황토성五黃土星〉이 위치해 있는 방향이다.

　그 구성九星 각각의 오황살 방위는 옆의 표〈오황살의 방위와 시기 대
응표〉 그대로이지만, 표에 의하지 않고도 〈오황살〉은 암검살의 반대 방

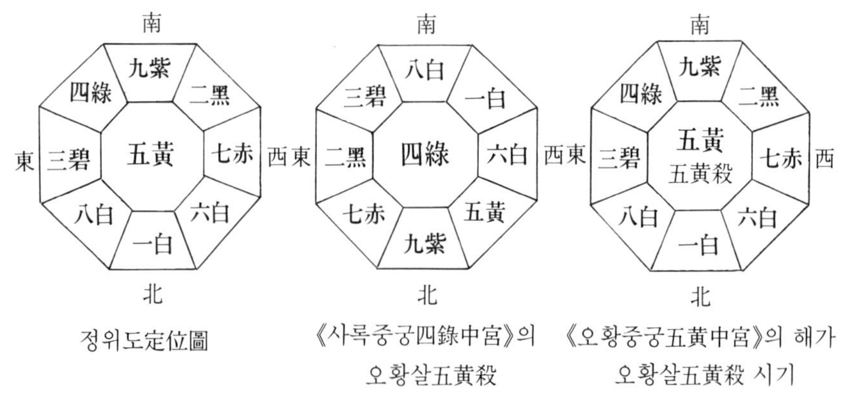

정위도定位圖　　　《사록중궁四錄中宮》의　　　《오황중궁五黃中宮》의 해가
　　　　　　　　　오황살五黃殺　　　　　　오황살五黃殺 시기

향이므로, 구성九星 X년의 오황살은 구성정위도九星定位圖에서 X가 위치하는 방위와 180° 반대 방향이라 말할 수 있다.

예를 들어 〈사록四綠〉년의 오황살은 정위도定位圖에서 X가 위치하는 방위와 반대의 〈서북西北〉이 된다.

오황살의 시기란, 오황중궁五黃中宮의 해(年)이다.

【 〈상성相性이 좋다〉라는 것은 어떤 의미인가 】

종종 『상성相性이 좋다』라고 말하는데, 이것은 태어난 연월일을 〈오행五行〉과 〈간지干支〉〈구성九星〉 등으로 배당해서 인연이 있는 것과, 태어나면서 지니고 있는 성질이 일치하는 것 등을 말하는 듯하다. 그러나 본서本書에서 『상성相性이 좋다』라는 말은 『오행상생五行相生의 관계에 있다』는 것에 지나지 않는다는 점을 분명히 해두고 싶다.

오행상생五行相生이란 오행五行이 〈목화토금수〉의 순서관계에 있는 것이다. 〈목화木火〉〈화토火土〉〈토금土金〉〈금수金水〉〈수목水木〉이 서로 상생관계에 있다. 제8장 〈오행의 상생과 상극이란〉을 한 번 더 보기 바란다.

五黃殺의 方位	時期(年)
南	一白
東北	二黑
西	三碧
西北	四綠
없다	五黃
東南	六白
東	七赤
西南	八白
北	九紫

오황살五黃殺의 방위와 시기대응표

오행상생 이외에 〈오행비화五行比和〉라는 것을 덧붙이고자 한다. 그것은 같은 오행끼리라는 말이며, 예를 들어 〈목목木木〉이라든가 〈금금金金〉과 같은 관계이다. 이것은 『상성이 좋다고는 말할 수 없다.』 요컨대 『상생관계에 있다고도 아니라고도 말할 수 없다』는 것이 된다.

또 한 가지 〈오행상극〉은 『상성이 나쁘다』로 되어 있지만, 오행상극이란 『오행상생도 오행비화도 아닌 관계』라 해야 좋을 것이다.

단 이것이 점성술에 사용되면, 각각의 해석과 다른 이론을 개입시켜서 일종의 소피스티케이션sophistication(궤변)이 행해진다.

어찌되었든 구성九星에 의한 상성相性은 본명성本命星 X와 본명성 Y가 〈상생관계〉에 있는지 아닌지로 정한다. 예를 들어 〈이흑토성二黑土星〉의 사람과 〈구자화성九紫火星〉의 사람은 화火와 토土가 상생관계에 있으므로 『상성이 좋다』가 된다. 또한 〈이흑토성〉의 사람과 〈사록목성四綠木星〉의 사람은 토土와 목木이 상극이므로 『상성이 나쁘다』가 된다. 〈이흑토성〉의 사람끼리인 경우는 비화관계比和關係이므로 『상성이 좋다고는 말할 수 없다』가 된다.

【구성九星의 〈상성相性〉을 계산한다】

구성九星의 상성을 계산하는 데는, 이것도 앞에서 설명한 가우스 기호 $[x]$를 사용했다. 이 기호는 x를 초월하지 않는 최대의 정수整數를 나타내므로, 예를 들어 $[3]=3$, $[2.3]=2$, $[0.8]=0$이 된다.

(1) 〈일백수성一白水星〉과 상성相性이 좋은 구성九星을 A로 하면, 다음 식式이 성립된다.

$$\left[\frac{A+2}{5}\right]=1,\ A \neq 5$$

A＝1로 하면 $[(1+2)\div5]=[0.6]=0$이므로 성립되지 않는다.
A＝2로 하면 $[(2+2)\div5]=[0.8]=0$이므로 성립되지 않는다.
A＝3으로 하면 $[5\div5]=[1]=1$로 성립된다.

A=4에서는 [6÷5]=[1.2]=1이므로 성립된다.

A=5는 조건에서 A≠5라 했으므로 생각할 필요도 없다.

A=6의 경우는 [8÷5]=[1.6]=1로 성립된다.

A=7의 경우는 [9÷5]=[1.8]=1이므로 성립된다.

A=8의 경우 [10÷5]=[2]=2가 되므로 성립하지 않는다.

A=9의 경우 [11÷5]=[2.2]=2로 성립되지 않는다.

이와 같은 이유로 최초의 식식을 만족시켜 주는 것은 A가 3·4·6·7의 경우가 되며, 일백수성一白水星과 상성相性이 좋은 것은 〈삼벽목성三碧木星〉〈사록목성四綠木星〉〈육백금성六白金星〉〈칠적금성七赤金星〉임을 알 수 있다.

또한 약간 복잡하지만 A≠5라는 조건을 떼어버리고, 말쑥한 형태의 수식數式이 생길 수도 있으므로 여기에 소개하고자 한다. 〈일백수성一白水星〉과 상성이 좋은 구성九星을 A로 하면, 다음의 수식數式이 된다.

$$\frac{\left[\dfrac{A+2}{5}\right]}{-\left[\left[\dfrac{A}{5}\right]-\dfrac{A}{5}\right]}=1$$

계산해 보면 아는 바와 같이, A가 5일 때 이외는 분모가 ＋1이 되어 앞페이지의 식식과 같아진다. 그렇지만 A=5의 경우는 주어진 방정식의 분모가 0이 되어 버리므로 〈$\frac{0}{0}$에 관하여〉에서와 같이 방정식은 성립되지 않는다. 즉 앞의 조건과 같아진다.

여담이지만 〈$\frac{0}{0}$〉이라는 수치가 무엇인가 생각해 보기 바란다.

(2) 〈이흑토성二黑土星〉과 상성相性이 좋은 구성九星을 B로 하면, 다음의 수식數式을 만족시킬 B를 구하면 답이 된다.

$$\left[\frac{B-2}{4}\right]=1,\ B≠8 \ \text{또는} \ \frac{\left[\dfrac{B-2}{4}\right]}{-\left[\left[\dfrac{B}{8}\right]-\dfrac{B}{8}\right]}=1$$

앞과 같은 식으로 풀어서 답만 표시하면, 이흑토성二黑土星과 상성이 좋은 구성九星은 〈육백금성六白金星〉〈칠적금성七赤金星〉〈구자화성九紫火星〉이 된다.

(3) 〈삼벽목성三碧木星〉과 상성相性이 좋은 구성九星을 C라 하면,

$$\left[\left[\frac{C+7}{8}\right]-\frac{C+7}{8}+1\right]=1$$

을 만족시키는 C가 상성이 좋은 구성九星이 된다. 결론부터 말하면 C가 1과 9일 때 성립되지만, 그 이외에는 성립되지 않는다. 따라서 상성相性이 좋은 것은 〈일백수성一白水星〉과 〈구자화성九紫火星〉이다.

(4) 〈사록목성四綠木星〉과 상성相性이 좋은 구성九星 D는,

$$\left[\left[\frac{D+7}{8}\right]-\frac{D+7}{8}+1\right]=1$$

을 만족시키는 D이므로 상성이 좋은 것은 〈일백수성一白水星〉과 〈구자화성九紫火星〉이다.

(5) 〈오황토성五黃土星〉과 상성相性이 좋은 구성九星은 다음 식을 만족시키는 E이다.

$$\left[\frac{E-2}{4}\right]=1, \ E\neq8$$

따라서 상성이 좋은 것은 〈육백금성六白金星〉과 〈칠적금성七赤金星〉〈구자화성九紫火星〉이 된다.

(6) 〈육백금성六白金星〉과 상성相性이 좋은 구성九星을 F라 하면, 다음의 수식을 만족시키는 F를 구한 답으로

$$(F-1)\left[\left[\frac{F+1}{3}\right]-\frac{F+1}{3}+1\right]-F+2=1$$

약간 까다롭지만, 덧셈과 뺄셈뿐인 계산이므로 풀어보기 바란다. 결론부터 말하면 F가 1·2·5·8일 때 위의 식이 성립함을 알 수 있다. 따라

서 상성相性이 좋은 구성九星은 〈일백수성一白水星〉〈이흑토성二黑土星〉〈오황토성五黃土星〉〈팔백토성八白土星〉이 된다.

(7) 〈칠적금성七赤金星〉과 상성相性이 좋은 구성九星을 G라 하면, 다음 식을 만족시켜 주는 G가 답이다.

$$(G-1)\left[\left[\frac{G+1}{3}\right]-\frac{G+1}{3}+1\right]-G+2=1$$

즉, 상성相性이 좋은 구성九星은 〈일백수성一白水星〉〈이흑토성二黑土星〉〈오황토성五黃土星〉〈팔백토성八白土星〉이 된다.

(8) 〈팔백토성八白土星〉과 상성相性이 좋은 것은,

$$\left[\frac{H-2}{4}\right]=1,\ H \fallingdotseq 8$$

을 만족시키는 H이므로, 〈육백금성六白金星〉〈칠적금성七赤金星〉〈구

【$\frac{0}{0}$에 관하여】

$\frac{0}{0}$의 답으로 다음 네 가지 해답 중 어떤 것이 정답인가 생각해 보자.

(1) 0과 0을 약분하여 답은 1이다.

(2) $\frac{0}{0}=x$로 두면 분모를 버리고 $0=0x$가 되므로 답은 임의의 수이다.

(3) 분자에 0이 있으므로 답은 0.

(4) 분모가 0이므로 답은 무한대.

그런데 실은 이 네 가지 답에 관해서는 그 어느것도 해답이라 할 수 없다. 분모가 0인 수는 숫자적인 존재로 인정되지 않는다. 그러므로 아는 바와 같이, 어떤 수를 0으로 나누는 것은 수학의 연산演算에서 금지되어 있다. 따라서 분모가 0인 분수는 의미가 없다.

앞의 285쪽 방정식에도 좌변의 분모가 0이 되면 의미를 잃어버리기 때문에 A=5일 때는 이 방정식은 성립되지 않음을 알게 된다.

자화성九紫火星〉이 상성이 좋은 것이 된다.

(9) 〈구자화성九紫火星〉과 상성相性이 좋은 것은,

$$(I-8)\left[\frac{I+2}{4}\right]-I+9=1$$

을 만족시키는 I이다. 따라서 〈이흑토성二黑土星〉〈삼벽목성三碧木星〉
〈사록목성四綠木星〉〈오황토성五黃土星〉〈팔백토성八白土星〉이 상성이
좋은 구성九星이 된다.

계속해서 구성九星에 의한 상성相性 가운데 〈암검살暗劍殺〉의 생각을
넣어서 〈암검살暗劍殺에 의한 상성相性〉을 조사해 보자.

이것은 〈본명성本命星〉이 중궁中宮에 위치하는 구성도九星圖[앞의
〈구성도九星圖〉 참조]로서 암검살의 방위에 있는 구성九星을 〈암검살의
성星〉으로 하고, 〈상성이 나쁜 성星〉으로 한 것이다. 예를 들어 〈이흑토
성二黑土星〉의 해에 태어난 사람은 이흑중궁二黑中宮의 구성도九星圖에
서 암검살의 위치가 〈팔백八白〉 방향이므로, 암검살의 성星은 〈팔백금성
八白金星〉이 되는 셈이다.

본명성本命星과 암검살暗劍殺에 의한 〈상성相性이 나쁜〉 구성九星의
대응표는, 옆의 도표와 같이 나타낼 수 있다. 그러나 그렇게 하더라도
〈암검살暗劍殺〉과 〈오황살五黃殺〉 모두 성星의 위치관계를 나타내는 말
로는 정말이지 뒤숭숭하고 어수선한 것이라고밖에 말할 수 없다.

【 십이지에 의한 상성相性 】

〈십이지〉에 의한 상성相性도 지금의 구성술九星術의 상성과 같이 오
행五行의 상생相生·비화比和·상극相剋으로 판단된다.

예를 들어 〈자子〉의 해에 태어난 사람과 〈신申〉의 해에 태어난 사람은
자子가 오행의 수水, 신申이 금金이므로 상생관계에 있기 때문에『상성
相性이 좋다』고 말하며, 〈자子〉년생과 〈축丑〉년생 사람은 수水와 토土
로 상생관계가 없고, 〈토극수土剋水〉라는 상극관계이므로『상성相性이

나쁘다』고 되어 있다.

이 〈십이지〉의 상성相性을 계산하려면, 역시 가우스 기호 $[x]$와, 합동
식 $y \equiv x(mod\ k)$를 사용하는데, 그 답은 아래의 십이지와 수의 대응표를
보면 된다.

數	1	2	3	4	5	6	7	8	9	10	11	12
十二支	子	丑	寅	卯	辰	巳	午	未	申	酉	戌	亥

(1) 〈자子〉년생과 상성相性이 좋은 십이지를 a로 하고, 다음의 식을
만족시켜 주는 a를 구하면 답이 된다.

$$\left[\frac{a-1}{2}\right] \equiv 1(mod\ 3)$$

위의 식식 a에 1부터 순서대로 12까지의 수를 넣어보면, a가 1 · 2 ·
5 · 6 · 7 · 8 · 11 · 12의 경우는 성립하지 않음을 알 수 있다. 위의 식식이
성립하는 것은 a가 3 · 4 · 9 · 10일 때이다.

따라서 〈자년子年〉생과 상성相性이 좋은
십이지는 〈인寅〉〈묘卯〉〈신申〉〈유酉〉가
된다.

(2) 〈축丑〉년생과 상성相性이 좋은 것은
다음 식을 만족시켜 주는 b이다.

$$\left[\frac{b-1}{5}\right] = 1,\ b \neq 8$$

위의 식이 성립하는 것은 b가 6 · 7 · 9 ·
10의 경우이므로, 위의 표에서 상성이 좋
은 십이지는 〈사巳〉〈오午〉〈신申〉〈유酉〉가
된다.

暗劍殺에 의한 相生이 나쁜 星	本命星
六白	一白
八白	二黑
一白	三碧
三碧	四綠
없다	五黃
七赤	六白
九紫	七赤
二黑	八白
四綠	九紫

(3) 〈인寅〉년생과 상성이 좋은 것은 다음의 식을 만족시켜 주는 c이다.

$$\left[\frac{c-4}{2}\right] \equiv 1(mod\ 3)$$

식이 성립하는 것은 c가 $1 \cdot 6 \cdot 7 \cdot 12$의 경우이므로, 상성이 좋은 것은 〈자子〉〈사巳〉〈오午〉〈해亥〉가 된다.

(4) 〈묘卯〉년생과 상성이 좋은 것은 다음의 식을 만족시켜 주는 d이다.

$$\left[\frac{d-4}{2}\right] \equiv 1(mod\ 3)$$

상성이 좋은 십이지는 〈자子〉〈사巳〉〈오午〉〈해亥〉가 된다.

(5) 〈진辰〉년생과 상성이 좋은 것은 다음 식을 만족시켜 주는 e이다.

$$\left[\frac{e-1}{5}\right] = 1,\ e \neq 8$$

상성이 좋은 십이지는 〈사巳〉〈오午〉〈신申〉〈유酉〉년생이다.

(6) 〈사巳〉년생과 상성이 좋은 십이지를 f라 하면, 복잡한 식이지만 다음의 식을 만족시켜 주는 f가 답이 된다.

$$\left[\left[\frac{f+1}{3}\right] - \frac{f+1}{3} + 1\right] + \left[\left[\frac{\left[\frac{f-1}{2}\right]+5}{6}\right] - \frac{\left[\frac{f-1}{2}\right]+5}{6} + 1\right] = 1$$

f에 1부터 12까지의 수를 넣어보면, f가 $2 \cdot 3 \cdot 4 \cdot 5 \cdot 8 \cdot 11$일 때 성립한다. 꼭 계산에 도전해 보기 바란다.

〈사巳〉년생과 상성이 좋은 것은 〈축丑〉〈인寅〉〈묘卯〉〈진辰〉〈미未〉〈술戌〉이 된다.

(7) 〈오午〉년생과 상성이 좋은 g를 구하는 법은, 앞의 사년생巳年生의 상성을 구하는 법과 같은 식이다. 앞의 식 f를 g로 바꾸는 것은 당연하지만, 상성이 좋은 십이지도 마찬가지로 〈축丑〉〈인寅〉〈묘卯〉〈진辰〉

〈미未〉〈술戌〉이 된다.

(8) 〈미未〉년생과 상성이 좋은 것은 다음 식을 만족시켜 주는 h이다.

$$\left[\frac{h-1}{5}\right]=1,\ h \neq 8$$

〈미未〉년생과 상성이 좋은 것은 〈사巳〉〈오午〉〈신申〉〈유酉〉가 된다.

(9) 〈신申〉년생과 상성이 좋은 것은, 이것도 까다로운 느낌이 들지만 다음 식을 만족시켜 주는 i이다.

$$\left[\left[\frac{i+1}{3}\right]-\frac{i+1}{3}+1\right]+\left[\left[\frac{i+10}{11}\right]-\frac{i+10}{11}+1\right]=1$$

i가 1·2·5·8·11·12일 때 성립하므로, 〈신申〉년생과의 상성은 〈자子〉〈축丑〉〈진辰〉〈미未〉〈술戌〉〈해亥〉년생이 된다.

(10) 〈유酉〉년생의 상성 j를 구하는 법은 (9)의 신년생申年生의 경우와 같은 식식으로, i를 j로 바꾼 수식을 만족시켜 주는 j를 구한다. 상성이 좋은 십이지는 〈자子〉〈축丑〉〈진辰〉〈미未〉〈술戌〉〈해亥〉이다.

(11) 〈술戌〉년생과 상성이 좋은 것은

$$\left[\frac{k-1}{5}\right]=1,\ k \neq 8$$

을 만족시켜 주는 k로, 상성이 좋은 것은 〈사巳〉〈오午〉〈신申〉〈유酉〉가 된다.

(12) 〈해亥〉년생과의 상성이 좋은 십이지는

$$\left[\frac{l-1}{2}\right]=l(mod\ 3)$$

을 만족시켜 주는 l로, 상성이 좋은 것은 〈인寅〉〈묘卯〉〈신申〉〈유酉〉가 된다.

제13장

호로스코프의 과학

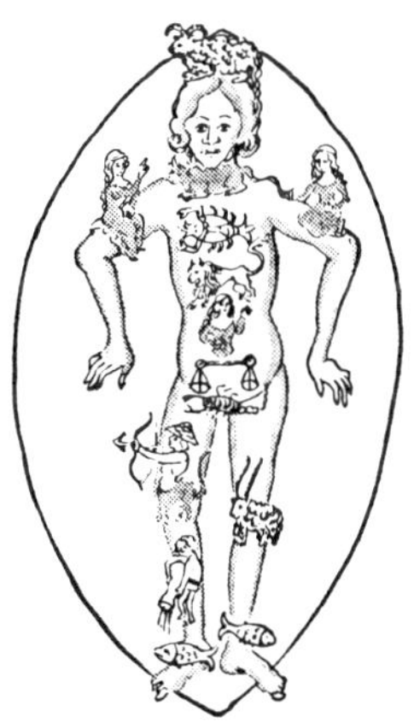

【 〈게자리생〉이란 무슨 말인가 】

　앞에서 칼데아인들이 유목민이었다는 것은 서술하였지만, 다시 한 번 더 그들의 세계로 되돌아가 보도록 하자. 그들은 밤하늘에서 내려올 것 같은 별을 바라보며 〈일곱 개의 혹성〉 속에서 신의 모습을 인정하게 되었다. 그래서 하늘 가득히 빛나는 별의 거리는 서로 같더라도 계절과 함께 위치를 바꾸는가, 달이 어느 별 사이를 통과하는가를 알고 있었다.

　그러나 태양이 지나가는 길은 도대체 어떻게 되어 있는지 알 수 없었다. 왜냐하면 낮 동안은 별을 볼 수 없었기 때문이다. 태양은 단지 빛과 열을 방사하면서 오만하게 하늘에 떠있었는데, 계절을 알고 시간을 측정하는 데는 아무래도 태양과 달의 위치를 알 필요가 있었다.

　그래서 칼데아인들은 황도黃道[겉보기에는 위(上), 태양이 하늘을 움직이는 궤도] 부근의 별무리를 12로 나누어서 각각에 이름을 붙였다.

　유목민에게 있어서 양의 무리를 좇아 이동하는 가장 중요한 시기는

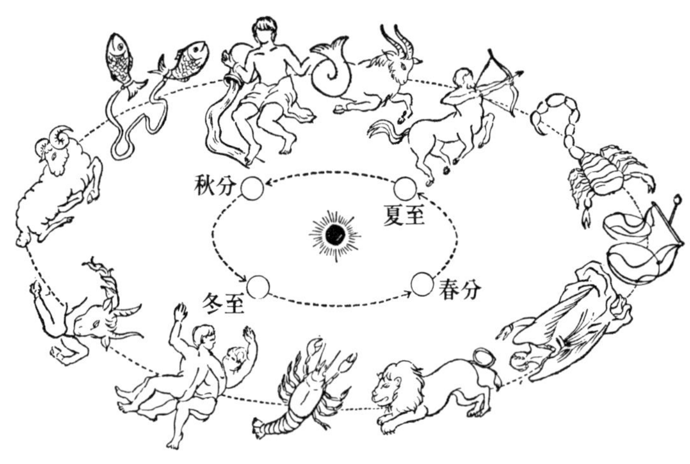

《황도십이성좌》

〈춘분〉이다. 그 춘분을 1년의 시작으로 생각하여 그 시기의 별자리를
〈양자리〉라 하고, 이하 순서에 따라서 〈황소자리〉……〈물고기자리〉와
같이 정하였다. 이것이 〈황도십이성좌黃道十二星座〉이다. 이 12성좌 속
을 태양은 춘분점에서 1개월에 거의 한 개의 별자리씩 이동하며 1년이
지나면 또다시 본래의 별자리로 되돌아온다.

태양과 달과 다섯 개의 혹성이 어느 별자리인가. 그것으로 인간의 운
명을 결정하려고 하는 〈점성술占星術〉이 발전하는 데는, 이와 같은 별자
리가 반드시 빠져서는 안 될 도구였다.

이와 같이 별자리라고 하는 것은, 유목민들이 그리스 신화를 모태로
신과 짐승의 모습을 공상하면서 끝없는 꿈과 낭만을 담아서 이름 붙였다
고 하지만, 각각의 별자리는 크기나 간격도 뿔뿔이 흩어져 있다.

그리고 기원전 150년 무렵 그리스의 천문학자 힙파르쿠스가 춘분점
[지구의 적도와 황도가 교차하는 점]을 기점으로, 황도상黃道上을 12등
분하여 목양궁牡羊宮 이하의 이름을 적용시켰다. 이것이 〈황도십이궁〉
이다. 짐승의 이름이 많은 점 때문에 〈수대십이궁獸帶十二宮〉으로도 불
리고 있다. 또한 이것은 나중에 중국에서 〈백양궁白羊宮〉〈금우궁金牛

《기원 50년경의 황도십이
궁과 12성좌의 관계》
양자리의 시작이 춘분점과
일치하고 있다. 안쪽 원이 별자리
로 1년간 50.26초씩 회전하고 있다.

宮〉……〈쌍어궁雙魚宮〉이라 불렀으며, 일본에서도 이 이름이 사용되었다.

어찌되었든 〈황도십이성좌黃道十二星座〉와 〈황도십이궁黃道十二宮〉은 다른 것이라고 생각하는 쪽이 좋다. 12성좌는 구분이 갖추어져 있지 않지만, 12궁은 황도를 12등분하여 하나가 30°씩으로 일정하기 때문이다.

그런데 힙파르쿠스가 황도십이궁을 정했을 때에는, 분명히 춘분점이 양자리에 있었고, 별자리의 양자리와 12궁의 목양궁牡羊宮(백양궁白羊宮)은 일치해 있었다.

그렇지만 지구는 〈세차운동歲差運動〉이라 하여 팽이가 도는 듯한 운동과 같은 움직임을 하고 있기 때문에, 춘분점이 1년 동안에 50.26초씩 서쪽으로 움직이고 있다. 해가 거듭됨에 따라서 춘분점은 이동하여 2200년이나 지난 현재는 30°나 어긋나 있어서 춘분점이 별자리로 말하면 물고기자리(魚座)에 들어가 있다. 이와 같이 12성좌와 12궁은 현재는 이미 별자리 하나가 어긋나 있다.

조금 수학적으로 말하여 연간 50.26초(0.01396도)씩 어긋나 있으면, 약 2200년간 대략 한 별자리씩 어긋나서 약 25800년 주기로 춘분점이 다시 양자리의 시작과 일치하게 된다.

기 호	황도십이궁	황도십이성좌
♈	白羊宮 백양궁 Aries	牡羊座 양자리
♉	金牛宮 금우궁 Taurus	牡牛座 황소자리
♊	雙兒宮 쌍아궁 Gemini	雙子座 쌍둥이자리
♋	巨蟹宮 거해궁 Cancer	蟹 座 게자리
♌	獅子宮 사자궁 Leo	獅子座 사자자리
♍	處女宮 처녀궁 Virgo	乙女座 처녀자리
♎	天秤宮 천칭궁 Libra	天秤座 저울자리
♏	天蠍宮 천갈궁 Scorpio	蠍 座 전갈자리
♐	人馬宮 인마궁 Sagittarius	射手座 사수자리
♑	磨羯宮 마갈궁 Capricornus	山羊座 염소자리
♒	寶瓶宮 보병궁 Aquarius	水瓶座 물병자리
♓	雙魚宮 쌍어궁 Pisces	魚 座 물고기자리

영어에서 춘분점을 〈봄의 분점〉이라 하지만, 또한 〈양자리 최초의 점〉(the first point of Aries)이라고도 말하는 것은 황도십이궁을 만들었을 때에는 아직 춘분점과 양자리의 시점이 일치해 있었다는 이야기가 된다.

그러나 지금 서술한 바와 같이 현재는 춘분점이 양자리가 아니다. 그러므로 〈아리에스Aries〉에는 별자리 〈양자리〉와 황도십이궁의 〈백양궁白羊宮〉이라는 두 가지 의미가 있지만, 『춘분점은 아리에스의 시점』이라 할 때는 아리에스는 〈백양궁白羊宮〉이라는 의미로 생각할 수 없는 이상한 일이 생긴다. 그 다음에 추분점(autumnal equinox)은 〈천칭궁天秤宮의 시점〉(the first point of Libra)이라 하는데, 천문학의 언어인 춘분점·추분점을 점성술의 언어로 표현하고 있는 점도 흥미롭다.

반복하지만 현재는 물론 황도십이궁은 천문학상의 12성좌와는 완전히 다르며 점성술에 이용되고 있다.

그렇지만 현재의 〈점성술〉에서는 황도십이성좌와 황도십이궁을 혼동하고 있다는데, 독자 여러분은 그 점을 알고 있는가.

점성술에서 〈백양궁생白羊宮生〉이라 하면, 그것은 『태어난 날에 태양이 백양궁에 있었다』는 의미이다. 인간에게 일곱 혹성 중 가장 영향력이

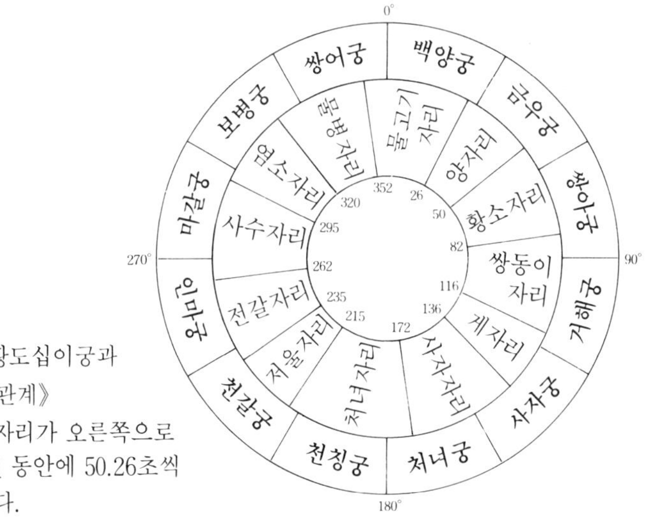

《현재의 황도십이궁과 12성좌의 관계》
안쪽의 별자리가 오른쪽으로 돌면서 1년 동안에 50.26초씩 벗어나 있다.

큰 것은 태양이라고 생각해서, 태어난 시간에 태양이 〈백양궁〉에 있었기 때문에 그 사람이 백양궁의 성질과 운명을 일생 동안 지니고 있다고 해석하는 별점(星占)인 것이다.

그것을 현재는 〈양자리생〉이라 한다. 이것은 그 사람이 태어났을 때 태양이 양자리에 있었다는 말이지만, 태양은 유감스럽게도 그때 이미 양자리에는 없었다. 세차운동歲差運動 때문에 〈춘분점〉이 어긋나 있었기 때문이다.

예를 들어 점성술에서 1월 14일에 태어난 사람은 〈염소자리〉생이라 말하지만, 정확하게는 〈마갈궁磨羯宮〉생이라 말하지 않으면 안 된다. 더욱이 그때 태양은 염소자리가 아니라 사수자리에 있다. 따라서 현재의 〈염소자리생〉의 사람은 사실은 〈사수자리생〉이라 해야 한다. 그러나 모두가 별자리 이주를 시작한다면 명목뿐이기는 하지만 민족 대이동에 비할 바가 못 된다. 그것은 그대로 가만히 두고 단지 이론적으로 생각하면 이렇다라는 점을 잊지 않는다면, 두뇌의 놀이로 즐거운 것이라는 점은 변함없다.

현재 부르는 방법	탄생일
양자리생	3월 21일 ~ 4월 20일
황소자리생	4월 21일 ~ 5월 20일
쌍동이자리생	5월 21일 ~ 6월 21일
게자리생	6월 22일 ~ 7월 22일
사자자리생	7월 23일 ~ 8월 22일
처녀자리생	8월 23일 ~ 9월 22일
저울자리생	9월 23일 ~10월 21일
전갈자리생	10월 22일 ~11월 21일
사수자리생	11월 22일 ~12월 21일
염소자리생	12월 22일 ~ 1월 19일
물병자리생	1월 20일 ~ 2월 18일
물고기자리생	2월 19일 ~ 3월 20일

《탄생일과 황도십이궁》

(유럽의 자료에 의한 것. 1일 전후의 차이가 있다.)

【 점성술의 내력 】

〈점성술〉이란 영어에서는 〈아스트롤로지astrology〉라 하고, 〈별〉을 의미하는 그리스어 〈아스트론〉(라틴어의 아스테르aster)과 〈학문〉〈학설〉을 의미하는 〈로기아〉를 합해서 만든 말로서, 합하면 〈별星의 학문〉이 된다. 한편 천문학(astronomy)이라는 것은 마찬가지로 그리스어 〈법칙〉〈법률〉을 의미하는 〈노미아〉에 붙은 언어이므로, 〈별의 법칙〉이라 할 뿐 〈별의 학문〉과 일직선이 될 정도의 훌륭한 의미를 지니고 있는 것은 아니다. 요컨대 점성술과 천문학은 옛날에는 닮은꼴이었다 해도 좋을 터이다.

점성술은 하늘에 기록되어 있는 문자를 읽고 신神의 의지意志를 전하는 기술로 생겨난 것이다.

지상의 모든 현상이 신의 의지이며, 그것이 문자로 하늘에 기록되어 있었다고 생각했던 것이다. 그리고 고대부터 중세에 걸쳐서 서양의 점성술은, 인간이 태양과 달과 다섯 혹성에 지배받고 있다는 그 위치관계를 모태로 만들어졌다. 그후 천왕성天王星·해왕성海王星·명왕성冥王星이 발견되었기 때문에, 오늘날의 〈점성술〉은 태양과 달과 여덟 개의 혹성에 의해 구성되어 있는 셈이 되었다.

다섯 개의 혹성이 여덟 개로 늘어났다고 해서 〈탄생점성술〉(genethli-alogy)에 변화가 생기지는 않았다. 태어난 순간 혹성의 위치와 구성으로써 그 사람의 성격이나 운명도 〈결정〉된다고 하는 것이 탄생점성술의 토대이며, 더욱이 인간에게 가장 중요한 지배력을 지니고 있다고 생각하는 태양은 태어난 날에 황도십이궁의 어느 궁宮에 있는가로 『무슨 자리생』이 결정될 따름이다.

점성술에서는 태어난 월일이 어떤 자리(座)에 해당하는가를 아는 일이 필요하지만, 여기서는 딱딱한 것은 언급하지 말고 황도십이궁 또한 현대적 흐름으로 〈황도십이성좌〉로 부르기로 하자.

【 〈황도십이궁黃道十二宮〉이란 】

　　황도십이궁은 그리스 신화를 모태로 그 이름이 붙여졌고, 각각의 별에도 그 뜻이 주어졌다.

　　【양자리】백양궁白羊宮 ♈ Aries (지배성支配星은 화성)

　　그리스 신화에서 시슈포스 형제들 중의 한 사람인 아타마스Athamas는, 두 명의 아내들과의 불화로 그녀들의 원한을 받아서 국토에 한발이 닥쳐와 전토全土가 불모의 땅으로 변하였다. 그로 인하여 아타마스의 아들 프릭수스Phrixus와 헬레Helle가 국토를 구할 산제물이 되었는데, 그 두 사람을 등에 태워서 구해준 것이 황금양피를 가진 초능력의 숫양(Aries)이었다. 고대인에게 최대의 관심사였던 한발(가뭄)에 얽혀있는 이 양이 별자리 이름이 된 것은 아마도 그들의 자연스러운 감정이었으리라.

　　【황소자리】금우궁金牛宮 ♉ Taurus (지배성은 금성)

　　페니키아의 왕녀이며 절세의 미녀였던 에우로파Europa에게 마음을 빼앗긴 제우스가 눈처럼 하얀 커다란 소로 변신하여 그녀를 유혹했다고 하는데, 그 흰 소가 별자리 이름이 되었다. 덧붙여서 에우로파를 유혹하여 데리고 갔던 땅이 유럽Europe이다.

　　【쌍동이자리】쌍아궁雙兒宮 ♊ Gemini (지배성은 수성)

| 양자리 | 황소자리 | 쌍동이자리 |

스파르타 왕 튠달레오스의 비妃 레다Leda에게 마음을 두고 있던 제우스는 백조로 변하여 레다와 하룻밤을 함께 했다고 한다. 그로 인해 레다는 이윽고 제우스의 아들 폴룩스Pollux와, 부군의 아들 카스토르Castor의 쌍동이를 낳게 되었다. 이 쌍동이는 대단히 사이가 좋은 훌륭한 청년으로 자라났지만, 폴룩스는 제우스의 아들로 죽지 않는 신의 성질을 지니고 카스토르는 인간의 아들로서 죽어야 할 운명을 지니고 있었으므로, 두 사람은 운명을 반씩 서로 나누어서 형제가 나란히 1년의 반은 천상에서, 반은 저승에서 보냈다고 한다. 쌍동이 별자리는 반 년은 밤하늘에서 볼 수 있지만, 반 년은 지평선 아래에 감추어져서 보이지 않는다. 이것이 쌍동이자리의 내력이다.

【게자리】거해궁巨蟹宮 ♋ Cancer (지배성은 달)

제우스의 아들로서 그리스 신화 최대의 영웅 헤라클레스Heracles는, 태어나면서 여신 헤라Hera[제우스의 정처正妻]의 저주를 받아 열두 가지 위험한 모험에 도전해야 할 처지가 되었는데, 그 중 하나가 머리가 아홉 개 달린 큰 물뱀인 히드라Hydra를 퇴치하는 것이었다. 이에 헤라클레스가 히드라의 불사不死의 머리를 자르려고 하자, 여신 헤라가 커다란 게(Cancer) 카르키노스를 시켜서 영웅을 죽이려 했다. 게에게 발뒤꿈치를 물리면서도 헤라클레스는 게를 밟아죽이고 히드라도 처치하였는데,

게자리   사자자리   처녀자리

이 게를 가엾게 여긴 헤라가 하늘의 별자리로 삼았다. 게가 천상으로 올라가 12궁의 사자자리 옆에 자리를 정한 것이 게자리이다. 이야기가 빗나가지만, 최근 유방암은 수술로 간단하게 치료할 수 있는데 영어에서 암을 cancer라 하는 것은, 유방암이 되면 유방의 형태가 게의 껍질과 같이 된다는 점에서 나왔다.

【사자자리】 사자궁獅子宮 ♌ Leo (지배성은 태양)

헤라클레스의 열두 가지 모험 가운데 하나가 불사신 사자의 퇴치이다. 괴력怪力의 영웅 헤라클레스가 이 사자를 맨손으로 목졸라 죽였으므로, 제우스가 아들의 공적을 찬양하기 위해 하늘의 별자리에 기념으로 사자를 첨가시켰다고 한다. 이것이 12궁 가운데 하나인 사자궁이 되었다.

【처녀자리】 처녀궁處女宮 ♍ Virgo (지배성은 수성)

제우스와 대자연의 규칙을 담당하는 여신 테미스의 아들 아스트라에아Astraea는 정의의 여신으로, 처음에는 인간 세계에 살며 정의를 펼쳤지만 인간의 부정과 싸움이 눈에 거슬렸기 때문에 천상으로 되돌아가 버렸다고 한다. 이것이 처녀자리이다.

【저울자리】 천칭궁天秤宮 ♎ Libra (지배성은 금성)

처녀자리가 된 정의의 여신 아스트라에아가 지니고 있었던 저울로, 기원전 150년 무렵에 마침 밤낮의 조화를 취하는 추분점도 이 별자리 지

저울자리전갈자리사수자리

점에 있었으므로 저울자리라 이름 붙였다고 일컬어진다.

【전갈자리】 천갈궁天蠍宮 ♏ Scorpius (지배성은 명왕성)

사냥꾼의 거인 오리온은 달의 신 아르테미스를 범하려고 하다가 그녀가 풀어놓은 전갈에게 물려 죽었다. 또한 오리온은『세계에서 나보다 강한 자는 없다』라고 하며 거만하게 굴었기 때문에, 여신 헤라Hera가 풀어놓은 전갈에게 생명을 빼앗겼다고 한다. 거인은 하늘로 올라와서 오리온자리가 되었는데, 오리온자리는 전갈자리가 하늘에 나타나면 두려워서 지평선 밑으로 숨어든다고 한다. 또한 중국에서 〈참상參商〉이라 하면, 만나지 않는다든가 사이가 좋지 않다는 의미인데, 참參이란 오리온자리의 세번째 별, 상商은 전갈자리 안타레스의 세 별을 말한다.

【사수자리】 인마궁人馬宮 ♐ Sagittarius (지배성은 목성)

상반신이 인간인 반인반마半人半馬를 켄타우루스Centaurus라 하지만, 그 일족一族으로 음악·의학·수렵에 뛰어난 용자勇者 아킬레스와 의신醫神 아스크레피오스를 키웠다고 하는 키이론Chiron을 칭하며, 제우스가 그 활을 쏘는 모습을 별자리로 남겼다고 한다. 이것이 사수자리이다.

【염소자리】 마갈궁磨羯宮 ♑ Capricornus (지배성은 토성)

헤르메스의 아들 팬Pan[로마신 파우누스]은 태어나면서 두 개의 뿔

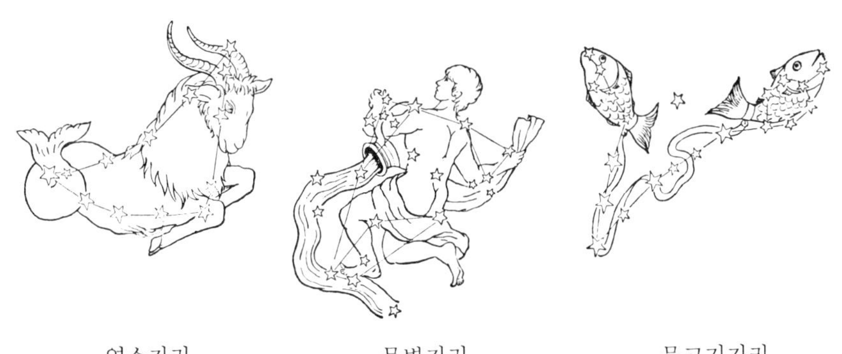

염소자리   물병자리   물고기자리

이 생겨났고, 염소의 다리를 지니고 긴 갈기를 한 목신牧神이다. 팬은 괴물 티폰이 공격해 오자 주문을 외우면서 물 속으로 뛰어들었으나, 너무 서두르는 바람에 주문이 섞여 물에 잠긴 지점까지는 물고기의 모습이 되었고, 수면에 나와 있던 부분은 염소가 되었다고 한다. 제우스가 그것을 그 모습 그대로 하늘에 올려놓은 것이 염소자리이다.

목신牧神 팬Pan은 산과 들을 활기차게 뛰어다니다가 낮잠을 자는 것이 일과였으므로, 목자牧者들은 그 수면을 방해하지 않으려고 무척이나 조심했다고 한다. 팬은 자고 나서 잠투정을 하거나 깨우면 보복을 하기 때문이다. 드뷔시의 《목신牧神의 오후의 전주곡》은, 낮잠에서 깨어난 팬이 수영을 하는 요정 님프들에게 둘러싸여 있는 모습을 나타낸 작품으로 알려져 있다.

또한 카프리코루누스의 〈capri〉란, 영어의 〈caprice〉(변덕) 등의 어원으로, 〈염소〉의 의미 〈cornus〉는 〈뿔〉이라는 말이다. 또한 이 팬Pan이 시끌벅적하게 사람들을 당황하게 해서 공포에 빠지게 했다는 점에서 생

태 양	☉	Sun	창조·생명	아버지·남편
달	☽	Moon	변화·원망	어머니·아내
수 성	☿	Mercury	재능·전달	형제
금 성	♀	Venus	애정·조화	젊은 여성
화 성	♂	Mars	활력·재난	젊은 남성
목 성	♃	Jupiter	행운·성공	중년
토 성	♄	Saturn	노력·인내	노인
천왕성	♅	Uranus	진보·독립	—
해왕성	♆	Neptune	신비·비밀	—
명왕성	♇	Pluto	갱생·변동	—

태양·달·혹성의 기호와 상의象意

겨난 말이 〈파니크panic〉라는 것이므로 아주 재미있다.

【물병자리】보병궁寶甁宮 ♒ Aquarius (지배성은 천왕성)

트로이의 왕자 가니메데Ganymede는 대단한 미소년美少年이었는데 제우스가 독수리로 변신하여 납치해 가서 신들의 주연酒宴에서 시중을 들게 했다고 한다. 그 가니메데가 메고 있던 물병이 별자리로 남게 되어 물병자리가 되었다.

【물고기자리】쌍어궁雙魚宮 ♓ Pisces (지배성은 해왕성)

미美의 여신 아프로디테Aphrodit[비너스]와 그의 아들 에로스[큐핏]는 괴물 티폰에게 공격을 받자 유프라테스 강으로 뛰어들어 물고기로 변신하여 도망갔다고 한다. 그 두 마리의 물고기를 여신 아테나이가 하늘로 데리고 가서 물고기자리가 되었다고 한다. 그 다음에 생물학에서 자웅雌雄을 나타내는 기호(송우)는 용감한 군신軍神 마르스의 칼과 방패, 미의 여신 베누스의 손거울을 본딴 화성과 금성의 기호를 전용轉用한 것으로 1755년에 린네가 채용했다.

【점성술에 의한 상성相性】

여기에서는 점성술에 의한 〈상성相性〉이란 무엇인가를 소개하고자 한다.

점성술에서는 별자리 혹은 지배성支配星의 위치관계 〈아스펙트aspect〉에서 상성相性을 결정하고, 그 〈아스펙트〉를 다음 다섯 가지 패턴으로 나누었다.

【합습】☌ conjunction 두 개의 별이 같은 방향에 있다는 것을 말한다.

【육분六分】⚹ sextile 두 개의 별이 서로 60°의 각도에 있는 경우.

【구矩】□ square 두 개의 별이 서로 90°를 이루고 있는 것.

【삼분三分】△ trine 두 개의 별이 120°를 이루고 있는 것.

【충衝】☍ opposition 두 개의 별자리가 서로 반대 방향(180°)으로 되어 있는 경우를 말한다.

결국 점성술에서 『상성相性이 좋다』『상성이 나쁘다』라는 것은, 두 개의 별자리 혹은 두 개의 지배성支配星이 이루는 각도로 결정된다.

즉 태어난 별자리가 상대의 별자리와 〈합슴〉 또는 〈삼분三分〉의 각도에 있을 때, 상성相性이 가장 좋다고 한다. 상대의 별자리와 〈육분六分〉의 각도에 있으면 상성相性이 좋다고 하고, 구矩의 각도에 있으면 상성이 가장 좋지 않다고 한다.

예를 들어 양자리생인 사람은 같은 양자리인 사람과 〈합슴〉의 관계, 사자자리·사수자리생인 사람과 〈삼분三分〉의 관계에 있으므로 가장 상성이 좋은 것이 된다. 저울자리생의 사람은 산양자리·게자리의 사람과 〈구矩〉의 관계에 있고, 상성이 나쁘다고 한다.

【점성술의 상성相性을 계산한다】

마지막으로 수식數式으로 점성술의 상성相性을 계산하는 놀이를 해보도록 하자.

여기서도 칠요일七曜日의 체라식에서 설명했던 $y \equiv x (mod\ k)$를 사용한다. 이것은 아는 바와 같이 $y = kt + x$ (t는 정수)로 $25 \equiv 4 (mod\ 7)$, $-4 \equiv 0 (mod\ 4)$ $[\because -4 = 4 \times (-1) + 0]$, $-5 \equiv 7 (mod\ 12)$ $[\because -5 = 12 \times$

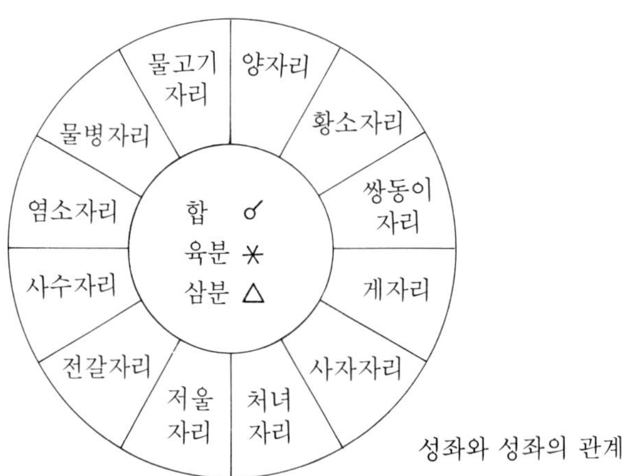

성좌와 성좌의 관계

【탄생점성술 누메로로기아】

　고대인은 탄생일로 운명수라는 것을 규정하고, 그 수數가 인생의 기반이 되어 운명을 지배한다고 생각하는 탄생점성술을 만들었다. 이것을 누메로로기아numerologia라 한다.

　운명수를 구하는 데는 탄생일(서력의 연월일)을 합하여 그 답이 가령 1951이면 1, 9, 5, 1을 다시 합계, 그 답 16의 1과 6을 더하면 합은 7이 되는데, 이와 같이 합이 한 자리수가 될 때까지 계속해서 얻은 수를 그 사람의 〈운명수運命數〉라 했다.

　예를 들어 1935년 10월 22일생인 사람의 운명수를 구하면 1935＋10＋22＝1967이 되므로, 그것을 1＋9＋6＋7＝23으로 하고, 2＋3＝5이므로 그 사람의 운명수는 5가 된다.

　운명수를 a를 가진 사람은 운명수 a를 가진 월일이 〈길일吉日〉이 되고, 예를 들어 운명수 3의 사람은 3월·12월이 좋고, 3일·12일·30일이 좋다고 되어 있다. 또한 운명수 a를 가진 사람과 상성相性이 좋은 것은 다음의 세 가지 식으로 계산된 b를 운명수로 가진 사람이 된다.

　(1) $a-1\equiv b(mod\ 9)$, (2) $a+2\equiv b(mod\ 9)$, (3) $a+5\equiv b(mod\ 9)$

　예를 들어 운명수 7을 가진 사람과 상성相性이 좋은 것은, (1) $7-1=6$, (2) $7+2=9$, (3) $7+5=12\equiv 3(mod\ 9)$이므로, 운명수 3·6·9의 사람이 된다.

　운명수 a의 사람은 다음의 두 가지 식으로 계산된 운명수 c의 연령이 〈흉년凶年〉이 된다.

　(1) $a+3\equiv c(mod\ 9)$

　(2) $a+6\equiv c(mod\ 9)$

　예를 들어 운명수 5를 지닌 사람은, 운명수가 2·8에 있는 연령이 위험하므로 26·29·35·38세의 해(年) 등에 주의를 요하게 된다.

1	원점	권력	독립
2	반대	사고	인정
3	발생	자유	예술
4	구성	혁신	독자
5	발아	판단	변화
6	생산	적응	애정
7	이상	신비	재능
8	건설	노력	정의
9	행동	완성	정열

《운명수運命數의 상의象意》

$(-1)+7$] 등이 성립된다.

별자리에는 번호를 붙인다.

A · B는 별자리 번호의 수치를 나타낸다.

(1) A자리인 사람과 B자리의 사람이,

$$A-B \equiv 0 \ (mod \ 4), \ 1 \leqq A, \ B \leqq 12$$

의 식式을 만족시킬 때, 상성相性이 최고로 좋다고 말할 수 있다. 양자리생인 사람(수치 1)과 사자자리생의 사람(수치 5)이란, $1-5=-4 \equiv 0(mod \ 4)$가 되어, 앞의 식式을 만족시키게 된다.

그리고 이 $A-B \equiv 0(mod \ 4)$의 식을 변형하면 $A \equiv B(mod \ 4)$가 되므로, 황소자리생의 사람은 $2 \equiv 2(mod \ 4)$, $2 \equiv 6(mod \ 4)$, $2 \equiv 10(mod \ 4)$가 성립되므로, 2의 황소자리, 6의 처녀자리, 10의 염소자리의 사람과 가장 상성相性이 좋은 것을 알 수 있다.

(2) A자리의 사람과 B자리의 사람이,

$$A \pm 2 \equiv B(mod \ 12), \ 1 \leqq A, \ B \leqq 12$$

의 식式을 만족시킬 때 상성相性은 좋다고 말할 수 있다. 황소자리생의 사람은 도표에서 값이 2이므로 $2+2 \equiv 4(mod \ 12)$와 $2-2=0 \equiv 12(mod \ 12)$가 되므로, 4는 게자리, 12는 물고기자리이며, 이 두 개의 별자리생인 사람과 상성相性이 좋다는 것이 된다.

수	1	2	3	4	5	6	7	8	9	10	11	12
성좌	양자리	황소자리	쌍동이자리	게자리	사자자리	처녀자리	저울자리	전갈자리	사수자리	염소자리	물병자리	물고기자리

(3) A자리와 B자리의 사람이

$$A \pm 3 \equiv B(mod\ 12),\ 1 \leqq A,\ B \leqq 12$$

의 식을 만족시킬 때에는 상성相性이 좋지 않다고 말할 수 있다. 쌍동이 자리의 사람은 도표에서 3이므로 $3+3 \equiv 6$, $3-3=0 \equiv 12(mod\ 12)$가 되므로, 6의 처녀자리, 12의 물고기자리생의 사람과는 상성相性이 나쁜 것이 된다.

付 · 【십이지와 구성九星의 상성相性 계산】

수식數式을 사용하여 십이지와 구성九星을 검산해 보자.

우선 십이지에는 아래표와 같은 부호를 붙인다.

태어난 해의 십이지에 대응하는 수치가 x일 때 다음 식 $f(x)$를 계산한다.

$$f(x) \equiv \left(\left[\frac{x}{3}\right] + \left[\frac{x}{8}\right] + 2\right)\left(\left[\frac{x}{3}\right] - \left[\frac{x-2}{3}\right]\right) + 3 \, (mod\ 5)$$

그때 태어난 해의 십이지에 대응하는 수치가 x인 사람과 y인 사람은, 다음의 식을 만족시킬 때 『상성相性이 좋다』고 말할 수 있다.

$$(f(x) - f(y))^2 \equiv 1 \, (mod\ 5)$$

예를 들어, 자년생子年生인 사람은,

$$f(1) = \left(\left[\frac{1}{3}\right] + \left[\frac{1}{8}\right] + 2\right)\left(\left[\frac{1}{3}\right] - \left[\frac{1-2}{3}\right]\right) + 3$$
$$= (0 + 0 + 2)(0 - (-1) + 3 = 5$$

묘년생卯年生의 사람은 $f(4) = 6 \equiv 1 \, (mod\ 5)$가 되어,

$(f(1) - f(4))^2 = (5-1)^2 = 16 \equiv 1 \, (mod\ 5)$로, 상성이 좋다고 한다.

계속해서 태어난 해의 구성九星의 수치를 X라 할 때, 다음의 식 g(X)를 계산한다.

$$g(X) \equiv \left\{\left[\frac{X}{3}\right]\left(1 + \left[\frac{X}{3}\right] - \left[\frac{X+1}{3}\right]\right) + 1 - \left[\frac{1}{X}\right]\right\} \times 3 \, (mod\ 5)$$

그때 태어난 해의 구성九星이 X인 사람과 Y인 사람은, 다음의 식을 만족시킬 때 『상성相性이 좋다』고 할 수 있다.

$$(g(X) - g(Y))^2 \equiv 1 \, (mod\ 5)$$

예를 들어 본명성本命星이 일백一白인 사람과 사록四綠인 사람은, $g(1) = 0$,　$g(4) = 6 \equiv 1 \, (mod\ 5)$가 되어 식을 만족시키므로 상성相性이 좋다고 말할 수 있다.

x	1	2	3	4	5	6	7	8	9	10	11	12
十二支	子	丑	寅	卯	辰	巳	午	未	申	酉	戌	亥

——

맺음말

우리들은 매일처럼 달력을 본다. 날짜와 요일을 알기 위해서뿐만 아니라 휴일과 대안大安·불멸佛滅 등을 분명히 하기 위해서도 달력을 뒤적인다. 그리고 오늘은 몇월 며칠, 무슨 요일인가를 아는 동시에 일과 약속을 생각해내는 경우도 있다. 이것은 날짜와 요일이 우리들의 생활지표가 되어 있기 때문이다. 따라서 현재 우리들이 살고 있는 시간으로 구획을 나누고, 흘러가는 〈때〉(時)에 흔적을 남겨놓는 것이 날(日)이고 요일이기 때문이라고도 말할 수 있다.

그러나 예정을 세운 후에 다시 달력을 살펴보면 재미있는 점을 깨닫게 된다. 이번 달의 제5주째 금요일이, 달이 바뀐 다음달의 제1주의 1일째이므로, 달력의 1개월의 끝이 빈 공란이 되어 있고 1주간이 가지런하지 못하게 이단二段으로 잘못되어 있는 경우도 있다.

왜 가지런하지 못한가를 생각해 보면, 1주간을 가지런하게 맞추면 1개월이 불완전하게 되고, 1개월을 정리하면 1주간이 가지런해지지 않는 것은 당연하다는 것을 깨닫게 된다.

좀더 자세히 살펴보면, 일요일은 전세계가 거의 모두 공통적으로 빨간색으로 표기되어 있는 것도 이미 익숙해져 있다고 말할 수 있는 그 유래가 마음에 걸린다.

이러한 이유로 달력을 다시 한 번 정성들여 관찰해 보면,

『1주간이 7일이라는 단위는 어떻게 생겨난 것일까?』

『일월화수목금토란 어떤 의미가 있고, 어떻게 해서 이러한 순서로 이루어진 것일까?』

『1년은 어째서 6개월이나 10개월이 아니고 12개월일까?』

『2월만이 28일밖에 되지 않는 것은 왜일까?』

등등의 계속해서 새로운 의문이 솟아나온다.

더구나 영어 등의 12개월을 조사해 보면, 1월부터 6월까지는 신神의 이름, 7월과 8월은 역사상의 인물, 9월부터 12월까지는 숫자에서 유래하였다. 그리고 그 숫자와 달의 순서가 두 가지씩 어긋나 있는 것을 발견할 수 있는데, 어째서 그 어긋남이 생겨난 것일까에 대한 그 모순을 명쾌하

게 해결하지 않았나 하는 문제점과 충돌하게 된다. 〈September〉라는 달이 『일곱번째의 달』이라는 의미를 지니면서, 오늘날 〈9월〉로 사용되고 있다는 사실은, 숫자를 전공하는 사람에게는 놀라운 점이며 이해하기 어려운 점이라 생각한다. 그 역사적인 유래를 찾아서 납득하지 않으면 안 될 생각들을, 달력의 내력을 찾아서 그 일에 매진했다고 생각한다.

먼저 공간과 시간을 구분짓는 것은 무엇인가 하는 의문점을 풀어보면, 그것이 연월일이고 그것을 우리들 앞에 숫자로 나타낸 것이 달력이라는 점을 깨닫게 된다. 그러면 그 내면에 숨어있는 달력의 내력과 연유를 살펴보자.

선인들의 책을 펴 읽어가는 도중에 달력이 지닌 측면, 아니 그것이 본질일지도 모르는 달력에 상당한 문화적 요소가 가득히 내포되어져 있음을 알게 된다.

영어의 달의 이름에는 그리스 신화의 신들, 주週의 이름에는 북유럽 신들의 이름, 그리고 일본의 주週의 이름에는 중국의 오행설五行說 등의 신화와 세계관世界觀이 뿌리를 내리고 있음을 알게 된다.

태양과 달을 인류가 살아가는 데 있어서 〈시간〉의 목표로 삼은 것은 당연한 일이라 말할 수 있고, 그곳에는 천체를 탐구하는 긴 노력의 역사가 있었다.

천문天文과 신화·종교·민속 등의 인류가 걸어온 지혜의 결정이 그대로 달력의 역사로 오늘날에 전해져 왔다. 달력에 대한 의문은 확실히 인류 역사와의 감동적인 만남을 맛보게 해준다. 각분야의 전문가들이 남긴 업적 중에서 여러 가지로 짜맞추어서 초점을 교차시켜 보면, 그곳에는 하나의 논리가 있고 필연이 있고 수리數理가 존재하고 있음을 발견하게 된다.

달력이 〈수數〉에 의해 연결되어 있다고 하는 발견은 끝없는 기쁨이다. 수와 수를 이어주고 있는 것이 논리라고도 말할 수 있고, 논리를 수와 연결시킬 수도 있다고 생각한다. 또한 시간을 수로 나누고, 종교와 민속 위에서 완성시킨 것이 달력이라고 말할 수 있다.

그리고 그 수가 이윽고 과학의 세계에서 벗어나서 심정心情의 세계와 인연이 있는 것처럼 발전했고, 달력에서 점占으로의 매개가 되었다고도 생각할 수 있다. 점占이 올바른지 아닌지는 별도로 하고, 그것은 단지 수에 의미를 붙이기 좋아하는 인간의 버릇 탓이며, 수가 매개가 된 인연 때문이라고 말할 수 있을 것이다.

달력은 인류의 위대한 문화유산이다. 점占은 꿈과 상념이다. 그러나 독자도 그것을 묶어서 추상적인 수의 힘의 크기와 신성함에는 역시 매료되지 않을 수 없을 것이다. 수數가 말하는 달력의 모든 것, 그리고 점占으로의 도정은 인류가 걸어온 모습 그 자체는 아닌가 하고 생각하지 않을 수 없다.

〈달력의 여백〉에 문득 흥미를 느끼고, 대략의 줄거리를 찾아서 수를 수단의 지팡이로 삼고 논리의 길을 더듬어서 한 권의 책으로 정리해 본 것이 이 책이다.

집필을 마치고 보니 이것저것 모자라는 점이 많아 미련도 남고, 지면상의 관계로 전체적인 요점만 모아놓은 것도 마음에 걸린다. 다음에 기회가 있으면 마음대로 충분히 써놓은 것을 발표해 보고 싶다.

이 책을 출판하는 데 있어서 읽기 어려운 교정쇄를 정성들여 읽어주시고, 훌륭한 추천문을 써주신 지구생물학의 다케우치 히토시(竹內 均) 씨와 시종일관 온유하게 격려해 주신 소사 콘(宗左近) 선생에게 진심으로 감사드린다. 또한 자료를 제공해 주시거나 지혜를 빌려주신 여러 선배님에게 깊은 감사를 드린다.

마지막으로 新潮社 출판부의 야마키시 히로시(山岸 浩) 씨에게 노고를 끼친 점 사죄하고, 아울러 깊이 감사드린다.

1982년 5월　저자

参考文献

飯島忠夫『天文暦法と陰陽五行説』昭和五四年、第一書房
〃『支那暦法起原考』昭和五四年、第一書房
佐藤政次『暦学史大全』昭和四三年、駿河台出版社
〃『日本暦学史』昭和四六年、駿河台出版社
能田忠亮『暦』昭和四七年、至文堂
広瀬秀雄『暦』昭和五三年、近藤出版社
藪内清『歴史はいつ始まったか』昭和五五年、中公新書
吉野裕子『陰陽五行から見た日本の祭』昭和五三年、弘文堂
渡辺敏夫『日本の暦』昭和五一年、雄山閣
荒木俊馬『天文年代講話』昭和三五年、恒星社厚生閣
荒木俊馬『西洋占星術』昭和四六年、恒星社
中山茂『占星術』昭和五六年、紀伊国屋書店
丸山松幸訳『易経』昭和四六年、徳間書店
石田博『中国の故事』昭和五三年、雄山閣
袁珂（伊藤・高畠・松井訳）『中国古代神話』昭和四九年、みすず書房
ギラン（清水茂訳）『ゲルマン・ケルトの神話』昭和五二年、みすず書房

グリマル（高津春繁訳）『ギリシャ神話』昭和五一年、白水社
呉茂一『ギリシャ神話』昭和四八年、新潮社
グレンベック（山室静訳）『北欧神話と伝説』昭和五二年、新潮社
ゴールドン（柴山栄訳）『聖書以前』昭和五一年、みすず書房
白川静『中国の神話』昭和五〇年、中央公論社
立川・石黒・菱田・島『ヒンドゥーの神々』昭和五五年、せりか書房
谷口幸男『エッダとサガ』昭和四三年、新潮社
〃『エッダ』昭和五〇年、新潮社
定方晟『須弥山と極楽』昭和四八年、講談社
フック（吉田泰訳）『オリエント神話と聖書』昭和五三年、山本書店
森三樹三郎『中国古代神話』昭和四四年、清水弘文堂
守本順一郎『アジア宗教への序章』昭和五五年、未来社
モラン（美田稔訳）『インドの神話』昭和五二年、みすず書房
山形孝夫『聖書の起源』昭和五二年、講談社

白鳥庫吉『白鳥庫吉全集』（全八巻）昭和四五年、岩波書店
中桐大有『数の歴史と理論』昭和三三年、明窓書房
鈴木敬信編『天文学の応用』（新天文講座）昭和四三年、恒星社
藪内清編『天文学の歴史』（新天文講座）昭和四三年、恒星社
鈴木敬信『天文学』昭和五五年、地人書館
F・ホイル（鈴木敬信訳）『天文学の最前線』昭和五〇年、法政大学出版局

BRANSTON, Brian: *Gods & Heroes from Viking Mythology*, Eurobook Ltd., London, 1978.
FIELD, D.M.: *Greek and Roman Mythology*, Hamlyn Publishing Group Ltd., London, 1977.
MÜLLER, Max: *Comparative Mythology*, Longmans, Green & Co., New York, 1856.
—— : *Selected Papers on Language, Mythology and Religion*, AMS Press, New York, 1881.
OKEN, Alen: *Complete Astrology*, Bantam Books Inc., New York, 1976.
PARRINDER, Geoffrey: *Man and his Gods*, Hamlyn Publishing Group Ltd., London, 1971.

つぎに平易に読める啓蒙書を掲げる。

五来重『仏教と民俗』昭和五二年、角川書店
沖野岩三郎『迷信の話』昭和四四年、恒星社
鈴木敬信『暦と迷信』昭和四六年、恒星社
竹内照夫『干支物語』昭和四九年、社会思想社
中村元『仏教語源散策』（正・続）昭和五三年、東京書籍
服部・茂木『暦の読み方』昭和五四年、日本実業出版社
広瀬秀雄『暦』昭和四九年、ダイヤモンド社
松田治『ローマ神話の発生』昭和四〇年、社会思想社
松田邦夫『暦の見方・つかい方』昭和五四年、海南書房
暦の会編『万有とよみ百科』昭和四九年、新人物往来社
ヤ・イシュール（藤川・斎藤訳）『おもしろい暦の科学』昭和四六年、社会思想社
渡辺敏夫『こよみと天文』昭和四五年、恒星社
ルル・アラブ『占星学の見方』昭和五四年、東栄社
金谷治『易の話』昭和五一年、講談社
草下英明『星座の伝説』昭和五五年、保育社
野尻抱影『星の神話伝説』昭和五四年、講談社
原恵『星座の神話』昭和五〇年、恒星社
服部龍太郎『易と日本人』昭和五〇年、雄山閣
門馬寛明『数秘術入門』昭和五五年、東邦出版社
山本一清『星座とその伝説』昭和五一年、恒星社
コナント（小田信夫訳）『数の起源と発達』昭和一五年、宝文館
ダンツィク（河野伊三郎訳）『科学の言葉』昭和二〇年、岩波書店
デービス（田島一郎訳）『大きな数』昭和四五年、河出書房新社
平山諦『東西数学物語』昭和四八年、恒星社
メシコフスキー（永田久・小林富郎訳）『数学思想史』昭和四八年、法政大学出版局
ライヒマン（永田久・舟根智美訳）『数の魅惑』昭和四三年、法政大学出版局

나가다 히사시 永田 久

1925년 일본 요코하마橫浜 출생.
東京文理科大学 理学部 数学科 졸업.
専攻은 数学基礎論.
東海大学, 筑波大学, 聖心女子大学 등 강사역임.
현재 法政大学 教養学部 教授.
著　　書《数理와 論理》《論理·集合·位相》
　　　　《暦의 知恵·占의 神秘》
　　　　《数学思想史(共)》《数의 魅惑(共)》
　　　　외 多数.

심우성 沈雨晟

1934년 충남 공주 출생.
민속학자. 1인극 배우. 우리문화연구소 소장.
出演作品《雙頭兒》《門》《長安散調》
　　　　《無等散調》《南道 들노래》
著　　書《民俗文化와 民衆意識》《남사당패연구》
　　　　《한국의 민속극》《한국의 민속놀이》
　　　　《마당굿 연희본》《연극의 역사(譯)》
　　　　《武藝圖譜通志(해제)》《전위연극론(譯)》
　　　　《인형극의 기술(譯)》《행위예술(譯)》
　　　　《朝鮮巫俗의 研究(譯)》외 多数.

曆과 占의 과학

초판발행 : 1992년 1월 5일
2쇄발행 : 2007년 4월 20일

지은이 : 永田 久
옮긴이 : 沈雨晟

東文選

제10-64호, 78. 12. 16 등록
110-300 서울 종로구 관훈동 74번지
전화 : 737-2795

ISBN 978-89-8038-355-9 04440

【東文選 現代新書】

1 21세기를 위한 새로운 엘리트　　　FORESEEN 연구소 / 김경현　　　　7,000원
2 의지, 의무, 자유 — 주제별 논술　　L. 밀러 / 이대희　　　　6,000원
3 사유의 패배　　　A. 핑켈크로트 / 주태환　　　　7,000원
4 문학이론　　　J. 컬러 / 이은경 · 임옥희　　　　7,000원
5 불교란 무엇인가　　　D. 키언 / 고길환　　　　6,000원
6 유대교란 무엇인가　　　N. 솔로몬 / 최창모　　　　6,000원
7 20세기 프랑스철학　　　E. 매슈스 / 김종갑　　　　8,000원
8 강의에 대한 강의　　　P. 부르디외 / 현택수　　　　6,000원
9 텔레비전에 대하여　　　P. 부르디외 / 현택수　　　　10,000원
10 고고학이란 무엇인가　　　P. 반 / 박범수　　　　8,000원
11 우리는 무엇을 아는가　　　T. 나겔 / 오영미　　　　5,000원
12 에쁘롱—니체의 문체들　　　J. 데리다 / 김다은　　　　7,000원
13 히스테리 사례분석　　　S. 프로이트 / 태혜숙　　　　7,000원
14 사랑의 지혜　　　A. 핑켈크로트 / 권유현　　　　6,000원
15 일반미학　　　R. 카이유와 / 이경자　　　　6,000원
16 본다는 것의 의미　　　J. 버거 / 박범수　　　　10,000원
17 일본영화사　　　M. 테시에 / 최은미　　　　7,000원
18 청소년을 위한 철학교실　　　A. 자카르 / 장혜영　　　　7,000원
19 미술사학 입문　　　M. 포인턴 / 박범수　　　　8,000원
20 클래식　　　M. 비어드 · J. 헨더슨 / 박범수　　　　6,000원
21 정치란 무엇인가　　　K. 미노그 / 이정철　　　　6,000원
22 이미지의 폭력　　　O. 몽젱 / 이은민　　　　8,000원
23 청소년을 위한 경제학교실　　　J. C. 드루엥 / 조은미　　　　6,000원
24 순진함의 유혹〔메디시스賞 수상작〕　　　P. 브뤼크네르 / 김웅권　　　　9,000원
25 청소년을 위한 이야기 경제학　　　A. 푸르상 / 이은민　　　　8,000원
26 부르디외 사회학 입문　　　P. 보네위츠 / 문경자　　　　7,000원
27 돈은 하늘에서 떨어지지 않는다　　　K. 아른트 / 유영미　　　　6,000원
28 상상력의 세계사　　　R. 보이아 / 김웅권　　　　9,000원
29 지식을 교환하는 새로운 기술　　　A. 벵토릴라 外 / 김혜경　　　　6,000원
30 니체 읽기　　　R. 비어즈워스 / 김웅권　　　　6,000원
31 노동, 교환, 기술 — 주제별 논술　　　B. 데코사 / 신은영　　　　6,000원
32 미국만들기　　　R. 로티 / 임옥희　　　　10,000원
33 연극의 이해　　　A. 쿠프리 / 장혜영　　　　8,000원
34 라틴문학의 이해　　　J. 가야르 / 김교신　　　　8,000원
35 여성적 가치의 선택　　　FORESEEN연구소 / 문신원　　　　7,000원
36 동양과 서양 사이　　　L. 이리가라이 / 이은민　　　　7,000원
37 영화와 문학　　　R. 리처드슨 / 이형식　　　　8,000원
38 분류하기의 유혹 — 생각하기와 조직하기　　　G. 비뇨 / 임기대　　　　7,000원
39 사실주의 문학의 이해　　　G. 라루 / 조성애　　　　8,000원
40 윤리학—악에 대한 의식에 관하여　　　A. 바디우 / 이종영　　　　7,000원
41 흙과 재〔소설〕　　　A. 라히미 / 김주경　　　　6,000원

84	조와(弔蛙)	金敎臣 / 노치준·민혜숙	8,000원
85	역사적 관점에서 본 시네마	J. -L. 뢰트라 / 곽노경	8,000원
86	욕망에 대하여	M. 슈벨 / 서민원	8,000원
87	산다는 것의 의미·1─여분의 행복	P. 쌍소 / 김주경	7,000원
88	철학 연습	M. 아롱델-로오 / 최은영	8,000원
89	삶의 기쁨들	D. 노게 / 이은민	6,000원
90	이탈리아영화사	L. 스키파노 / 이주현	8,000원
91	한국문화론	趙興胤	10,000원
92	현대연극미학	M. -A. 샤르보니에 / 홍지화	8,000원
93	느리게 산다는 것의 의미·2	P. 쌍소 / 김주경	7,000원
94	진정한 모럴은 모럴을 비웃는다	A. 에슈고엔 / 김웅권	8,000원
95	한국종교문화론	趙興胤	10,000원
96	근원적 열정	L. 이리가라이 / 박정오	9,000원
97	라캉, 주체 개념의 형성	B. 오질비 / 김 석	9,000원
98	미국식 사회 모델	J. 바이스 / 김종명	7,000원
99	소쉬르와 언어과학	P. 가데 / 김용숙·임정혜	10,000원
100	철학적 기본 개념	R. 페르버 / 조국현	8,000원
101	맞불	P. 부르디외 / 현택수	10,000원
102	글렌 굴드, 피아노 솔로	M. 슈나이더 / 이창실	7,000원
103	문학비평에서의 실험	C. S. 루이스 / 허 종	8,000원
104	코뿔소 〔희곡〕	E. 이오네스코 / 박형섭	8,000원
105	지각─감각에 관하여	R. 바르바라 / 공정아	7,000원
106	철학이란 무엇인가	E. 크레이그 / 최생열	8,000원
107	경제, 거대한 사탄인가?	P. -N. 지로 / 김교신	7,000원
108	딸에게 들려 주는 작은 철학	R. 시몬 셰퍼 / 안상원	7,000원
109	도덕에 관한 에세이	C. 로슈·J. -J. 바레르 / 고수현	6,000원
110	프랑스 고전비극	B. 클레망 / 송민숙	8,000원
111	고전수사학	G. 위딩 / 박성철	10,000원
112	유토피아	T. 파코 / 조성애	7,000원
113	쥐비알	A. 자르댕 / 김남주	7,000원
114	증오의 모호한 대상	J. 아순 / 김승철	8,000원
115	개인─주체철학에 대한 고찰	A. 르노 / 장정아	7,000원
116	이슬람이란 무엇인가	M. 루스벤 / 최생열	8,000원
117	테러리즘의 정신	J. 보드리야르 / 배영달	8,000원
118	역사란 무엇인가	존 H. 아널드 / 최생열	8,000원
119	느리게 산다는 것의 의미·3	P. 쌍소 / 김주경	7,000원
120	문학과 정치 사상	P. 페티티에 / 이종민	8,000원
121	가장 아름다운 하나님 이야기	A. 보테르 外 / 주태환	8,000원
122	시민 교육	P. 카니베즈 / 박주원	9,000원
123	스페인영화사	J.- C. 스갱 / 정동섭	8,000원
124	인터넷상에서─행동하는 지성	H. L. 드레퓌스 / 정혜욱	9,000원
125	내 몸의 신비─세상에서 가장 큰 기적	A. 지오르당 / 이규식	7,000원

126 세 가지 생태학	F. 가타리 / 윤수종	8,000원
127 모리스 블랑쇼에 대하여	E. 레비나스 / 박규현	9,000원
128 위뷔 왕 〔희곡〕	A. 자리 / 박형섭	8,000원
129 번영의 비참	P. 브뤼크네르 / 이창실	8,000원
130 무사도란 무엇인가	新渡戶稻造 / 沈雨晟	7,000원
131 꿈과 공포의 미로 〔소설〕	A. 라히미 / 김주경	8,000원
132 문학은 무슨 소용이 있는가?	D. 살나브 / 김교신	7,000원
133 종교에 대하여—행동하는 지성	존 D. 카푸토 / 최생열	9,000원
134 노동사회학	M. 스트루방 / 박주원	8,000원
135 맞불·2	P. 부르디외 / 김교신	10,000원
136 믿음에 대하여—행동하는 지성	S. 지제크 / 최생열	9,000원
137 법, 정의, 국가	A. 기그 / 민혜숙	8,000원
138 인식, 상상력, 예술	E. 아카마츄 / 최돈호	근간
139 위기의 대학	ARESER / 김교신	10,000원
140 카오스모제	F. 가타리 / 윤수종	10,000원
141 코란이란 무엇인가	M. 쿡 / 이강훈	9,000원
142 신학이란 무엇인가	D. 포드 / 강혜원·노치준	9,000원
143 누보 로망, 누보 시네마	C. 뮈르시아 / 이창실	8,000원
144 지능이란 무엇인가	I. J. 디어리 / 송형석	10,000원
145 죽음—유한성에 관하여	F. 다스튀르 / 나길래	8,000원
146 철학에 입문하기	Y. 카탱 / 박선주	8,000원
147 지옥의 힘	J. 보드리야르 / 배영달	8,000원
148 철학 기초 강의	F. 로피 / 공나리	8,000원
149 시네마토그래프에 대한 단상	R. 브레송 / 오일환·김경온	9,000원
150 성서란 무엇인가	J. 리치스 / 최생열	10,000원
151 프랑스 문학사회학	신미경	8,000원
152 잡사와 문학	F. 에브라르 / 최정아	10,000원
153 세계의 폭력	J. 보드리야르·E. 모랭 / 배영달	9,000원
154 잠수복과 나비	J. -D. 보비 / 양영란	6,000원
155 고전 할리우드 영화	J. 나카시 / 최은영	10,000원
156 마지막 말, 마지막 미소	B. 드 카스텔바자크 / 김승철·장정아	근간
157 몸의 시학	J. 피죠 / 김선미	10,000원
158 철학의 기원에 관하여	C. 콜로베르 / 김정란	8,000원
159 지혜에 대한 숙고	J. -M. 베스니에르 / 곽노경	8,000원
160 자연주의 미학과 시학	조성애	10,000원
161 소설 분석—현대적 방법론과 기법	B. 발레트 / 조성애	10,000원
162 사회학이란 무엇인가	S. 브루스 / 김경안	10,000원
163 인도철학입문	S. 헤밀턴 / 고길환	10,000원
164 심리학이란 무엇인가	G. 버틀러·F. 맥마누스 / 이재현	10,000원
165 발자크 비평	J. 글레즈 / 이정민	10,000원
166 결별을 위하여	G. 마츠네프 / 권은희·최은희	10,000원
167 인류학이란 무엇인가	J. 모나한·P. 저스트 / 김경안	10,000원

【東文選 文藝新書】

1 저주받은 詩人들	A. 뻬이르 / 최수철·김종호	개정근간
2 민속문화론서설	沈雨晟	40,000원
3 인형극의 기술	A. 훼도토프 / 沈雨晟	8,000원
4 전위연극론	J. 로스 에반스 / 沈雨晟	12,000원
5 남사당패연구	沈雨晟	19,000원
6 현대영미희곡선(전4권)	N. 코워드 外 / 李辰洙	절판
7 행위예술	L. 골드버그 / 沈雨晟	절판
8 문예미학	蔡 儀 / 姜慶鎬	절판
9 神의 起源	何 新 / 洪 熹	16,000원
10 중국예술정신	徐復觀 / 權德周 外	24,000원
11 中國古代書史	錢存訓 / 金允子	14,000원
12 이미지 — 시각과 미디어	J. 버거 / 편집부	15,000원
13 연극의 역사	P. 하트놀 / 沈雨晟	절판
14 詩 論	朱光潛 / 鄭相泓	22,000원
15 탄트라	A. 무케르지 / 金龜山	16,000원
16 조선민족무용기본	최승희	15,000원
17 몽고문화사	D. 마이달 / 金龜山	8,000원
18 신화 미술 제사	張光直 / 李 徹	절판
19 아시아 무용의 인류학	宮尾慈良 / 沈雨晟	20,000원
20 아시아 민족음악순례	藤井知昭 / 沈雨晟	5,000원
21 華夏美學	李澤厚 / 權 瑚	20,000원
22 道	張立文 / 權 瑚	18,000원
23 朝鮮의 占卜과 豫言	村山智順 / 金禧慶	28,000원
24 원시미술	L. 아담 / 金仁煥	16,000원
25 朝鮮民俗誌	秋葉隆 / 沈雨晟	12,000원
26 타자로서 자기 자신	P. 리쾨르 / 김웅권	29,000원
27 原始佛敎	中村元 / 鄭泰爀	8,000원
28 朝鮮女俗考	李能和 / 金尚憶	24,000원
29 朝鮮解語花史(조선기생사)	李能和 / 李在崑	25,000원
30 조선창극사	鄭魯湜	17,000원
31 동양회화미학	崔炳植	18,000원
32 性과 결혼의 민족학	和田正平 / 沈雨晟	9,000원
33 農漁俗談辭典	宋在璇	12,000원
34 朝鮮의 鬼神	村山智順 / 金禧慶	12,000원
35 道敎와 中國文化	葛兆光 / 沈揆昊	15,000원
36 禪宗과 中國文化	葛兆光 / 鄭相泓·任炳權	8,000원
37 오페라의 역사	L. 오레이 / 류연희	절판
38 인도종교미술	A. 무케르지 / 崔炳植	14,000원
39 힌두교의 그림언어	안넬리제 外 / 全在星	9,000원
40 중국고대사회	許進雄 / 洪 熹	30,000원
41 중국문화개론	李宗桂 / 李宰碩	23,000원

42 龍鳳文化源流	王大有 / 林東錫	25,000원
43 甲骨學通論	王宇信 / 李宰碩	40,000원
44 朝鮮巫俗考	李能和 / 李在崑	20,000원
45 미술과 페미니즘	N. 부루드 外 / 扈承喜	9,000원
46 아프리카미술	P. 윌레뜨 / 崔炳植	절판
47 美의 歷程	李澤厚 / 尹壽榮	28,000원
48 曼茶羅의 神들	立川武藏 / 金龜山	19,000원
49 朝鮮歲時記	洪錫謨 外/李錫浩	30,000원
50 하 상	蘇曉康 外 / 洪 熹	절판
51 武藝圖譜通志 實技解題	正 祖 / 沈雨晟 · 金光錫	15,000원
52 古文字學첫걸음	李學勤 / 河永三	14,000원
53 體育美學	胡小明 / 閔永淑	18,000원
54 아시아 美術의 再發見	崔炳植	9,000원
55 曆과 占의 科學	永田久 / 沈雨晟	14,000원
56 中國小學史	胡奇光 / 李宰碩	20,000원
57 中國甲骨學史	吳浩坤 外 / 梁東淑	35,000원
58 꿈의 철학	劉文英 / 河永三	22,000원
59 女神들의 인도	立川武藏 / 金龜山	19,000원
60 性의 역사	J. L. 플랑드렝 / 편집부	18,000원
61 쉬르섹슈얼리티	W. 챠드윅 / 편집부	10,000원
62 여성속담사전	宋在璇	18,000원
63 박재서희곡선	朴栽緒	10,000원
64 東北民族源流	孫進己 / 林東錫	13,000원
65 朝鮮巫俗의 研究(상 · 하)	赤松智城 · 秋葉隆 / 沈雨晟	28,000원
66 中國文學 속의 孤獨感	斯波六郞 / 尹壽榮	8,000원
67 한국사회주의 연극운동사	李康列	8,000원
68 스포츠인류학	K. 블랑챠드 外 / 박기동 外	12,000원
69 리조복식도감	리팔찬	20,000원
70 娼 婦	A. 꼬르벵 / 李宗旼	22,000원
71 조선민요연구	高晶玉	30,000원
72 楚文化史	張正明 / 南宗鎭	26,000원
73 시간, 욕망, 그리고 공포	A. 코르뱅 / 변기찬	18,000원
74 本國劍	金光錫	40,000원
75 노트와 반노트	E. 이오네스코 / 박형섭	20,000원
76 朝鮮美術史研究	尹喜淳	7,000원
77 拳法要訣	金光錫	30,000원
78 艸衣選集	艸衣意恂 / 林鍾旭	20,000원
79 漢語音韻學講義	董少文 / 林東錫	10,000원
80 이오네스코 연극미학	C. 위베르 / 박형섭	9,000원
81 중국문자훈고학사전	全廣鎭 편역	23,000원
82 상말속담사전	宋在璇	10,000원
83 書法論叢	沈尹默 / 郭魯鳳	16,000원

84	침실의 문화사	P. 디비 / 편집부	9,000원
85	禮의 精神	柳 肅 / 洪 熹	20,000원
86	조선공예개관	沈雨晟 편역	30,000원
87	性愛의 社會史	J. 솔레 / 李宗旼	18,000원
88	러시아미술사	A. I. 조토프 / 이건수	22,000원
89	中國書藝論文選	郭魯鳳 選譯	25,000원
90	朝鮮美術史	關野貞 / 沈雨晟	30,000원
91	美術版 탄트라	P. 로슨 / 편집부	8,000원
92	군달리니	A. 무케르지 / 편집부	9,000원
93	카마수트라	바쨔야나 / 鄭泰爀	18,000원
94	중국언어학총론	J. 노먼 / 全廣鎭	28,000원
95	運氣學說	任應秋 / 李宰碩	15,000원
96	동물속담사전	宋在璇	20,000원
97	자본주의의 아비투스	P. 부르디외 / 최종철	10,000원
98	宗敎學入門	F. 막스 뮐러 / 金龜山	10,000원
99	변 화	P. 바츨라빅크 外 / 박인철	10,000원
100	우리나라 민속놀이	沈雨晟	15,000원
101	歌訣(중국역대명언경구집)	李宰碩 편역	20,000원
102	아니마와 아니무스	A. 융 / 박해순	8,000원
103	나, 너, 우리	L. 이리가라이 / 박정오	12,000원
104	베케트연극론	M. 푸크레 / 박형섭	8,000원
105	포르노그래피	A. 드워킨 / 유혜련	12,000원
106	셸 링	M. 하이데거 / 최상욱	12,000원
107	프랑수아 비용	宋 勉	18,000원
108	중국서예 80제	郭魯鳳 편역	16,000원
109	性과 미디어	W. B. 키 / 박해순	12,000원
110	中國正史朝鮮列國傳(전2권)	金聲九 편역	120,000원
111	질병의 기원	T. 매큐언 / 서 일 · 박종연	12,000원
112	과학과 젠더	E. F. 켈러 / 민경숙 · 이현주	10,000원
113	물질문명 · 경제 · 자본주의	F. 브로델 / 이문숙 外	절판
114	이탈리아인 태고의 지혜	G. 비코 / 李源斗	8,000원
115	中國武俠史	陳 山 / 姜鳳求	18,000원
116	공포의 권력	J. 크리스테바 / 서민원	23,000원
117	주색잡기속담사전	宋在璇	15,000원
118	죽음 앞에 선 인간(상 · 하)	P. 아리에스 / 劉仙子	각권 15,000원
119	철학에 대하여	L. 알튀세르 / 서관모 · 백승욱	12,000원
120	다른 곳	J. 데리다 / 김다은 · 이혜지	10,000원
121	문학비평방법론	D. 베르제 外 / 민혜숙	12,000원
122	자기의 테크놀로지	M. 푸코 / 이희원	16,000원
123	새로운 학문	G. 비코 / 李源斗	22,000원
124	천재와 광기	P. 브르노 / 김웅권	13,000원
125	중국은사문화	馬 華 · 陳正宏 / 강경범 · 천현경	12,000원

126 푸코와 페미니즘	C. 라마자노글루 外 / 최 영 外	16,000원
127 역사주의	P. 해밀턴 / 임옥희	12,000원
128 中國書藝美學	宋 民 / 郭魯鳳	16,000원
129 죽음의 역사	P. 아리에스 / 이종민	18,000원
130 돈속담사전	宋在璇 편	15,000원
131 동양극장과 연극인들	김영무	15,000원
132 生育神과 性巫術	宋兆麟 / 洪 熹	20,000원
133 미학의 핵심	M. M. 이턴 / 유호전	20,000원
134 전사와 농민	J. 뒤비 / 최생열	18,000원
135 여성의 상태	N. 에니크 / 서민원	22,000원
136 중세의 지식인들	J. 르 고프 / 최애리	18,000원
137 구조주의의 역사(전4권)	F. 도스 / 김웅권 外 I·II·IV 15,000원 / III	18,000원
138 글쓰기의 문제해결전략	L. 플라워 / 원진숙·황정현	20,000원
139 음식속담사전	宋在璇 편	16,000원
140 고전수필개론	權 瑚	16,000원
141 예술의 규칙	P. 부르디외 / 하태환	23,000원
142 "사회를 보호해야 한다"	M. 푸코 / 박정자	20,000원
143 페미니즘사전	L. 터틀 / 호승희·유혜련	26,000원
144 여성심벌사전	B. G. 워커 / 정소영	근간
145 모데르니테 모데르니테	H. 메쇼닉 / 김다은	20,000원
146 눈물의 역사	A. 벵상뷔포 / 이자경	18,000원
147 모더니티입문	H. 르페브르 / 이종민	24,000원
148 재생산	P. 부르디외 / 이상호	23,000원
149 종교철학의 핵심	W. J. 웨인라이트 / 김희수	18,000원
150 기호와 몽상	A. 시몽 / 박형섭	22,000원
151 융분석비평사전	A. 새뮤얼 外 / 민혜숙	16,000원
152 운보 김기창 예술론연구	최병식	14,000원
153 시적 언어의 혁명	J. 크리스테바 / 김인환	20,000원
154 예술의 위기	Y. 미쇼 / 하태환	15,000원
155 프랑스사회사	G. 뒤프 / 박 단	16,000원
156 중국문예심리학사	劉偉林 / 沈揆昊	30,000원
157 무지카 프라티카	M. 캐넌 / 김혜중	25,000원
158 불교산책	鄭泰爀	20,000원
159 인간과 죽음	E. 모랭 / 김명숙	23,000원
160 地中海	F. 브로델 / 李宗畋	근간
161 漢語文字學史	黃德實·陳秉新 / 河永三	24,000원
162 글쓰기와 차이	J. 데리다 / 남수인	28,000원
163 朝鮮神事誌	李能和 / 李在崑	근간
164 영국제국주의	S. C. 스미스 / 이태숙·김종원	16,000원
165 영화서술학	A. 고드로·F. 조스트 / 송지연	17,000원
166 美學辭典	사사키 겡이치 / 민주식	22,000원
167 하나이지 않은 성	L. 이리가라이 / 이은민	18,000원

168	中國歷代書論	郭魯鳳 譯註	25,000원
169	요가수트라	鄭泰爀	15,000원
170	비정상인들	M. 푸코 / 박정자	25,000원
171	미친 진실	J. 크리스테바 外 / 서민원	25,000원
172	玉樞經 研究	具重會	19,000원
173	세계의 비참(전3권)	P. 부르디외 外 / 김주경	각권 26,000원
174	수묵의 사상과 역사	崔炳植	근간
175	파스칼적 명상	P. 부르디외 / 김웅권	22,000원
176	지방의 계몽주의	D. 로슈 / 주명철	30,000원
177	이혼의 역사	R. 필립스 / 박범수	25,000원
178	사랑의 단상	R. 바르트 / 김희영	20,000원
179	中國書藝理論體系	熊秉明 / 郭魯鳳	23,000원
180	미술시장과 경영	崔炳植	16,000원
181	카프카—소수적인 문학을 위하여	G. 들뢰즈 · F. 가타리 / 이진경	18,000원
182	이미지의 힘—영상과 섹슈얼리티	A. 쿤 / 이형식	13,000원
183	공간의 시학	G. 바슐라르 / 곽광수	23,000원
184	랑데부—이미지와의 만남	J. 버거 / 임옥희 · 이은경	18,000원
185	푸코와 문학—글쓰기의 계보학을 향하여	S. 듀링 / 오경심 · 홍유미	26,000원
186	각색, 연극에서 영화로	A. 엘보 / 이선형	16,000원
187	폭력과 여성들	C. 도펭 外 / 이은민	18,000원
188	하드 바디—할리우드 영화에 나타난 남성성	S. 제퍼드 / 이형식	18,000원
189	영화의 환상성	J. -L. 뢰트라 / 김경온 · 오일환	18,000원
190	번역과 제국	D. 로빈슨 / 정혜욱	16,000원
191	그라마톨로지에 대하여	J. 데리다 / 김웅권	35,000원
192	보건 유토피아	R. 브로만 外 / 서민원	20,000원
193	현대의 신화	R. 바르트 / 이화여대기호학연구소	20,000원
194	회화백문백답	湯兆基 / 郭魯鳳	20,000원
195	고서화감정개론	徐邦達 / 郭魯鳳	30,000원
196	상상의 박물관	A. 말로 / 김웅권	26,000원
197	부빈의 일요일	J. 뒤비 / 최생열	22,000원
198	아인슈타인의 최대 실수	D. 골드스미스 / 박범수	16,000원
199	유인원, 사이보그, 그리고 여자	D. 해러웨이 / 민경숙	25,000원
200	공동 생활 속의 개인주의	F. 드 생글리 / 최은영	20,000원
201	기식자	M. 세르 / 김웅권	24,000원
202	연극미학—플라톤에서 브레히트까지의 텍스트들	J. 셰레 外 / 홍지화	24,000원
203	철학자들의 신	W. 바이셰델 / 최상욱	34,000원
204	고대 세계의 정치	모제스 I 핀레이 / 최생열	16,000원
205	프란츠 카프카의 고독	M. 로베르 / 이창실	18,000원
206	문화 학습—실천적 입문서	J. 자일스 · T. 미들턴 / 장성희	24,000원
207	호모 아카데미쿠스	P. 부르디외 / 임기대	29,000원
208	朝鮮槍棒教程	金光錫	40,000원
209	자유의 순간	P. M. 코헨 / 최하영	16,000원

252	일반 교양 강좌	E. 코바 / 송대영	23,000원
253	나무의 철학	R. 뒤마 / 송형석	29,000원
254	영화에 대하여―에이리언과 영화철학	S. 멀할 / 이영주	18,000원
255	문학에 대하여―행동하는 지성	H. 밀러 / 최은주	16,000원
256	미학 연습―플라톤에서 에코까지	임우영 外 편역	18,000원
257	조희룡 평전	김영회 外	18,000원
258	역사철학	F. 도스 / 최생열	23,000원
259	철학자들의 동물원	A. L. 브라 쇼파르 / 문신원	22,000원
260	시각의 의미	J. 버거 / 이용은	24,000원
261	들뢰즈	A. 괄란디 / 임기대	13,000원
262	문학과 문화 읽기	김종갑	16,000원
263	과학에 대하여 ― 행동하는 지성	B. 리들리 / 이영주	18,000원
264	장 지오노와 서술 이론	송지연	18,000원
265	영화의 목소리	M. 시옹 / 박선주	20,000원
266	사회보장의 발명	J. 동즐로 / 주형일	17,000원
267	이미지와 기호	M. 졸리 / 이선형	22,000원
268	위기의 식물	J. M. 펠트 / 이충건	18,000원
269	중국 소수민족의 원시종교	洪 熹	18,000원
270	영화감독들의 영화 이론	J. 오몽 / 곽동준	22,000원
271	중첩	J. 들뢰즈 · C. 베네 / 허희정	18,000원
272	대담―디디에 에리봉과의 자전적 인터뷰	J. 뒤메질 / 송대영	18,000원
273	중립	R. 바르트 / 김웅권	30,000원
274	알퐁스 도데의 문학과 프로방스 문화	이종민	16,000원
275	우리말 釋迦如來行蹟頌	高麗 無寄 / 金月雲	18,000원
276	金剛經講話	金月雲 講述	18,000원
277	자유와 결정론	O. 브르니피에 外 / 최은영	16,000원
278	도리스 레싱: 20세기 여성의 초상	민경숙	24,000원
279	기독교윤리학의 이론과 방법론	김희수	24,000원
280	과학에서 생각하는 주제 100가지	I. 스탕저 外 / 김웅권	21,000원
281	말로와 소설의 상징시학	김웅권	22,000원
282	키에르케고르	C. 블랑 / 이창실	14,000원
283	시나리오 쓰기의 이론과 실제	A. 로슈 外 / 이용주	25,000원
284	조선사회경제사	白南雲 / 沈雨晟	30,000원
285	이성과 감각	O. 브르니피에 外 / 이은민	16,000원
286	행복의 단상	C. 앙드레 / 김교신	20,000원
287	삶의 의미―행동하는 지성	J. 코팅햄 / 강혜원	16,000원
288	안티고네의 주장	J. 버틀러 / 조현순	14,000원
289	예술 영화 읽기	이선형	19,000원
290	달리는 꿈, 자동차의 역사	P. 치글러 / 조국현	17,000원
291	매스커뮤니케이션과 사회	현택수	17,000원
292	교육론	J. 피아제 / 이병애	22,000원
293	연극 입문	히라타 오리자 / 고정은	13,000원

294	역사는 계속된다	G. 뒤비 / 백인호·최생열	16,000원
295	에로티시즘을 즐기기 위한 100가지 기본 용어	J. -C. 마르탱 / 김웅권	19,000원
296	대화의 기술	A. 밀롱 / 공정아	17,000원
297	실천 이성	P. 부르디외 / 김웅권	19,000원
298	세미오티케	J. 크리스테바 / 서민원	28,000원
299	앙드레 말로의 문학 세계	김웅권	22,000원
300	20세기 독일철학	W. 슈나이더스 / 박중목	18,000원
301	휠덜린의 송가 〈이스터〉	M. 하이데거 / 최상욱	20,000원
302	아이러니와 모더니티 담론	E. 벨러 / 이강훈·신주철	16,000원
303	부알로의 시학	곽동준 편역 및 주석	20,000원
304	음악 녹음의 역사	M. 채넌 / 박기호	23,000원
305	시학 입문	G. 데송 / 조재룡	26,000원
306	정신에 대해서	J. 데리다 / 박찬국	20,000원
307	디알로그	G. 들뢰즈·C. 파르네 / 허희정·전승화	20,000원
308	철학적 분과 학문	A. 피퍼 / 조국현	25,000원
309	영화와 시장	L. 크레통 / 홍지화	22,000원
310	진정성에 대하여	C. 귀논 / 강혜원	18,000원
311	언어학 이해를 위한 주제 100선	G. 시우피·D. 반람돈크/이선경·황원미	18,000원
312	영화를 생각하다	S. 리앙드라 기그·J. -L. 뢰트라/김영모	20,000원
313	길모퉁이에서의 모험	P. 브뤼크네르·A. 팽키엘크로 / 이창실	12,000원
314	목소리의 結晶	R. 바르트 / 김웅권	24,000원
315	중세의 기사들	E. 부라생 / 임호경	20,000원
316	武德—武의 문화, 武의 정신	辛成大	13,000원
317	욕망의 땅	W. 리치 / 이은경·임옥희	23,000원
318	들뢰즈와 음악, 회화, 그리고 일반 예술	R. 보그 / 사공일	20,000원
319	S/Z	R. 바르트 / 김웅권	24,000원
320	시나리오 모델, 모델 시나리오	F. 바누아 / 유민희	24,000원
321	도미니크 이야기—아동 정신분석 치료의 실제	F. 돌토 / 김승철	18,000원
322	빠딴잘리의 요가쑤뜨라	S. S. 싸치다난다 / 김순금	18,000원
323	이마주—영화·사진·회화	J. 오몽 / 오정민	25,000원
324	들뢰즈와 문학	R. 보그 / 김승숙	20,000원
325	요가학개론	鄭泰爀	15,000원
326	밝은 방—사진에 관한 노트	R. 바르트 / 김웅권	15,000원
327	中國房內秘籍	朴淸正	35,000원
328	武藝圖譜通志註解	朴淸正	30,000원
329	들뢰즈와 시네마	R. 보그 / 정형철	20,000원
330	현대 프랑스 연극의 이론과 실제	이선형	20,000원
331	스리마드 바가바드 기타	S. 브야사 / 박지명	24,000원
332	宋詩槪說	요시카와 고지로 / 호승희	18,000원
333	주체의 해석학	M. 푸코 / 심세광	29,000원
334	문학의 위상	J. 베시에르 / 주현진	20,000원
335	광고의 이해와 실제	현택수·홍장선	20,000원

1001 베토벤: 전원교향곡	D. W. 존스 / 김지순	15,000원
1002 모차르트: 하이든 현악4중주곡	J. 어빙 / 김지순	14,000원
1003 베토벤: 에로이카 교향곡	T. 시프 / 김지순	18,000원
1004 모차르트: 주피터 교향곡	E. 시스먼 / 김지순	18,000원
1005 바흐: 브란덴부르크 협주곡	M. 보이드 / 김지순	18,000원
1006 바흐: B단조 미사	J. 버트 / 김지순	18,000원
1007 하이든: 현악4중주곡 Op.50	W. 딘 주트클리페 / 김지순	18,000원
1008 헨델: 메시아	D. 버로우 / 김지순	18,000원
1009 비발디: 〈사계〉와 Op.8	P. 에버렛 / 김지순	18,000원
2001 우리 아이들에게 어떤 지표를 주어야 할까?	J. L. 오베르 / 이창실	16,000원
2002 상처받은 아이들	N. 파브르 / 김주경	16,000원
2003 엄마 아빠, 꿈꿀 시간을 주세요!	E. 부젱 / 박주원	16,000원
2004 부모가 알아야 할 유치원의 모든 것들	N. 뒤 소수아 / 전재민	18,000원
2005 부모들이여, '안 돼'라고 말하라!	P. 들라로슈 / 김주경	19,000원
2006 엄마 아빠, 전 못하겠어요!	E. 리공 / 이창실	18,000원
2007 사랑, 아이, 일 사이에서	A. 가트셀·C. 르누치 / 김교신	19,000원
2008 요람에서 학교까지	J.-L. 오베르 / 전재민	19,000원
2009 머리는 좋은데, 노력을 안 해요	J.-L. 오베르 / 박선주	17,000원
3001 〈새〉	C. 파글리아 / 이형식	13,000원
3002 〈시민 케인〉	L. 멀비 / 이형식	13,000원
3101 〈제7의 봉인〉 비평 연구	E. 그랑조르주 / 이은민	17,000원
3102 〈쥘과 짐〉 비평 연구	C. 르 베르 / 이은민	18,000원
3103 〈시민 케인〉 비평 연구	J. 루아 / 이용주	15,000원
3104 〈센소〉 비평 연구	M. 라니 / 이수원	18,000원
3105 〈경멸〉 비평 연구	M. 마리 / 이용주	18,000원

【기 타】

▨ 모드의 체계	R. 바르트 / 이화여대기호학연구소	18,000원
▨ 라신에 관하여	R. 바르트 / 남수인	10,000원
▨ 說 苑 (上·下)	林東錫 譯註	각권 30,000원
▨ 晏子春秋	林東錫 譯註	30,000원
▨ 西京雜記	林東錫 譯註	20,000원
▨ 搜神記 (上·下)	林東錫 譯註	각권 30,000원
■ 경제적 공포〔메디치賞 수상작〕	V. 포레스테 / 김주경	7,000원
■ 古陶文字徵	高 明·葛英會	20,000원
■ 그리하여 어느날 사랑이여	이외수 편	4,000원
■ 너무한 당신, 노무현	현택수 칼럼집	9,000원
■ 노력을 대신하는 것은 없다	R. 쉬이 / 유혜련	5,000원
■ 노블레스 오블리주	현택수 사회비평집	7,500원
■ 딸에게 들려 주는 작은 지혜	N. 레흐레이트너 / 양영란	6,500원
■ 떠나고 싶은 나라―사회문화비평집	현택수	9,000원
■ 미래를 원한다	J. D. 로스네 / 문 선·김덕희	8,500원

■ 바람의 자식들—정치시사칼럼집 현택수　　　　　　　　　　　　　8,000원
■ 사랑의 존재　　　　　　　　　　한용운　　　　　　　　　　　　　3,000원
■ 산이 높으면 마땅히 우러러볼 일이다　　유 향 / 임동석　　　　　5,000원
■ 서기 1000년과 서기 2000년 그 두려움의 흔적들　J. 뒤비 / 양영란　8,000원
■ 서비스는 유행을 타지 않는다　B. 바게트 / 정소영　　　　　　　5,000원
■ 선종이야기　　　　　　　　　　홍 희 편저　　　　　　　　　　　8,000원
■ 섬으로 흐르는 역사　　　　　　김영회　　　　　　　　　　　　10,000원
■ 세계사상　　　　　　　　　　창간호~3호: 각권 10,000원 / 4호: 14,000원
■ 손가락 하나의 사랑 1, 2, 3　　D. 글로슈 / 서민원　　　　각권 7,500원
■ 십이속상도안집　　　　　　　　편집부　　　　　　　　　　　　8,000원
■ 얀 이야기 ① 얀과 카와카마스　마치다 준 / 김은진 · 한인숙　　8,000원
■ 어린이 수묵화의 첫걸음(전6권)　趙 陽 / 편집부　　　　　　각권 5,000원
■ 오늘 다 못다한 말은　　　　　　이외수 편　　　　　　　　　　7,000원
■ 오블라디 오블라다, 인생은 브래지어 위를 흐른다 무라카미 하루키 / 김난주 7,000원
■ 이젠 다시 유혹하지 않으련다　　P. 쌍소 / 서민원　　　　　　　9,000원
■ 인생은 앞유리를 통해서 보라　B. 바게트 / 박해순　　　　　　5,000원
■ 자기를 다스리는 지혜　　　　　한인숙 편저　　　　　　　　　10,000원
■ 천연기념물이 된 바보　　　　　최병식　　　　　　　　　　　　7,800원
■ 原本 武藝圖譜通志　　　　　　正祖 命撰　　　　　　　　　　60,000원
■ 테오의 여행 (전5권)　　　　　　C. 클레망 / 양영란　　　　　각권 6,000원
■ 한글 설원 (상 · 중 · 하)　　　　임동석 옮김　　　　　　　　각권 7,000원
■ 한글 안자춘추　　　　　　　　임동석 옮김　　　　　　　　　8,000원
■ 한글 수신기 (상 · 하)　　　　　임동석 옮김　　　　　　　　각권 8,000원

【만 화】

■ 동물학　　　　　　　　　　　　C. 세르　　　　　　　　　　14,000원
■ 블랙 유머와 흰 가운의 의료인들 C. 세르　　　　　　　　　　14,000원
■ 비스 콩프리　　　　　　　　　　C. 세르　　　　　　　　　　14,000원
■ 세르(평전)　　　　　　　　　　Y. 프레미옹 / 서민원　　　　16,000원
■ 자가 수리공　　　　　　　　　　C. 세르　　　　　　　　　　14,000원
▨ 못말리는 제임스　　　　　　　M. 톤라 / 이영주　　　　　　12,000원
▨ 레드와 로버　　　　　　　　　B. 바세트 / 이영주　　　　　12,000원
▨ 나탈리의 별난 세계 여행　　　S. 살마 / 서민원　　　　　각권 10,000원

【동문선 주네스】

■ 고독하지 않은 홀로되기　　　　P. 들레름 · M. 들레름 / 박정오　8,000원
■ 이젠 나도 느껴요!　　　　　　　이사벨 주니오 그림　　　　　　14,000원
■ 이젠 나도 알아요!　　　　　　　도로테 드 몽프리드 그림　　　　16,000원

神의 起源

중국에는 신화가 있는가 ? 한국신화의 뿌리는 ?
중국의 고대신화를 훈고와 고증이라는 어학적
측면에서 해석한 신화의 세계

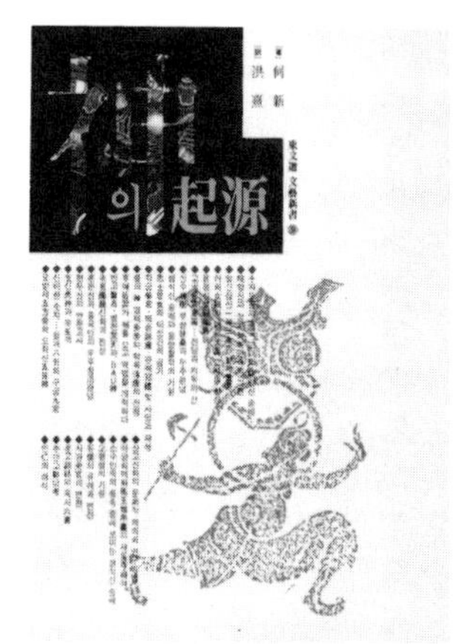

著 —— 何　新
譯 —— 洪　熹
定價 —— 8,000원

　중국신화 속 인물들의 실재에 관해서는 아직도 해
결되지 않는 문제들이 많이 내재되어 있다. 이 책은
중국 상고의 태양신숭배를 주안점으로 하여, 중국의
원시신화·종교 및 기본적인 철학관념을 계통적으로
거슬러 올라가 그 기원을 추적하고 있다. 저자는 신화의 연구가 고대문화를 이해하는 첩경이라
인식하고 문자와 훈고를 기초로 하여 풍부하고 광범위한 문헌과 고고자료를 인용하여 실증하
고 있다. 또한 언어의 분석과 문화인류학의 관점에서 사람들의 이목을 새롭게 하는 다양한 견
해를 제시하고 있으며, 중국의 고대신화계통에 대한 심층구조의 탐색을 통하여 전통문화의 뿌
리를 찾고자 하였다.

◇ 십자도문十字圖紋과 중국 고대의 태양신 숭배
◇ 태양신과 상고 화하민족華夏民族의 기원
◇ 일신삼신一神三身의 황제黃帝
◇ 고곤륜古崑崙 – 천당과 지옥의 산
◇ 신수부상神樹扶桑과 우주관념
◇ 생식신 숭배와 음양철학의 기원
◇ 사사사녀思士思女와 이성간의 금기
◇ 학궁學宮·벽옹辟雍·관례 및 사망과 재생
◇ 불의 신 염제炎帝와 탁록涿鹿의 전쟁
◇ 후예后羿가 해를 쏘고 역법을 개혁하다
◇ 반고盤古·범천梵天과 BAU神
◇ 촉룡신화燭龍神話의 진상
◇ 혼돈신과 중국인의 우주 창조관념
◇ 신비한 숫자 – 팔괘八卦와 구궁九宮
◇ 오방제五方帝와 오좌신五佐神
◇ 상고신화의 문화적 의의와 연구방법을 논함
◇ 마왕퇴백화馬王堆帛畵의 새로운 해석
◇ 소수민족의 풍속 중에 보이는 생식신 숭배

◇ 용봉신설龍鳳新説
◇ 현무신玄武神의 변천고사
◇ 호신虎神과 옥토끼
◇ 오행설의 기원
◇ 〈유儒〉의 유래와 변천
◇ 훈고訓詁와 육서六書
◇ 추연고鄒衍考
◇ 〈인仁〉자의 해석

朝鮮의 占卜과 豫言

상고시대로부터 1930년대까지의 우리나라
점복풍습을 문헌자료와 현장답사로 수합하
여 분류·분석한 자료집.

著 —— 무라야마 지준村山智順
譯 —— 金禧慶
定價 —— 15,000원

우리나라 기층문화의 분석을 통한 사상조사의 일환으로 연구·분석한 자료집. 식민정책상
필요에 의해 만들어져 부정적인 시각도 배제할 수 없지만 기본골격은 현재에도 그대로 전해
지고 있어 민속학계는 물론 한국인의 숨김없는 심성을 가늠하는 데 소중한 단서를 제공해
준다.

東文選 文藝新書